함께 생각해보는

과학 수업의 딜레마

윤혜경 | 장병기 | 이선경 | 박정우 | 박형용

 북스힐

이 저서는 2019년 대한민국 교육부와 한국연구재단의 인문사회분야
중견연구자지원사업의 지원을 받아 수행된 연구임(NRF-2019S1A5A2A01036864)

이 책은 어떻게 구성되어 있나?

이 책의 각 장은 하나의 딜레마 사례를 중심으로 하며 다음과 같이 4 단계 형식으로 구성되었다. '과학 수업 이야기'는 과학 수업에서 교사가 겪는 딜레마를 제시하고, '과학적인 생각은 무엇인가?'에서 그와 관련된 과학 내용 지식을 다루며, '교수 학습과 관련된 문제는 무엇인가?'에서 교수 내용 지식을 다루었다. 그리고 '실제로 어떻게 가르칠까?'에서는 수업에서 겪은 딜레마를 해결하는 몇 가지 가능한 방안이나 실마리를 제안하였다.

각 장의 기본 구성

• 과학 수업 이야기	과학 수업의 딜레마 상황을 교사 자신의 이야기 형식으로 설명하고 교사가 느낀 의문점 2-3가지를 제기함
• 과학적인 생각은 무엇인가?	교사의 딜레마와 관련된 과학 개념이나 원리, 실험방법 등을 좀 더 자세히 설명함
• 교수 학습과 관련된 문제는 무엇인가?	교사의 딜레마와 관련된 과학 교수 내용 지식, 과학교육의 연구 결과 등을 설명함
• 실제로 어떻게 가르칠까?	교사의 딜레마를 완화하거나 해결하기 위한 대안적 교수 학습 방법을 제안함

제시된 총 17개의 사례는 그 주제를 중심으로 다음과 같이 5가지 영역으로 구분하였다.

- 과학 실험과 탐구 : 다른 교과와 다른 과학 수업의 가장 큰 특징은 실험과 탐구라고 할 수 있다. 실험 결과가 이론적인 예상과 다르게 나오거나, 모둠마다 상이한 실

험 결과가 나오는 일은 과학 수업에서 종종 일어나고 이것은 많은 교사들을 곤혹스럽게 한다. 실험 과정에서 변인통제가 적절하게 이루어지지 않은 경우 실험 결과를 해석하는 일은 학생과 교사 모두에게 더 어려워진다. 과학적인 가설 검증의 과정도 단순히 정해진 방법이나 절차를 따르는 것으로는 지도하기 어렵다. 실험과 탐구 지도 과정에서 교사가 마주하는 이러한 딜레마 사례 6개를 제시하고 각각을 자세히 살펴보았다.

• 실험 도구의 활용 : 실험과 탐구 과정에서는 현미경, 저울, 온도계, 스마트 기기 등 다양한 도구가 사용되는데 이러한 도구의 사용법을 가르치는 것 자체가 어려운 경우도 있고 과학 활동의 목적에 접합한 것인가의 문제도 많이 발생한다. 교사가 이러한 도구 사용과 관련해서 느끼는 딜레마 사례 3개를 제시하고 논의하였다.

• 과학 개념의 이해 : 학생들이 올바른 과학 개념을 이해하도록 하는 것은 과학 수업의 가장 큰 목표 중 하나이다. 학생들은 수업 이전에 다양한 경험을 통해 나름대로 타당한 지식 체계를 형성하고 있지만 대개 과학적 개념과는 거리가 있으며 부분적이거나 불완전한 경우가 많다. 교사는 학생들에게 과학 지식이나 개념을 주입하지 않고 스스로 경험과 사고를 통해 개념을 확장할 수 있도록 돕고자 하지만 추상적인 과학 개념에 학생들이 다가가도록 하는 것은 쉽지 않다. 학생의 과학 개념 이해와 관련된 딜레마 사례 3개를 제시하고 각각을 자세히 살펴보았다.

• 과학적 추론 : 우리는 과학 수업을 통해 학생의 과학 지식이나 개념 뿐 아니라 과학적 추론 능력이나 과학적 사고력을 향상시키고자 한다. 과학적 추론 능력은 과학적 주장과 증거의 관계를 탐색하고 더 나은 과학적 설명을 구성하는 능력을 말한다. 학생들은 궁금한 현상, 해결해야 하는 문제 상황과 관련하여 자신의 생각을 지지하는 증거 혹은 그에 반대되는 증거를 찾고, 문제 해결에 적합한 설명을 구성하며, 여러 가능한 설명 중 왜 특정 설명이 더 적절한지 정당화하는 과정을 경험하는 것이 필요하다. 이러한 과학적 추론 과정을 지도하는 과정에서 교사가 마주하는 딜레마 사례 4개를 제시하고 각각을 자세히 살펴보았다.

• 과학 학습 평가 : 교사가 무엇을, 어떠한 방법으로 평가하는가는 학생들의 학습 내

용과 학습 방법에 많은 영향을 미친다. 최근에는 일상 수업 활동을 통해 수시로 시행하는 과정 중심 평가가 중시되고 있다. 단지 학생의 성취를 점수화하는 것이 아니라 평가가 학생의 학습을 돕기 위한 과정이 되도록 하려면 어떻게 해야 할까? 과학 수행 평가와 관련된 딜레마 사례 1개를 제시하고 이를 자세히 살펴보았다.

과학 수업과 관련된 딜레마는 위의 주제 이외에도 다양하다. 학생의 흥미나 참여 문제, 진로 지도와 관련된 문제, 실험 안전과 관련된 문제 등등. 이 책에서는 이러한 다양한 주제를 모두 포괄하지는 못하였다. 또 주제별로 딜레마 사례의 수가 차이가 있어 과학 수업의 딜레마를 골고루, 충분하게 다루지 못한 아쉬움이 있다.

왜 딜레마 사례인가?

장차 교사가 되기 위한 준비 과정에 있는 예비교사들은 교육대학, 사범대학의 여러 강좌를 통해 교수 학습과 관련된 다양한 지식을 배우고 또 임용시험이라는 큰 산을 넘기 위해 국가 교육과정과 교과서도 꼼꼼하게 살펴본다. 그러나 막상 교사가 되어 학교 현장에 나가면 과학 수업을 계획하고 실시하는 과정이 그리 녹록하지 않다. 내용 지식을 쉽게 설명하는 것도 어렵고 학생의 흥미와 수준을 고려해서 적절한 활동을 고안하는 것도 만만치 않다. '탐구 수업', '구성주의적 수업', '학생의 능동적 참여', '증거에 기초한 논증활동', '과학의 본성에 대한 이해', '스마트 테크놀로지를 활용한 수업' 등등은 책에만 등장하는 용어이고 '나'의 수업에 적용하는 것은 불가능해 보인다. 용기를 내어 일부 시도하더라도 수업은 교사가 마음먹은 대로 잘 진행되지 않고, 예기치 않은 일들이 일어난다. 대학에서 배운 내용과 실제 교육 현실 사이에는 간극이 존재하고 결국 '대학에서는 아무것도 배운 것이 없다'는 비판의 목소리까지 들리곤 한다. 원래 교육은 이런 것일까? 아니면 교사교육 과정에 문제가 있는 것일까?

이 책은 이러한 문제의식에서 시작되었고 교수 학습과 관련된 이론이나 과학 지식을 교사에게 좀 더 유의미한 방식으로 제시하고자 하는 노력의 일환이다. 예비교사나 현직 교사가 좀 더 공감하는 상황을 제시하기 위해 구체적인 수업 사례에서 출발하였고, 그 수업 사례와 관련된 과학 내용 지식(SCK: Science Content Knowledge)과 교수 내용 지식(PCK: Pedagogical Content Knowledge)을 다루고자 했다. 수업 사례는 '모범적인' 본보기 사례가 아닌 교사가 쉽게 대처 방안을 찾지 못하는 '딜레마(dilemma)' 상황을 중심으로 하였다. 딜레마 상황은 경쟁적인 가치들 사이에 선택을 필요로 하거나 문제를 해결하기 위한 해가 뚜렷하지 않고 해를 찾기 어려운 경우이다[1]. 수업은 복잡한 현상이며 교사는 끊임없이 여러 가지 딜레마를 마주하게 된다. 교사에게 이러한 딜레마 상황은 일종의 개방적 탐구 상황이라고 할 수 있다. 단순히 정해진 방법을 적용해서 쉽게 해결될 수 있는 것도 아니고 정답이 하나만 있는 것도 아니기 때문이다. 교사는 딜레마 상황에 대한 성찰을 통해 적절한 대처 방안을 모색하고 자신의 실천을 개선하여 수업을 발전시켜 나갈 수 있다. 이런 의미에서 교사가 수업 딜레마의 주요 이슈를 포착하는 능력, 그것을 해석하는 능력, 가능한 대안을 모색하여 딜레마를 조정하고 해결하는 능력은 교사 전문성의 주요한 척도가 될 수 있다. 이러한 관점은 전문가에 대한 Schön(1983)[2]의 관점과도 유사하다. Schön은 이론과 실천이 이분법적이고 위계적인 것이 아니며 전문가는 자신의 실천 과정에서 반성을 통해 스스로의 전문성을 계속 발달시킬 수 있다는 점을 강조하였다. Schön의 관점에서 보면 교사는 자신의 실천에 대한 반성을 통해 실천적 지식(practical knowledge)을 창출해 가는 전문가라고 할 수 있다. 요컨대 과학 수업의 딜레마는 교사 전문성 계발을 위한 유용한 계기가 될 수 있고 이 책은 그 가능성을 탐색하고 실천해 보기 위한 시도라고 할 수 있다.

왜 두 개의 렌즈인가?

과학 수업은 '과학'을 다룬다. 즉 과학 수업에서는 과학적 사실이나 원리, 과학의 과정을 배우고 익히며 때로 과학과 관련된 사회적 이슈 등도 다룬다. 교사가 과학 내용 지식(SCK: Science Content Knowledge)에 대한 깊고 풍부한 이해를 가지고 있으면 학생들에게 과학을 가르치기 위한 좀 더 많은 가용 자원을 가지고 있는 것이다. 예를

---

1 윤혜경 (2005). 딜레마 일화를 활용한 과학 교사 교육. 한국과학교육학회지, 25(2), 98–110.

2 Schön, D. A. (1983). The reflective practitioner: How professionals think in action. New York: Basic Books.

들면 학생들이 학습하고 있는 지점을 판단하고 선행 학습이나 후속 학습과 적절히 연계시키고자 할 때 학문적 지식 체계에 대한 교사의 이해는 분명 도움이 될 것이다. 또 교사의 과학 내용 지식은 학생들의 실험 결과를 해석하거나 실험 수업을 계획, 준비할 때에도 중요하게 작용할 수 있다. 그러나 교사의 풍부한 과학 지식이 곧바로 '좋은' 수업을 보장하지는 못한다. 과학 지식이 풍부하더라도 학생에게 적절한 수준과 소재를 사용해서 탐구 활동을 고안하지 못할 수 있고, 적절한 수준의 발문을 통해 사고를 이끌어가지 못할 수 있기 때문이다.

또 과학교육의 목적이나 과학의 본성에 대해 편협한 시각을 가지고 있으면 학생들에게 과학에 대한 잘못된 이미지를 심어줄 가능성도 있다. 그래서 교사는 과학 교수 학습과 관련된 교수 내용 지식(PCK: Pedagogical Content Knowledge)을 필요로 한다. 교수 내용 지식은 Shulman (1987)이 제안한 교사 전문성 개념이다[3]. 교수 내용 지식은 교과의 지식을 학생들이 이해할 수 있는 형태로 전환하는데 사용되는 지식으로 그 구성 요소로는 '과학 교수에 대한 지향', '학생의 과학 이해에 대한 지식', '과학 교육과정에 대한 지식', '과학 교수 전략과 표상에 대한 지식', '과학 학습 평가에 대한 지식' 등이 포함되고 있다. 예를 들면 현재 과학 교육과정의 목표는 무엇인지, 학생들의 지식이나 탐구 능력은 어떠한 방법으로 평가하는 것이 좋은지, 학생은 어떤 선개념을 많이 가지고 있는지 등등이 이에 해당된다. 이러한 교수 내용 지식은 과학 수업을 계획하고 수행하는 과정에서 중요하게 작용할 것이다. 그러나 마찬가지로 과학 내용 지식 없이 교수 내용 지식만으로 좋은 수업을 설계하거나 수행하는 것도 불가능하다. 따라서 교사가 수업에서 겪는 딜레마에 어떤 과학 지식이 관여되고 있는지, 또 어떠한 교수 내용 지식이 관여되고 있는지 두 개의 축으로 살펴보는 것이 유용할 수 있다. 이 두 가지 지식은 실제 수업 상황에서 서로 융합되고 통합되면서 교사의 실천에 영향을 줄 것이고 또 교사는 자신의 실천에 대한 반성을 통해 이 두 가지 지식을 계속 발전시켜 나갈 것이다.

---

3 Shulman, L. (1987). Knowledge and teaching: Foundations of the new reform. Harvard Educational Review, 57(1), 1–22.

이 책을 어떻게 활용할 수 있나?

대개 교사 교육과정이나 교사 연수에서 사용되는 교재는 '잘 정리된 지식'을 제공한다. 그러나 이 책은 교사가 수업에서 마주하는 딜레마 사례를 제시하고, 이 사례와 관련된 과학 내용 지식, 과학 교수 내용 지식의 일면을 살펴보고자 했다. 그렇지만, 과학 교육과정과 관련된 주요한 과학 내용 지식이나 과학교육에서 중요하게 거론되고 있는 교수 내용 지식을 모두 포괄하지는 못하였다. 구체적인 수업 사례를 중심으로 다루다 보니 전체적인 체계를 담기 어려웠기 때문이다. 비록 체계적이지 못한 단점은 있지만, 그래서 이 책은 처음부터 차례대로 보지 않고 관심이 있는 수업 사례만 선택적으로 보는 것도 가능하다.

이 책은 개인적인 독서로 자기계발을 위한 자료로 사용될 수 있지만, 소집단 토론을 위한 자료나 강의 교재로 사용하면 더 바람직하다. 여럿이 책을 함께 읽고 토론하는 과정에서 책에 제시된 여러 가지 지식을 비판적으로 검토하고 내면화할 수 있기 때문이다. 좀 더 구체적으로 강의나 소집단 토론에서 이 책을 활용하는 방법을 제안하면 다음과 같다.

- 책에 제시된 딜레마 사례를 읽고 수업 상황과 교사가 느낀 딜레마가 무엇인지 살펴본다. 교사로서 혹은 학습자로서 자신도 비슷한 경험이 있는지, 제시된 사례에 공감이 가는지 서로 이야기해 본다. 또는 가능한 경우 그 수업 사례에서 발견한 또 다른 문제점이나 딜레마를 제안해 본다.

- 수업 사례와 관련된 교육과정이나 교과서, 지도서 내용을 살펴본다. 예를 들면 '딜레마 사례 14 : 미스터리 상자'의 경우 초등학교 전기회로 단원의 성취목표와 교과서 내용, 지도서 내용을 살펴본다. 교육과정에서 직접적으로 다루지 않는 수업 내용은 이와 연계될 수 있는 교육과정 내용을 살펴본다.

- 수업 사례에 등장하는 활동이나 실험을 직접 수행해 본다. ('딜레마 사례 14 : 미스터리 상자'의 경우 직접 상자를 만들어서 스위치를 누르면서 전구가 켜지는 것을 관찰한다.) 활동이나 실험 과정에서 어려운 점이나 궁금한 사항을 서로 조사하고 함께 토의한다.

- 딜레마 사례의 끝부분에 제기되어 있는 교사의 의문에 대해 답 글을 써 본다. 자신이 동료 교사라고 생각하고 작성한다. 또 자신이 수업한다면 딜레마 상황에서 어떻게 대처할 것인지 생각해 보고 모둠에서 자기 생각을 서로 토의한다.

- '과학적인 생각은 무엇인가'를 읽고 잘 이해가 되지 않는 부분을 표시한다. 잘 모르거나 이해가 되지 않는 것에 대해 토론하고 필요하면 도서, 인터넷 검색 등을 통해 추가 자료를 찾아본다.

- '교수 학습과 관련된 문제는 무엇인가'를 읽는다. 잘 모르거나 이해가 되지 않는 것에 대해 토론하고 필요하면 도서, 인터넷 검색 등을 통해 추가 자료를 찾아본다.

- '실제로 어떻게 가르칠까' 부분을 읽고 이 중 좋은 방안이라고 생각하는 부분, 자신이 시도해 보고 싶은 방안에 표시해 본다. 또 위에서 생각했던 자신의 방안과 비교해 본다. 하나의 정답이 있는 것이 아니므로 다양한 방안의 장단점에 대해 서로 토론한다. 이 과정에서 필요하다면 제안된 활동이나 실험을 직접 해 보고 다른 방법과 서로 비교한다.

- 같은 주제로 수업 지도안을 작성하고, 가능하다면 모의 수업을 실시해 본다. 필요한 경우 학생 활동이나 실험을 도와주는 활동지를 고안하여 작성한다.

- 교수–학습의 종합적인 관점에서 각각의 딜레마 사례와 관련된 추가적인 질문이나 문제점을 제기하고, 전체 토의를 통해 그에 대한 의견을 공유한다.

- 과학 수업 경험이 풍부한 교사라면 자기 자신의 딜레마 사례를 작성한 후 이를 소집단에서 공유하고 토론할 수 있다. 또 과학 수업을 촬영한 동영상이 있다면 소집단에서 함께 시청한 후 자신이 교사의 입장이라면 어떤 어려움이나 딜레마가 있었을지 토론할 수 있다. 또 이러한 내용을 이 책에서 소개한 딜레마와 비교해 볼 수 있다.

교사 교육과정이나 교사 연수, 전문적 학습 공동체 등에서 실제 수업 사례를 공유하고 교사의 딜레마 사례를 성찰하는 기회를 갖는다면, 가르치는 일에서 '이론'과 '실천'의 틈새를 좁히는 계기가 될 수 있을 것이다. 이것을 중심으로 교사에게 필요한 과학 내용 지식과 교수 내용 지식을 통합적으로 논의하고 이해할 수 있을 것으로 기대한다.

| 차례 |

PART
01

과학 실험과 탐구

딜레마 사례 01 　 물 위에 띄운 자석

실험 결과가 예상과 다를 때 교사는 어떻게 해야 할까?

초등학교 3학년 '자석의 이용' 단원에서 학생들은 막대자석을 자유롭게 움직이도록 하면 항상 남북 방향에서 멈춘다는 것, 또 나침반이 이와 같은 자석의 성질을 이용한 것임을 학습한다. 나는 물이 담긴 수조에 자석을 띄워 보는 실험을 준비하였다. 그런데 어찌된 일일까? 수조의 위치에 따라 자석이 멈추는 방향이 달랐고, 자석이 멈춘 방향과 나침반 바늘의 방향이 일치하지 않는 경우도 있었다. 왜 이러한 실험 결과가 나온 것일까? 이론과 다른 실험 결과가 나온 경우 교사는 어떻게 해야 하는 것일까?

1. 과학 수업 이야기

이번 수업은 교과서에 제시된 실험 수업이다. 남북 방향을 가리키는 나침반의 원리를 이해시키기 위해서는 자석이 쉽게 움직일 수 있어야 한다. 그렇게 하려면 우선 플라스틱 접시를 물 위에 띄우고, 접시 위에 막대자석을 놓아야 한다. 그리고 접시가 움직이지 않을 때 자석이 남북 방향에서 멈추는 것을 확인해야 한다. 또한, 접시가 멈춘 후 일부러 방향을 바꾸어도 다시 접시 위의 자석이 남북 방향으로 돌아가는 것을 관찰하도록 해야 한다. 그리고 이렇게 자석이 일정한 방향을 가리키는 성질을 이용해서 방향을 찾을 수 있도록 만든 것이 나침반임을 이해하도록 해야 한다.

3학년을 대상으로 한 과학 실험이라 간단할 것이라고 예상했지만, 사전 실험을 하면서 이러한 나의 예상은 바로 무너졌다. 막대자석은 남북 방향에서 멈추지 않고 자꾸 엉뚱한 곳을 가리켰다. 나는 왜 그런지 알 수가 없었다. '막대자석에 문제가 있는 것일까? 아니면 물이 너무 적은가?' 정확한 이유를 알지 못했지만, 나는 여러 번의 실험을 통해 수조의 위치에 따라 실험 결과가 달라진다는 것을 발견했다. 그리고 학생들에게 올바른 실험 결과를 보여 주기 위해 여러 번 실험하면서 막대자석이 남북 방향에서 멈추는 수조의 위치를 찾아 실험대 위에 표시해 놓았다. 그런데 8개 실험대 중 하나는 아무리 노력해도 적절한 수조의 위치를 찾을 수 없었다. 그래서 고민 끝에 나는 그 실험대에서는 실험을 하지 않기로 했다.

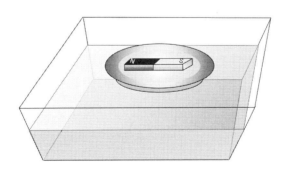

막대자석을 물에 띄우기

드디어 수업이 시작되었다. 실험대마다 미리 물이 담긴 수조를 정해진 위치에 준비해 두었고, 실험대 하나는 비워 두었다. 그리고 수업이 시작되자마자 왜 오늘은 평소와는 다르게 실험대 하나는 사용하지 않는지 학생들에게 설명하였다. 학생들을 평소와 다른 실험대에 앉도록 해야 하기 때문이다.

"오늘은 나침반이나 자석을 사용하는데 여기 이 실험대에는 무언가 보이지 않는 것이 나침반이나 자석에 영향을 미치고 있어요. 선생님이 미리 그것을 확인했기 때문에 여기서는 실험을 하지 않을 거예요."

그리고 실험 시 유의사항을 강조해서 설명했다.

"자, 이제 실험을 할 건대, 실험대 위에 있는 수조의 위치는 절대 건드리면 안 됩니다."

이어 각 모둠별로 막대자석을 하나씩 나누어 주고, 플라스틱 접시를 이용해 자석을 물에 띄우고 움직임을 관찰해 보도록 했다.

"먼저 자석의 N극이 칠판 쪽을 향하게 놓아 봅시다. 그리고 자석이 움직이다가 멈추면 어느 방향에서 멈추는지 활동지에 그림으로 그려 보세요."

"자석이 멈춘 다음 다시 살짝 돌려주고 나서 다시 자석이 멈추면 어느 방향에서 멈추는지 그려 보세요."

잠시 후 나는 나침반을 하나씩 모둠별로 나누어 주었다. 그리고 실험대 위에 나침반을 놓고 바늘이 가리키는 방향을 관찰해서 활동지에 나침반 바늘의 방향을 그리도록 했다. 학생에게 아래와 같은 활동지를 나눠주었고, 아래 그림과 같은 실험 결과를 얻을 것으로 기대하였다.

그런데 또 예상하지 못했던 일이 있어났다. 나침반의 바늘이 남북 방향을 가리키지 않는 모둠이 많았던 것이다. 학생들이 작성한 활동지 그림을 얼핏 살펴보니 3개가 모두 제각각인 학생도 있었고, 처음 두 개만 일치하는 학생도 있었고, 3개가 일치하도록 그린 학생도 있었다.

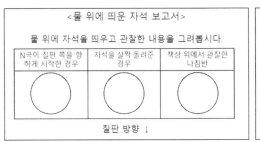

학생에게 나눠준 활동지

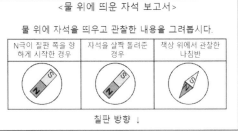

내가 기대한 실험결과

1모둠은 3개의 실험 중 2개의 실험에서 N극의 방향이 같게 나타났다. 미리 준비해 둔 수조에서 수행한 2개의 실험(N극을 칠판 쪽으로 향하게 시작한 경우, 자석을 살짝 돌려준 경우)에서 N극은 모두 북쪽을 잘 가리키고 있었다. 하지만 책상 위에서 관찰한 나침반의 N극은 앞선 두 실험 결과와 다른 곳을 향하고 있었다. 특히 책상 위에서 관찰한 나침반 실험에서 나침반의 N극이 다른 곳을 가리키는 경우가 많이 나타났다.

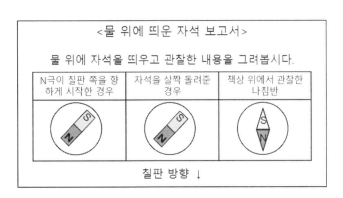

<1모둠의 실험 결과>

<3모둠의 실험 결과>

<5모둠의 실험 결과>

<6모둠의 실험 결과>

3, 5모둠과 같이 나침반의 N극이 대략 북쪽을 가리키는 경우도 있었으며, 6모둠과 같이 아예 반대로 남쪽을 가리키는 경우도 있었다.

'서로 다른 실험 결과를 가지고 어떻게 결론을 낼 수 있을까?' 나는 속으로 걱정이 되기 시작했다. 학생들이 결과를 발표하도록 하고 싶었지만, 서로 다른 결과를 어떻게 종합할 수 있을지 자신이 없었다. 서둘러 수업을 마무리 하는 것이 좋을 것 같았다.

"여러분 나침반은 원래 어느 방향을 가리키나요?"

"남북 방향이요."

"맞아요. 나침반의 빨간 N극이 북쪽을 가리켜서 우리는 나침반을 가지고 방향을 알 수 있어요."

"그럼 물에 띄운 자석은 어느 방향을 가리켰나요?"

"남북 방향이요."

"맞아요. 자석도 남북을 가리켜요. 그래서 나침반이 자석과 같은 성질을 가진 것을 알 수 있어요."

막대자석이 멈춘 방향과 나침반 바늘의 방향이 다른 것에 대해 학생들이 질문을 할까 봐 조마조마 했지만 다행히 질문하는 학생이 없어서 수업은 잘 마무리될 수 있었다.

이 수업을 하고 나는 다음과 같은 의문이 들었다.

- 왜 수조의 위치에 따라 자석이 멈춘 방향이 달라졌을까? 나침반은 왜 남북 방향을 가리키지 않았을까?

- 과학 수업을 하다보면 실험 결과가 예상한 것처럼 나오지 않는 경우가 많은데, 우리가 수조의 위치를 미리 찾아놓은 것처럼 매번 교사가 많은 시간을 들여 정확한 결과를 보여 주기 위해 노력해야만 하는 것인가?

2.　과학적인 생각은 무엇인가?

아래 글에서는 먼저 나침반이 북쪽을 가리키는 이유를 간단히 설명한다. 또 자구와 자화라는 개념을 이용해 수조의 위치에 따라 자석이 멈춘 방향이 달라진 이유와 책상 위에서 나침반의 N극이 북쪽을 가리키지 않은 이유를 설명한다.

나침반과 북쪽

자석의 같은 극 사이에는 서로 밀어내는 힘이 작용하며, 다른 극끼리는 서로 당기는 힘이 작용한다. 다시 말해, 자석의 S극은 다른 자석의 N극을 당기고 S극은 밀어낸다. 지구는 북쪽이 S극이고, 남쪽이 N극인 하나의 커다란 자석이다[1]. 따라서 나침반의 N극은 S극인 북쪽을 향하게 된다. 나침반의 N극이 가리키는 **북극**(자북극)은 지구 자전축 상의 북극(진북극)과 정확히 일치하지 않는다. 실제로 진북극은 자북극에서 약 1,000 km정도 떨어져 있으므로 나침반은 우리가 흔히 이야기하는 북극을 정확히 가리키는 것은 아니다. 하지만 북극과 멀리 떨어진 우리나라에서 북쪽의 방향을 대략 확인하는데 나침반만큼 훌륭한 것은 없다. 따라서 본 수업에서 실험대 주변에 자석에 힘을 작용하는 다른 물질이 아무것도 없다면 자석이나 나침반의 N극은 대략 북쪽[2]을 향하였을 것이다.

1　지구가 왜 자석이 되었는지에 대해서는 다양한 이론이 존재한다. 이 이론의 자세한 내용을 다루는 것은 이 책의 범위를 벗어나므로 간단히 하나의 이론만 소개한다. 현재 가장 설명력 있는 이론 (Dynamo theory)에 따르면, 외핵의 철 등이 내핵의 높은 온도에 의해 대류가 일어나 순환하는 전류를 만들어내는데, 지구 자전에 의한 전향력을 받아 이 전류 고리에 의한 자기장이 남북 방향을 향하게 되어 자석이 되었다는 것이다.

2　정확하게는 자북극을 말한다.

나침반의 N극이 향하는 곳

스마트폰을 켜고 우리 주변의 자기장을 측정해보자. 대부분의 스마트폰에는 자기장 센서가 내장되어 있으며, 다양한 앱(Physics toolbox, science journal, 자기장 측정 앱, 나침반 앱 등)을 통해 **자기장**을 측정할 수 있다. 우리나라에서 측정되는 **지구 자기장**의 크기는 대략 40–50 μT 이며[3], 이것은 쉽게 스마트폰을 이용해 확인할 수 있다. 자석 주변의 자기장의 크기는 어느 정도일까? 지구 자기장의 크기와 비슷할까, 아니면 더 크거나 작을까? 자석의 종류나 모양에 따라 다양하겠지만, 대략 자석 극 가까이에서 자기장은 수백에서 수천 μT 에 이른다. 따라서 자석의 극 근처에서 나침반은 지구 자기장보다는 자석의 영향을 더 크게 받게 된다. 나침반의 N극은 수천 km 정도 멀리 있는 지구의 S극보다는 가까이 있는 자석과 상호작용한다. 그래서 나침반의 N극은 자석의 S극으로 당겨지거나, 자석의 N극에 의해 밀려나게 된다.

자구: 모든 물질은 자석이다

나침반에 영향을 주는 것은 자석만이 아니다. 자석에 달라붙는 것은 자석만이 아니며, 철로 만든 핀이나 클립 등도 자석에 달라붙는다. 철로 된 핀이나 클립은 왜 자석에 붙을까? 그건 핀이나 클립이 자석으로 되어 있기 때문이다. 그런데 핀은 왜 서로 당기거나 밀지 않는가?

이것을 설명하기 위해 핀 속에 있는 일종의 작은 자석들이 무질서하게 흩어져 있다고 생각해 볼 수 있다. 다음 그림과 같이 이 핀에 자석을 가까이 가져가면 핀 속에 있는 작은 자석들의 N극이 자석의 S극을 향하게 된다. 그래서 자석의 S극에 가까이 있는 핀 끝은 N극이 되고, 멀리 있는 핀의 머리는 N극이 된다. 그래서 핀의 끝은 자석의 S극으로 당겨져 달라붙게 된다. 사실 핀뿐만 아니라 모든 물체 내부는 이렇게 자성을 띠

---

3 자기장에 수직하게 움직이는 전하는 힘을 받는다. 1 m/s의 속력으로 자기장에 수직하게 움직이는 1 C의 전하가 1 N의 힘을 받을 때, 작용하는 자기장의 세기를 1 T(테슬라)라고 한다. 1 μT (마이크로 테슬라)는 1 T의 1/10^6에 해당하는 값이다.

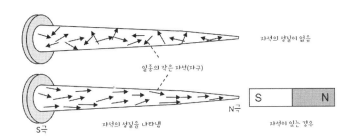

핀이 자화되는 원리

는 작은 부분으로 이루어져 있고, 작은 자석 역할을 하는 이 부분을 우리는 '자기 구역'이나 '**자구**'라고 부른다. 보통의 물체는 이 자구들이 무질서하게 배열되어 있어 자성을 띠지 않는다. 그러면 물체에 자석을 가까이 가져가면 모두 자석이 될 수 있을까? 대부분의 물체 속에 있는 자구는 거의 움직이지 못하여 자구가 일정한 방향으로 배열되지 못하고 자석이 되지 않는다.

물체 속의 자구가 외부 자기장에 의해 영향을 받아 나란하게 배열되는 경우 자성을 띠게 되는데 이를 '**자화**'라고 한다. 외부 자기장과 같은 방향으로 자화되는 물체를 우리는 '**상자성체**'나 '**강자성체**'라고 부른다. 알루미늄과 같은 상자성체에 자석을 가까이 하면 물체 속에 있는 자구 중 일부가 자기장과 같은 방향으로 배열되어 자석에 약하게 끌린다. 상자성체에서 자석을 치우면 자성은 다시 사라진다. 철, 코발트, 니켈과 같은 강자성체는 자석을 제거해도 배열이 흩어지지 않아 계속 자성을 띤다. 또 외부 자기장과 반대 방향으로 자화되는 물체를 우리는 '**반자성체**'라고 부른다. 반자성체에 자석의 N극

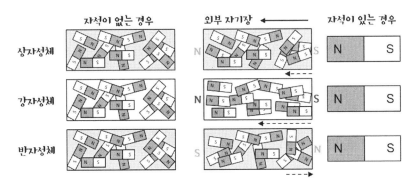

자성체의 종류와 자화

이나 S극을 가까이 하면 그 부분은 가까이한 자석과 같은 극이 되어 자석을 밀어낸다. 구리나 은, 유리, 물 등이 대표적인 반자성체이다. 그러나 반자성체의 경우에도 그 속에 있는 자구 중의 일부만 반대로 배열되어 자성은 그렇게 강하지 못하다.

자석 주변에 철과 같은 강자성체가 있는 경우, 자석은 위의 그림과 같이 철을 자화시켜 철은 자석처럼 행동한다. 철의 한 부분에 N극을 가까이 하면 그 부분은 S극이 되며, S극을 가까이하면 그 부분은 N극이 된다. 그래서 나침반의 주변에 철과 같은 강자성체가 있으면 나침반에 의해 철이 자화되어 나침반 바늘 N극이나 S극이 주변의 철로 향한다. 이러한 자화는 철에게만 일어나는 것이 아니다. 나침반과 같은 자석도 더 강한 자석을 만나게 되면 자화되어 더 센 자석이 될 수도 있고, 원래의 극과 반대로 자화되어 N극과 S극이 바뀌기도 한다. 이렇게 극이 바뀐 나침반은 다른 나침반과는 반대로 (실제로는 S극이지만 N극처럼 붉게 표시된) N극이 남쪽을 향하게 된다.

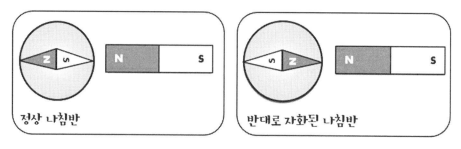

정상 나침반과 반대로 자회된 나침판

때로는 자석이나 자성을 가진 물체가 자성을 잃어버리기도 한다. 같은 방향으로 배열되어 있던 자구들이 오랜 시간이 지나면서 흩어지게 되는 경우 자성을 잃거나 약해지게 된다. 그래서 나침반도 영원히 자성을 유지하지 않는다. 상업용으로 판매되는 나침반의 경우 3년 정도의 유효 기간이 지나면 자성을 잃기도 한다. 또는 자석에 외부 충격이 가해지거나 온도가 높아지는 경우 배열되었던 자구들이 무질서하게 흩어져 자성을 잃기 쉽다. 따라서 자석을 망치로 내려치거나 가열하면 자성을 잃거나 그 세기가 약해진다.

수조의 위치에 따라 자석의 방향이 달라진 이유

실험대 위에서 수조의 위치에 따라 자석이 멈춘 방향이 달라졌다는 것은 실험대 주변에 지구 자기장 이외에 자석에 영향을 미치는 무엇이 있었기 때문이다. 그것은 실험대 어딘가에 부착되어 있는 자석일 수도 있고, 튼튼한 실험대를 만들기 위해 실험대에 덧붙인 철로 된 물체일 수도 있다. 실험대의 철제 부분은 자석에 의해 자화되며, 자석에 힘을 작용하여 자석의 N극이 북쪽을 향하는 것을 방해한다. 혹시 실험을 준비하는 과정에서 이런 일이 발생하였다면 실험대의 다리 부분이나 프레임 부분에 자석을 가까이 가져가 보자. 분명 자석이 달라붙는 부분이 있을 것이다. 교사는 이러한 실험대 위에서 수조 속에 있는 자석의 N극이 북쪽을 향하는 지점을 찾았는데, 이 지점은 실험대에 부착되어 있는 철제 부분에서 멀리 떨어진 지점이거나, 실험대에 부착되어 있는 철제가 지구 자기장의 방향과 나란하게 놓여 있기 때문일 것이다.

나침반의 멈춘 방향이 북쪽이 아닌 이유

나침반의 경우 수조 안에 있던 자석에 비해 그 세기가 훨씬 약하므로 주변의 철을 자화시키는 정도도 약하다. 따라서 자석에 비해 주변 철 구조물의 영향을 덜 받을 것이다. 앞의 3, 5모둠의 예시와 같이 정확히 수조가 놓인 위치가 아니라도 그 주변부에서는 나침반의 N극이 대략 북쪽을 향할 수 있다. 하지만 나침반이 실험대의 철 부분에 좀 더 가까이 가게 되면 1모둠과 같이 나침반의 N극은 북쪽이 아니라 철이 있는 부분을 가리킬 수 있다.

실험대의 철 구조물 이외에 나침반의 방향에 영향을 줄 수 있는 물체는 실험대 위에 또 하나 있다. 수조 안에 있는 자석이다. 자석과 나침반의 거리가 가까우면 나침반은 자석의 영향을 받아 자석 쪽을 가리키게 된다. 따라서 나침반은 수조 위의 자석에 영향을 받지 않을 정도로 수조와 충분히 떨어진 지점에 놓아야 할 것이다.

6모둠과 같이 나침반의 N극이 아예 남쪽을 가리키는 경우도 나타날 수 있는데, 이것은 앞의 경우와 마찬가지로 실험대 주변 철의 영향을 받은 것일 수 있지만, N, S극이 반대로 자화된 나침반을 사용했기 때문일 수도 있다. 특히 작은 나침반은 주변에 강한 자석이 있을 경우 쉽게 자화될 수 있으므로 실험 전에 꼭 한 번 확인해 볼 필요가 있다.

3. 교수 학습과 관련된 문제는 무엇인가?

> 다음 글에서는 학교 실험의 네 가지 유형인 확인 실험, 발견 실험, 탐색 실험 및 연구 실험에 대해 소개한다. 그리고 발견 실험에서 주의해야 할 사항과 예상하지 못한 결과를 교사가 다룰 수 있는 몇 가지 방안에 대해 논의한다.

학교 실험의 유형 [4]

학교 실험은 다양하게 구분할 수 있지만 다음의 표와 같이 실험 절차가 '외부에서 주어진 것인가, 학생이 스스로 계획한 것인가'에 따라, 그리고 접근방식이 '연역적인가, 귀납적인가'에 따라 확인 실험, 발견 실험, 탐색 실험, 연구 실험의 네 가지로 유형화될 수 있다. 한 연구 결과에 따르면 초등학교에서는 확인 실험이 36 %, 발견 실험이 62 %, 탐색 실험이 2 %로 밝혀졌다. 주로 확인 실험과 발견 실험이 수행되고 있고, 탐색 실험과 연구 실험은 거의 수행되지 않고 있다 [5].

확인 실험은 과학적 사실이나 개념을 구체적 경험을 통해 확인하고 학습할 수 있도

	유형	분류기준	
		절차	접근방식
1	확인 실험	교사 주도	연역적
2	발견 실험	교사 주도	귀납적
3	탐색 실험	학생 주도	귀납적
4	연구 실험	학생 주도	연역적

---

4 양일호, 정진우, 허명, 김석민(2006). 실험수업 유형 분류틀 개발. 한국과학교육학회지, 26(3), 342-355.

5 양일호, 정진우, 허명, 김영신, 김진수, 조현준, 오창호(2006). 초등학교 과학 실험 수업 분석. 초등과학교육, 25(3), 281-295.

록 하는 실험을 말한다. 이때 실험의 주요 목표는 과학 개념이나 사실을 학습하는 것이
다. 실험의 모든 절차는 교사에 의해 주도되며 학생은 실험 수행만을 담당하고, 실험
결과의 해석은 주로 교사의 설명에 의존한다. 확인 실험은 시간과 비용이 적게 소비되
며, 교수 방법이 명확하고 적합한 절차와 안내로 개념이나 사실을 학생들에게 쉽게 확
인시킬 수 있다는 장점이 있다. 그러나 인지적으로 높은 수준의 사고보다는 낮은 수준
의 사고만을 요구한다는 단점을 가지고 있다.

발견 실험은 앞의 수업 사례처럼 안내된 절차를 따라 실험을 수행하고, 결과에 대한
토론을 통해 과학적인 사실이나 개념을 발견하도록 하는 실험이다. 보통 과학적 사실이
나 개념에 관한 이론을 학습하기 이전에 수행된다. 이때, 교사는 실험 수행의 절차를
여러 방식으로 제공하고, 안내자로서 토론을 통해 학생들이 과학 개념을 이끌어내도록
돕는다. 학생은 동료와 함께 과학 개념을 발견하는 '발견자'이다. 발견 실험은 직접적인
경험을 통해 학습이 이루어지도록 하는 장점이 있다. 그러나 확인 실험에 비해 좀 더
많은 시간이 필요하다. 또 이때 '발견'은 교사에 의해, 계획된 활동을 통해 이루어지는
것이며 어떤 의미에서 학생의 순수한 발견은 아니라고 할 수 있다.

탐색 실험은 구조화된 절차 없이 새로운 주제나 현상을 탐색하여 그 주제나 현상에
대한 경험과 지식을 얻도록 하는 실험을 말한다. 이런 유형의 실험 수업은 절차 면에서
덜 구조화 되어 있다. 그래서 교사는 올바른 결과를 얻도록 학생을 유도하기보다는, 학
생 스스로 결정할 수 있는 분위기를 만들어 주어야 한다. 이때 교사는 학생들에게 탐색
해야 할 제재를 제시하는 역할을 하고, 학생들은 이 제재를 자유롭게 탐색하며 스스로
의 생각을 검증하게 된다. 탐색 실험은 학생의 흥미 유발에 효과적이어서 새로운 주제
의 입문 단계에서 활용하기 좋다는 장점을 갖지만, 교사가 탐색에 필요한 다양한 자료
를 준비하기 어렵다는 단점을 가진다.

연구 실험은 과학자들이 연구하듯이 학생들이 스스로 가설 검증이나 문제 해결 등의
과정을 수행하는 것을 말한다. 이 실험의 목적은 학생들이 과학 탐구 방법을 학습하고,
과학적 사고능력을 계발하도록 하는 것이다. 교사는 다양한 해결 방법이 존재하거나,
해결 방법이 정해지지 않은 문제를 제시하는 역할을 하며, 학생들은 스스로 실험을 계
획하고, 수행하며, 결론을 이끌어내게 된다. 연구 실험은 높은 인지 기능의 개발을 촉진
하며, 과학적 사고능력을 향상시킬 수 있다는 장점이 있지만, 많은 시간이 필요하며 구

체적 조작기 학생들에게 적용하기 어렵다는 단점을 가진다.

교사가 의도한 발견 실험

앞의 수업 사례에서 교사는 실험 절차를 자세하게 안내하였으며, 결과적으로 학생들이 자석도 나침반처럼 남북 방향을 가리킨다는 것을 알아내기를 바랐다. 이 점에서 교사는 발견 실험을 의도했다고 볼 수 있다. 하지만 실험실에서 사전 실험을 통해 자석의 위치에 따라 N극이 각기 다른 방향을 향한다는 것을 알게 되었다. 이 상황에서 교사는 자석이 일정한 방향을 가리키도록 수조의 위치를 제한하였다. 이 제한된 상황에서 학생들이 주어진 절차에 따라 수조 안의 접시 위에 자석을 놓았을 때 N극이 항상 북쪽을 가리키는 규칙성을 확인할 수 있도록 하였다. 학생들은 수조의 위치를 바꿀 수 없고, 교사의 의도대로라면 이 제한 조건 내에서 학생들은 수조 안의 자석이 항상 북쪽을 가리키는 것을 확인할 수 있을 것이다. 그러나 교사의 의도와는 달리 나침반의 방향이 모둠마다 달라 북쪽을 확인하기 어려운 결과가 나왔다. 어떻게 이런 결과가 나온 것일까?

사전 실험

학교에서 나침반을 제대로 보관하지 않고 모두 함께 섞어 보관하거나 기간이 오래된 경우 나침반 바늘의 자성이 약해지거나 바뀌게 되는 경우가 많다. 그래서 교사는 사전에 나침반이 제대로 작동하는지 살펴보아야 한다. 제시된 수업 사례에 나타난 교실 환경에서는 자석과 마찬가지로 나침반도 주변 환경의 영향을 받기 쉽다. 그래서 교사는 나침반도 자석과 마찬가지로 실험대 위의 특정 영역에서만 북쪽을 가리키는지 확인을 했어야 했다. 또한, 나침반은 자석 근처에서 자석의 영향을 받기 쉽다. 특히, 나침반 바늘의 자성이 약한 경우에 나침반 바늘은 그 극과 상관없이 자석 쪽으로 끌리기 쉽다. 그래서 교사는 나침반을 수조에서 얼마나 떨어뜨려 놓아야 하는지, 실험대에 따라 나침반 바늘이 가리키는 방향이 달라지지 않는지 등을 확인할 필요가 있었다. 만약 교사가 나침반에 대해서도 이렇게 사전 실험을 해보았다면, 이 교사는 '올바른' 실험을 위해 나침반의 위치도 수조의 위치와 마찬가지로 고정하였을 것이다. 그리고 수조나 나침반의 위치에 따라 결과가 달라지는 것을 막으려고 했다면, 수조와 나침반을 바닥에 테이프 등으로 고정하는 것이 필요했다.

'올바른' 실험을 위한 기구의 조작

앞의 수업 사례에서 수조의 위치를 제한한 것처럼 의도된 실험 결과를 얻기 위해 실험 기구를 사전에 조작하거나 속임수를 쓰는 행동을 하는 경우가 실제 수업에서 일어날 수 있다. 이러한 조작은 단순히 규칙성을 보여주기 위한 확인 실험에서 학생의 이해를 도와주는데 보탬이 될지 모른다. 그러나 학생들은 교사가 의도한 대로 항상 그 결과를 해석하고 이해하는 것은 아니다. 예를 들어, 실험의 목적을 제대로 이해하지 못한 학생은 올바른 실험 결과를 보고도 자석과 나침반이 그 상대적 위치와 관계없이 '항상 같은 방향을 가리킨다.'고 생각할지 모른다. 그래서 자석 주변에서 나침반이 영향을 받을 수 있다는 것을 깨닫지 못할 수 있다. 그런 의미에서 학생들이 실험의 목적을 이해하지 못하고 단순히 그 절차를 따라하는 것만으로는 교사가 의도한 수업 성과를 얻기 어렵다. 그래서 교사는 무엇 때문에 실험을 하는 것인지, 왜 그렇게 실험을 하는 것인지, 무엇을 확인하려고 하는 것인지 학생들에게 구체적이고 적절한 안내를 제공해야 한다. 예를 들어, 왜 수조나 접시를 사용하는 것인지, 나침반이 왜 필요한지 뿐만 아니라, 어떻게 나침반을 사용하고 실험을 통해 무엇을 알아내야 하는지 등 실험 활동에 대한 구체적인 도움을 주어야 한다. 그러나 이 수업 사례에서처럼 가능하면 의도된 실험 결과가 나오도록 교사가 미리 준비를 하더라도, 실제 현장에서는 미리 예상하지 못했던 일로 엉뚱한 일이 벌어지기도 한다. 어떤 의미에서 '잘못된' 실험이라는 것은 없다. 현장에서 예상하지 못했던 그런 결과가 나오는 것은 모두 그 이유가 있기 때문이다. 그래서 교사는 그런 시행착오를 통해 수업에 대한 새로운 방안과 전문성을 배울 수 있다. 그러면 예상하지 못한 결과가 나왔을 때 교사는 어떻게 해야 할까?

위의 수업 사례에서 사실 문제가 된 것은 자석이 아니라 나침반이었다. 전체 학급의 실험 결과를 토의하는 과정에서 교사가 학생들에게 공통점과 차이점을 찾아보도록 했다면, 학생들은 아마 모든 모둠에서 자석이 모두 일정한 방향을 가리키는 것에 비해, 나침반은 모둠에 따라 가리키는 방향이 다르다는 것을 주목했을지 모른다. 만일 학생들이 교실에서 동서남북 방향을 알고 있다면, 교사는 자석이 어느 방향을 가리키는지 이야기하는 기회를 가질 수 있다. 또는 학생들이 나침반으로 방향을 찾는 것을 알고 있다면, 나침반 바늘이 모둠마다 다른 것에 대해 토의해 볼 수 있다. 그리고 교사는 이때 학생들에게 실험대 위의 수조를 다른 곳으로 치우게 하고, 수조가 있던 곳에 나침반을 놓고 바늘의 방향을 관찰해 보도록 제안할 수 있다. 만일 수업에 사용한 나침반이 제대로 작동하는 것이었다면, 학생들은 자석이 가리켰던 방향을 나침반 바늘이 가리킨다는 것을 발견하게 될 것이다. 일부 나침반에 문제가 있더라도, 교사는 전체 토의 과정에서 나침반 바늘의 방향이 자석이나 철 주변에 있을 때 어떻게 되는지 살펴보도록 제안할 수 있다. 그리고 이러한 과정을 통해 나침반으로 방향을 알아보려고 할 때 주의해야 할 점에 대해 토의하는 기회를 가질 수 있다. 특히, 이 수업 사례의 학생들 반응처럼 대부분 실험 결과를 알고 있는 경우에는 어쩌면 예상된 결과보다는 예상하지 못한 결과로 수업을 더 활기차게 만들 수 있다. 학생들의 기대와는 달리 나침반 바늘의 방향이 왜 모둠마다 다르게 나왔는지 그 이유를 학생들에게 찾도록 했다면, 학생들은 피상적인 학습에서 벗어나 나침반에 대해 더 많은 것을 배울 수 있는 기회를 가졌을 것이다.

결론적으로 말하면, 수업을 시작하기 전 교사가 사전에 실험 기구와 방법을 미리 철저하게 점검하는 것도 매우 중요한 일이지만, 실제 수업에서는 여러 요인들 때문에 의도한 결과와 다르게 나오는 경우가 많다. 그렇다고 하더라도, 그런 경우는 교사나 학생들에게 '실패'라기보다는 또 다른 새로운 것을 배울 수 있는 기회이다. 위에서 언급한 것처럼 실험 결과가 예상한 대로 나오지 않는 이유를 찾는 과정에서 교사나 학생은 모두 자신들이 알고 있는 것을 하나하나 확인하면서 더 깊이 있는 학습을 경험할 수 있다. 물론 교사가 그러한 상황을 미리 알면 좋겠지만, 교사가 학생들과 마찬가지로 예상하지 못한 결과에 대해 잘 모른다고 하더라도 괜찮다. 교사가 그것을 솔직하게 인정하고 도전 과제로 바꾸어 그 원인을 학생들과 함께 찾아나간다면 수업은 더 역동적으로 바뀌게 될 것이다. 아이들은 대개 정해진 결과보다는 예상하지 못한 결과에 더 흥미를 갖기 때문에, 교사가 적절한 자극과 함께 도전을 격려해 준다면 아이들은 학습에 더 적극적으로 참여하게 될 것이다. 그리고 교사는 아이들과 함께 토의하며 문제를 해결하는 과정에서 대개 아이들보다 먼저 그 해답을 발견할 것이고, 학생들에게 문제 해결의 실마리를 제공해 줄 수 있을 것이다.

4. 실제로 어떻게 가르칠까?

> 다음 글에서는 수업을 계획할 때 절차의 중요성을 앞의 수업 사례와 관련지어 설명한다. 그리고 교사가 의도하지 않은 실험 결과가 나왔을 때 교사가 대처할 수 있는 몇 가지 방안을 논의한다.

절차의 중요성

바둑을 둘 때 중요한 것 중의 하나는 바둑돌을 놓는 순서이다. 순서가 뒤바뀌면 죽은 말이 살아나거나 산 말이 죽게 된다. 마찬가지로 수업에서도 같은 내용을 배우더라도 그 순서가 매우 중요하다. 이 수업 사례에서 교사가 기대했던 것은 '자석의 N극(또는 S극)이 항상 북쪽(또는 남쪽)을 가리킨다'는 것을 학생들이 알아내는 것이었다. 따라서 교사는 학생들에게 자석의 행동을 관찰시키기 전에 먼저 학생들이 방위를 알고 있는지 확인했어야 했다. 학생들이 방위를 모르고 있다면, 태양의 위치와 관련하여 교실에서 동서남북의 방위를 알려주고 교실의 벽면에 표시해 둘 수 있다. 참고로 우리나라에서는 12시 30분경에 태양의 위치가 정남 방향이다.

또한, 나침반을 사용하는 법을 가르치려고 한다면 나침반 바늘이 남북 방향을 가리키는지 확인해 보도록 할 수 있다. 이 과정에서 교사는 학생들에게 제대로 작동하지 않는 나침반이나 나침반을 놓았을 때 남북 방향이 달라지는 장소를 찾을 수 있다. 아울러 수업을 좀 더 심화하기 원한다면, 교사는 학생들에게 나침반 바늘이 자석이나 철로 된 물건이 있을 때 어떻게 달라지는지, 그 영향을 받지 않게 하려면 어떻게 해야 하는지 탐색시킬 수 있다. 이런 과정에서 교사는 나침반을 이용하여 방위를 찾는 법을 학생들에게 가르칠 수 있고, 그 이유에 대해서도 생각해 보도록 할 수 있다.

학생들이 교실에서 방위를 제대로 확인한 후에, 교사는 자석을 이용해서도 방향을 찾는 것이 가능한지 학생들에게 질문하고, 모둠별로 그 방법을 찾도록 도전시킬 수 있다. 이 과정에서 필요하면 교사는 간단한 게임을 도입하거나 학생들의 활동을 격려하기 위해 가장 간단한 방법이나 기발한 방법을 제시한 모둠들에게 특별한 상(예를 들어, 우수상, 아차상, 어처구니상 등)을 제공하면 좋을 것이다. 이때 교사는 학생들에게 모둠별로 몇 개의 막대자석을 제공해도 좋고, 다양한 자석을 탐색하기 원한다면 여러 종류의 자석을 제공할 수도 있다. 여러 종류의 자석을 주는 경우에는 더 많은 탐색 시간이 필요할지 모른다.

요즘 학생들은 대개 학원이나 학습지를 통해 교과서에 있는 실험에 대한 답을 알고 오는 경우가 많기 때문에, 교과서의 실험보다는 그것을 응용한 활동을 제시한다면 좀 더 수업에 대한 흥미를 유발시킬 수 있을 것이다. 미리 공부한 학생들은 자석을 물 위에 띄우는 방법을 시도해 보겠지만, 어떤 학생들은 자석을 움직일 수 있는 다양한 방법을 찾아낼 것이다. 다음 그림과 같이 막대자석의 중앙에 실을 묶어 매달 수도 있고, 회전판이나 플라스틱 반구 위에 막대자석을 부착하거나, 원통형 네오디뮴 자석의 경우에는 그냥 유리판이나 접시 위에 놓아도 된다. 학생들은 다양한 방법을 고안하고 시험해 보는 과정에서 자석의 행동에 대해 배울 수 있다. 이와 같은 활동을 통해 학생들은 교과서에서 제시된 실험의 의도를 이해하게 될 것이다. 학생들의 활동이 끝난 후 교사는 네오디뮴 자석을 이용하여 그림과 같이 접시 위에 네오디뮴 자석을 놓았을 때 자석이 언제나 일정한 방향을 가리키는 것을 보여줄 수 있다. 그리고 마무리 평가로 네오디뮴 자석의 N극과 S극의 위치를 묻거나 그것을 표시하도록 할 수 있다.

만일 교사가 앞의 수업 사례와 같이 교과서의 실험을 그대로 수행하기 원한다면, 앞에서 언급했던 것처럼 수조를 이용한 자석 실험을 수행한 후에 수조를 실험대 위에서

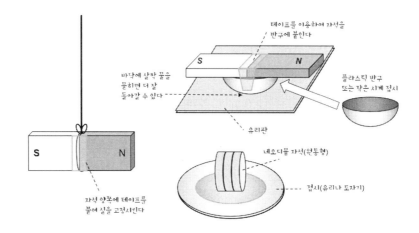

자석이 쉽게 움직일수 있도록 하는 방법(예)

치우게 한 다음, 수조를 놓아두었던 그 자리에 나침반을 놓고 실험하도록 하는 것이 바람직하다. 이 경우에는 사전에 교사가 나침반이 모두 제대로 작동하는지 미리 확인하는 것이 필요하다. 사실 학교 실험실에 있는 나침반이나 자석들은 제대로 보관되지 않는 경우가 많아 자성이 약해지거나 심지어 극이 바뀌어 있는 경우도 있다. 그래서 반드시 실험 전에 교사는 그것을 확인할 필요가 있다. 자석들을 무질서하게 섞어서 보관하거나 네오디뮴 자석과 같이 강한 자석이 근처에 있는 경우 앞에서 언급했던 것처럼 자구들의 배열이 바뀌어 자성이 약해지거나 극성이 바뀌는 경우가 있기 때문이다. 사전 점검에서 나침반이 잘 작동하지 않는 경우에는 나침반의 N극(또는 S극)에 네오디뮴 자석의 S극(또는 N극)을 잠시 붙여두면, 자성을 찾아 나침반을 다시 사용할 수 있다.

실패로부터 배우기

일상생활에서 우리는 늘 많은 문제에 부딪치고 있지만, 그 문제를 제대로 인식하거나 바라보기가 쉽지 않다. 대개는 그 문제에 부딪치려고 하지 않고, 아무렇지도 않게 무시하거나 포기하는 경우가 오히려 많다. 위 수업 사례의 교사처럼 예상하지 못한 결과가 나왔지만, 그것을 무시하고 그냥 수업을 진행하여 마무리하기 쉽다. 그러나 사실은 원하는 실험 결과가 잘 나와서 수업을 만족스럽게 끝내는 것보다는 예상하지 못한 결과가 나왔을 때, 교사나 학생들은 그런 예상하지 못한 결과가 없었으면 그냥 지나쳤을 더 많은 것을 배울 수 있다. 예를 들어, 나침반이나 자석이 주변에 있는 철과 같은 자성체 물질에 영향을 받는 것이나 나침반을 올바르게 사용하는 방법을 배우지 못하고 지나칠 수도 있었을 것이다. 수업 사례와 같이 나침반 바늘이 모둠마다 다르게 나온 것을 학생들이 주목했다면, 교사는 자석과 나침반의 방향이 왜 서로 차이가 나는지 질문을 던질 수 있고, 학생들에게 나침반 바늘이 철이나 자석 주변에서 어떻게 변하는지 탐색해 보도록 할 수 있다. 그리고 이런 경험은 나중에 자석 주변의 자기장을 철가루로 확인하는 실험과 연결될 수 있다. 또 이런 경험은 나침반으로 방향을 찾을 때 나침반 바늘이 장소와 관계없이 일정한 방향을 가리키는지 확인하는 태도를 갖도록 할 수 있다.

만약 어느 모둠에서 나침반 바늘의 방향이 다른 모둠과 정반대로 나왔다면, 나침반이 고장 났다고 말하고 새로운 나침반을 주는 것보다는 그 이유를 찾아보도록 하는 것이 더 바람직하다. 예를 들어, 학생들에게 어떻게 나침반 바늘이 반대 방향을 가리키는지 막대자석으로 확인해 보도록 하거나, 그 주변에 나침반에 영향을 주는 물체나 자석이 있는지 살펴보도록 교사가 제안할 수 있다. 또한, 나침반 바늘의 극성이 바뀐 것을 알아낸다면 강한 자석으로 나침반 바늘을 자화시켜 나침반이 제대로 작동하는지 살펴보도록 할 수 있다. 문제가 발생했을 때 교사는 학생들로 하여금 그 문제를 분명하게 인식하고, 원인을 찾도록 도와줄 수 있다. 많은 경우 분명한 목적을 갖고 문제의 원인을 찾는다면 학생들은 교사의 도움과 함께 그것을 해결할 수 있는 방법을 찾을 것이다. 학생들이 과학을 공부하는 과정에서 아무런 문제도 없다면 그것은 배울 것이 없다는 것이다. 어떤 면에서 교사는 끊임없이 학생들의 문제를 들추어내고, 그것을 해결할 수 있도록 도와주는 역할을 하는 것이 중요하다. 학생들은 그 과정에서 단지 정답이 아니라 정말 중요한 것들을 배우게 될 것이다.

어떤 태도를 키워야 할까?

학생이 스스로 발견하도록 하는 것이 진정한 탐구일까?

나는 교육대학의 한 강좌에서 함께 수강하는 예비교사들을 대상으로 초등학교 6학년에 해당하는 모의수업을 계획하고 실행하였다. 나는 교사가 실험방법을 자세하게 제시하지 않고 학생들이 주도적으로 탐구하여 과일전지를 완성하는 수업을 하고자 했다. 활동에 참여한 학생들이 시행착오를 거치면서 스스로 과학적 원리나 방법을 '발견'할 수 있기를 기대했지만 나의 기대와 달리 학생들은 대부분 과일전지 완성에 실패했다. 과학 활동에서 '발견'은 진정한 탐구라고 여겼는데, 무엇이 문제인 걸까? 학교 과학에서 탐구 활동은 어떻게 이루어져야 하는 걸까?

1. 과학 수업 이야기

수업을 시작하면서 우선 학생들에게 디지털시계를 보여 주었다. 시계를 작동시키기 위해 1.5 V 건전지가 한 개 필요하지만, 시중에서 파는 건전지 대신에 우리가 직접 전지를 만들어 보자고 제안했다. 그리고 미리 준비한 여러 가지 재료를 소개했다. 실험대에는 레몬, 오렌지, 오이 등의 여러 가지 과일과 채소, 콜라 등의 탄산음료, 디지털시계, 집게 전선, 알루미늄판, 구리판, 아연판, 비커 등이 준비되어 있었다. 학생 역할을 맡은 친구들은 여러 가지 과일과 채소, 음료수를 보고 매우 즐거워했다. 수업을 맡은 나는 학생들이 원하는 재료를 선택해서 여러 가지 방법으로 실험해 볼 있도록 준비한 것 같아 뿌듯한 느낌이 들었다.

활동을 위해 3명 혹은 4명으로 모둠을 구성했고, 빈칸이 있는 나만의 전지 그리기 활동지를 각 모둠에 배부했다. 모둠별로 토론하여 활동지의 빈 칸에 디지털시계를 작동시킬 수 있는 회로를 고안하여 그림으로 나타내고, 실제로 연결해 보아 시계가 잘 작동하는지 확인해 보도록 했다. 실패한 경우, 다시 또 다른 회로를 고안해서 그림으로 나

학생들에게 배부한 활동지

타내고, 실제 연결을 통해 확인하는 것을 반복하도록 했다. 30분 남짓한 시간이 흘렀다. 그런데 전지를 제대로 만든 모둠이 한 모둠도 나타나지 않았다. 어떻게 해야 할지 조금씩 걱정이 되기 시작했다. '아무도 성공하지 못하면 어떻게 하지?' 걱정이 앞섰지만, 어떻게 해야 할지 막막하기만 했다.

학생들은 **과일 전지**에 대한 사전 지식이나 경험이 거의 없는 것 같았다. 서로 다른 종류의 금속을 사용해야 한다는 사실, 그리고 하나의 과일에 서로 다른 종류의 두 금속판을 꽂아야 한다는 것을 알지 못했다. 그래서 같은 종류의 금속판을 사용한 경우가 많았고, 아예 금속판을 사용하지 않고 집게 전선을 과일에 그냥 꽂아보기도 했다. 또 두 개의 과일을 사용해서 구리판은 오렌지에, 알루미늄판은 오이에 연결하고 각각을 디지털시계의 두 단자에 연결하기도 했다. 서로 다른 두 금속판을 사용한 경우라도 두 금속판을 디지털시계의 (+) 단자와 (−) 단자에 적절하게 연결하지 못하면 시계가 작동할 수 없었다.

성공한 모둠이 나오기를 간절하게 바라는 나의 기대가 무색하게 여러 번의 시도에도 불구하고 학생들은 결국 시계를 작동시키지 못했다. 나는 더 이상 활동 시간을 줄 수 없었다. 그래서 모둠별로 어떻게 연결했었는지, 그리고 시계 작동에 성공했는지, 실패했는지 발표하도록 했다. 학생들은 실패할 결과를 모두 자세히 설명했다. 나는 수업을 마무리해야 했다. 결국 전지를 만드는 방법을 내가 간단히 설명하는 수밖에 없었다.

"아연판과 구리판처럼 서로 다른 금속을 사용해야 합니다. 그리고 두 금속판을 하나의 과일에 꽂고 집게 전선을 이용해서 각 금속판을 시계와 연결해 주면 돼요. 만약 시계가 작동하지 않으면 디지털시계의 두 단자에 연결한 전선을 바꾸어 연결하면 됩니다."

그리고 비록 전지 만들기에 성공하지 못했지만 학생들이 열심히 시행착오를 통해 탐구한 것이라고 격려하고 싶었다. 나는 전지를 처음 발명한 사람이 '볼타'라고 이야기하고, 실제 과학자들도 여러 번의 시행착오를 거친다는 것을 강조하고 수업을 마무리했다.

"볼타가 처음부터 전지를 잘 만들 수 있었을까요? 볼타도 우리들처럼 여러 번 실패했지만 결국 전지를 만들 수 있었을 거예요."

시행착오의 중요성을 강조하며 수업을 마무리하기는 했지만 내심 실망스럽기도 하고 혼란스럽기도 했다. 학생들이 자유롭게 실험하고 탐색할 수 있도록 하는 것이 진정한 탐구 수업이라고 생각하고 여러 종류의 과일과 채소, 금속판 등을 준비했는데 애써 준비한 것이 보람이 없다는 생각이 들었다. 학생들도 회로 구성에 성공하지 못해서 실망하고 결국 과학에 대한 흥미나 자신감을 떨어뜨리는 수업이 아니었나 싶기도 했다. 다음 번에 같은 수업을 한다면 어떻게 해야할지 모르겠다.

이 수업을 하고 나는 다음과 같은 의문이 들었다.

- 이 모의 수업에 참여한 대학생들도 성공하지 못하면 초등학생은 성공하는 경우가 더 적을 것 같다. 왜 학생들은 과일 전지의 원리를 발견하지 못했을까?
- 학생들이 스스로 원리를 발견하지 못하거나 과제에 성공하지 못할 것이 짐작되더라도 학생이 스스로 발견하도록 하는 것이 진정한 탐구 수업일까?

2. 과학적인 생각은 무엇인가?

아래 글에서는 볼타 전지의 원리, 그리고 수업 사례의 활동인 과일 전지의 회로 구성 요소와 원리를 살펴본다.

볼타(Volta) 전지

우리는 늘 일상에서 전지를 사용하고 있지만, 전기 에너지를 저장하는 손쉬운 방법이 없다면 휴대전화를 비롯하여 우리 주변에 있는 편리한 전기기구 대부분이 무용지물이 될 것이다. 전지의 발명으로 이어진 전기화학이 시작된 것은 불과 200여 년 전인 1800년도이다. 볼타(Volta)는 1799년에 실험하는 도중에 전지를 발명하였고, 1800년도에 자신의 발명품인 전지에 대한 논문을 발표하였다. 볼타전지의 발명은 전 유럽 과학계에 돌풍을 일으켰고, 전지가 발명됨으로써 전류가 지속적으로 흐르는 전기회로를 만드는 것이 가능해졌다.

볼타는 1745년에 태어난 이탈리아의 물리학자이다. 전압의 단위인 V(볼트)는 볼타의 이름에서 유래하였다. 볼타의 친구인 갈바니(Galvani)는 해부학 교수로 재직하던 중에 해부한 개구리 다리에 두 개의 서로 다른 금속이 닿을 때 전류가 생겨 근육이 움직이는 것을 관찰하였다. 그래서 갈바니는 동물 체내에 전기를 만드는 조직이 있다고 주장하였다. 처음에 볼타는 갈바니의 생체 전기 이론이 옳다고 생각했다. 그러나 여러 실험 결과를 바탕으로, 중요한 것은 서로 다른 두 개의 금속이고 개구리의 다리는 단지 전기를 흐르게 하는 도체[1]의 역할을 했다는 것을 깨달았다. 그래서 1794년 볼타는 두 종류의 금속만 있어도 전류가 흐를 수 있다고 주장하였다. 그는 결국 1800년에 생물 조직을 사용하지 않고 처음으로 전지를 만들어 자신의 이론이 옳다는 것을 증명하였다. 그는 개구리 다리 대신에 소금물에 적신 종이를 사용했던 것이다.

---

1 이온화되어 전류가 흐를 수 있게 하는, 볼타가 생각한 그러한 물질을 이제는 전해질이라고 부른다.

다음 사진과 같이 볼타는 아연, 전해질에 적신 천, 구리를 순서대로 쌓아서 전지를 만들었다. 처음에는 소금물이 사용되었는데 그 후에 묽은 황산을 사용하여 더 좋은 결과를 얻을 수 있었다. 아연과 구리로 된 전지는 약 1 V의 전압을 만드는데, 이들 전지를 직렬로 연결하면 높은 전압이 만들어진다. 이렇게 전지를 여러 개 쌓아 올린 것(적층 전지)을 볼타 파일(voltaic pile)이라고 부른다. 그러나 볼타전지는 몇 가지 단점이 있었다. 황산은 희석되더라도 위험할 수 있기 때문에 취급이 어려웠고, 시간이 지나면서 전지가 약해졌다. 수소 기체가 밖으로 방출되지 않고 구리 전극의 표면에 쌓이면서 금속과 전해질 용액 사이에 장애물을 만들었기 때문이다.

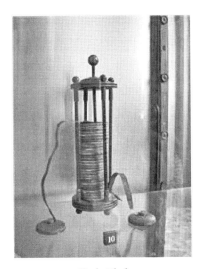

볼타 전지

과일 전지의 원리

전지는 화학 에너지를 저장하는 그릇이며, 화학 반응에 의해 화학 에너지를 전기 에너지로 전환한다. 그러한 반응은 전해질과 서로 다른 금속으로 된 두 전극 사이에서 일어난다. 따라서 과일 전지는 개구리 뒷다리 대신 사용하는 과일과 다른 종류의 두 금속으로 만들 수 있다. 예를 들어, 레몬과 같이 구연산이 들어있는 과일은 산성인데 그 즙 속에는 수소 이온(H^+)이 자유롭게 떠다닌다. 즉, 레몬즙이 전해질 역할을 하기 때문에 그 속에 구리와 아연 금속을 꽂으면 그것은 전지의 양극과 음극 역할을 한다.

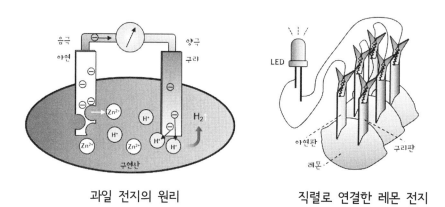

과일 전지의 원리   직렬로 연결한 레몬 전지

아연은 산성인 레몬 즙과 반응하여 아연 이온(Zn^{2+})과 전자($2e^-$)로 바뀌면서 이온은 용액 속으로 녹아 들어가고 전자는 아연판 위에 쌓인다. 그래서 아연판과 구리판을 도선으로 연결하면 아연판과 구리판 사이에 **전위차**가 생겨 아연판 위에 쌓인 전자는 도선을 따라 구리판 쪽으로 이동한다. 이렇게 전자가 도선을 이동할 때 우리는 전류가 전자의 이동과 반대로 흐른다고 한다. 구리판 쪽으로 이동한 전자는 레몬 즙 속에 떠다니던 수소 이온(H^+)과 반응하여 수소 기체(H_2)가 된다. 만일, 수소 이온과 결합하지 못해 전자가 구리판 위에 쌓이게 되면 아연과 구리 사이에 전위차가 없어져 전류는 흐르지 않게 된다.

보통 구리와 아연으로 만든 **과일 전지**에서 생긴 전압은 1.0 V 이하로 작아서 높은 전압을 만들기 위해서는 여러 개의 과일 전지를 직렬로 연결하여 사용해야 한다. 과일 전지를 소형 디지털시계의 전원으로 사용하는 경우에는 대개 두 개의 레몬 전지를 직렬로 연결하면 될 것이다.

구연산 과일을 사용한 전지의 전압은 대개 과일의 종류와는 상관이 없고 사용된 두 금속의 종류에 따라 달라진다. 그것은 금속의 종류에 따라 **이온화 경향**[2]이 다르고 이것

---

2   간단히 말해 이온이 되기 쉬운 정도를 나타낸다. 이온화 경향이 큰 것부터 몇 개의 금속을 순서대로 나열하면 다음과 같다. 칼륨 > 칼슘 > 나트륨 > 마그네슘 > 알루미늄 >아연 > 철 > 납 > 수소 > 구리 > 은 > 금. 서로 다른 종류의 두 금속이 전해질 속에서 전지가 될 때, 이온화 경향이 큰 금속이 음극이 되고 이온화 경향이 낮은 금속은 양극이 된다. 즉, 아연과 구리를 이용하며 만든 볼타 전지에서는 아연이 음극, 구리가 양극이 된다.

때문에 두 금속 사이에 전위차가 생기기 때문이다. 그래서 같은 금속으로 두 전극을 만들면 전위차가 생기지 않아 전류가 흐르지 않는다. 대개 수소보다 이온화 경향이 큰 금속은 음극으로, 수소보다 이온화 경향이 작은 금속은 양극으로 사용하여 전지를 만든다. 예를 들어, 아연과 구리는 전지를 만들기 위한 좋은 쌍이다.

과일 전지의 전압이 같더라도 과일 전지에서 흐를 수 있는 전류는 경우에 따라 달라질 수 있다. 일반적으로 전해질의 산도가 강할수록 전류가 더 많이 흐를 수 있다. 구연산 과일의 경우에는 신맛이 많이 날수록 산도가 강하다. 보통 레몬과 라임이 다른 과일보다 신맛이 많고, 오래된 과일보다는 나무에서 갓 따온 신선한 과일이 더 시다. 레몬을 탁자 위에 놓고 껍질이 찢어지지 않도록 조심스럽게 손으로 누르면서 굴리면 과일즙이 충분히 나와 실험하기가 좋다.

주변에 있는 여러 과일이나 액체가 **전해질**로 사용될 수 있고, 감자도 여러 가지 염이나 인산 등 전해질을 가지고 있어 전지로 작동할 수 있다. 식초나 콜라, 주스와 같은 액체도 유리병에 담아 과일 대신에 사용될 수 있다. 아연과 구리판이 구하기 쉽고 안전하지만, 철이나 알루미늄, 또는 마그네슘과 같은 금속도 실험해 볼 수 있다. 특히, 마그네슘과 구리로 된 레몬 전지는 약 1.6 V의 전압을 만들 수 있다.

3. 교수 학습과 관련된 문제는 무엇인가?

아래 글에서는 학생을 과학자로 간주했을 때 생기는 교육적 함정을 살펴보고, 과학교육에서 유의미한 탐구 활동의 특징을 어떻게 설명하고 있는지 고찰한다.

꼬마 과학자로서의 학생

'아동은 꼬마 과학자'라는 말은 꽤 멋지게 들린다. 이 말은 장래 과학자가 될 아동이 무언가 재미있는 실험에 몰두하는 장면을 연상시킨다. 또, 아동이 과학자처럼 새로운 무언가를 발견하는 장면을 연상시킨다. 이 용어는 과학교육에서 아주 오래전부터 사용되어 왔고, 때로 그 의미가 비판받기도 했지만, 여전히 과학교육계에 받아들여지고 있는 용어이다.

브루너(Bruner)는 **학문 중심 교육과정**을 제창하여 과학교육에 많은 영향을 미쳤다. 그는 과학을 가장 잘 배울 수 있는 방법으로 과학자처럼 활동하는 것을 주장했고, 학생의 활동은 수준의 차이가 있을 뿐 과학자의 활동과 본질적으로 같다고 보았다[3].

"지식의 최전선이나 초등학교 3학년 교실에서 이루어지는 지적 활동은 동일하다. 과학자가 자기 책상이나 실험실에서 하는 일은 과학에서 모종의 이해에 도달하기 위한 것이고 교실에서 노력하는 학생들의 일과 본질적으로 다름이 없으며, 이들 둘 사이의 차이는 하는 일의 종류에 있는 것이 아니라, 지적 활동 수준에 있다는 것이다."

과학자가 자연 현상을 이해하기 위해 여러 가지 노력을 하는 것과 마찬가지로, 학생도 과학자의 수준과는 차이가 있지만 과학 수업에서 그 내용을 이해하기 위한 지적 활동을 수행한다는 것이다.

---

3 권재술, 김범기, 우종옥, 정완호, 정진우, 최병순 (1998). 과학교육론. 서울: 교육과학사.

브루너가 주장한 **발견학습**은 '나는 해보면, 이해한다(I do and I understand)'는 것을 표어로 하여, 학생을 '과학자가 되는 일'에 끌어들였다[4]. 즉, 학습자를 어린 과학자로 보는 관점에서 만들어진 것으로, 교육에 있어서 절차적 원리는 다음과 같다.

"학생은 혼자의 힘으로 현상을 주의 깊게 관찰하여 그 결과로 알아낸 사실들을 조합해서 과학적 이해에 도달할 수 있다. 그리고 이 과정에서 교사는 학생에게 활동을 제안하고, 잘 선택된 재료와 예시를 제시하여, 부각점에 주의를 집중시키고, 학습자의 경험을 구체화하면서 학습자를 안내하는 역할을 한다[5]."

이러한 발견학습의 원리를 적용하면, 제시된 수업 사례는 매우 타당해 보인다. 교사가 여러 가지 금속, 전선, 과일 등 가용한 재료를 제공하면 학생들은 그 재료를 이리저리 조합하여 궁리할 것이다. 그 과정은 일정한 절차가 있지 않으며, 학생들은 시행착오를 거쳐 간단한 전기회로를 완성하게 될 것이다. 그리고 학생들은 스스로 만든 전기회로의 완성 과정과 결과도 서술할 것이다. 이것이 교사가 기대하는 발견학습의 시나리오이다. 그러나 이러한 발견학습 시나리오에는 두 가지 함정이 있다.

발견학습의 함정

발견학습의 함정 하나는 과학자의 '발견'에 대한 오해이다. 과학자의 '발견'은 무에서 유가 만들어지는 것이 아니다. 발견의 과정에 중요하게 작동하는 것은 '귀추적 추론'이다. 귀추적 추론은 사건의 결과로서 드러난 현상에 대해 경험을 기반으로 잠정적 가설을 만들어내는 과정이다. 예를 들어, 공룡의 생리 및 생태에 대하여 과학적으로 인정받는 가설은 현생 동물의 생리와 생태 작용에 대한 우리의 경험적 지식을 기반으로 귀추된 것이다. 귀추적 추론 과정은 명시적이기보다는 암묵적인 경우가 많아 과정보다는 결과로 제시된 가설에만 집중되는 경향이 있다. 그래서 그런 과정은 무시한 채 과학자는

---

[4] 황성원 (역) (2001). 과학실험실습교육. J. Wellington의 Practical work in school science. 서울: 시그마프레스.

[5] 같은 책, p. 23.

번뜩이는 아이디어와 영감을 갖고 새로운 가설과 지식을 생성한다고 평가받는다. 예를 들어 번개는 그 자체로 존재하는 것이 아니라, 번개가 일어나려면 두터운 구름 내에서 전하의 분리가 일어나야 하고 구름과 지면 사이에 전위차가 있어야 한다. 이와 같이 복잡하고 다양한 조건이 멋지게 맞아 떨어져야 번개 현상을 볼 수 있다. '발견'은 어찌 보면 번개와 같은 것이다. 과학자들은 천재적인 직관을 한 순간에 발휘하는 것처럼 보이지만, 그 순간이 만들어지기까지 수많은 노고와 몰입, 그리고 여러 번의 시행착오와 수많은 작은 변화들이 쌓여야 하는 것이다.

다른 하나의 함정은 학교 과학에서 학생이 '과학자처럼' 지식이나 원리를 발견할 수 있다는 오해이다. 위의 첫 번째 오해가 해결되면, 두 번째 오해는 자동적으로 해결될 수 있다. 과학자가 지식을 '발견'하듯이 학생들이 지식을 '발견'할 수 있으리라는 주장은 첫 번째 전제가 수용되지 못할 경우 매우 빈약해진다. 그럼에도 불구하고, "학생들이 학교 과학에서 다루는 지식을 스스로 '발견'할 수 있도록 탐구 활동을 열어두는 것은 교육적으로 유의미한가?"라는 질문을 하게 된다. 만일 교육적으로 의미 있는 활동이라면 발견학습이 과학교육에서 적절한 하나의 교수 방법으로 자리매김할 수 있기 때문이다. 그러나 발견학습을 주장하는 데 있어 그 전제는 단순하지 않은데, 왜냐하면 그것이 인식론적 관점과 연관되어 있기 때문이다. 과학은 세상에 존재하는 법칙을 발견해내는 것이 아니라, 문제 상황 즉 세계의 부분에 대한 이해를 제공하는 모형 구성이 그 본질이기 때문이다. 다시 말해 **구성주의**적 관점에서 보았을 때, 자연의 법칙이나 규칙성은 스스로 존재하는 것이 아니라 복잡한 세계를 이해하기 위해 과학자가 만들어낸 것이다. 그것은 깊은 바다 속에 숨어있는 진귀한 진주를 찾아내듯이 '발견'하는 것이 아니다.

그런 의미에서 발견학습에서 말하는 '발견'은 교육적으로 가능하지 않다. 학교 과학은 과학자들의 지식 체계와 방법론적 노력의 일부를 가공하여 만든 것으로, 학교 교육을 통해 과학 문화 속에 학습자를 편입시키는 과정이라고도 할 수 있다. 학교 과학에서 학습자는 **과학문화**의 주변인으로 참여하여 과학의 언어와 다양한 방법을 전수받아서 점차 과학 문화인이 되는 과정에 있다. 이러한 관점에서 볼 때 '발견학습'은 그다지 효과적이지 않다. 왜냐하면 앞에서 언급했던 것처럼 학생이 독자적으로 지식을 만들기는 어렵기 때문이다. 또한, 과학자들이 집대성한 지식 체계를 학교 과학교육에서 전수하려는 목적에 비추어볼 때 지식을 재발견하려는 발견학습은 매우 비효율적이기 때문이다. 아울러 과학자가 지식을 만드는 활동에는 발견의 맥락뿐만 아니라 발견한 과학 지식을 검증하는 것과 관련된 정당화의 맥락도 포함된다. 따라서 '발견'만을 우선하여 강조하는 것은 과학 활동의 본질에서 벗어나는 일이 된다.

'발견'보다 '구성'에 초점을 둔 과학 탐구

그동안 학생들에게 과학을 어떻게 가르쳐야 하는가는 크게 두 가지 관점으로 나뉘어져 왔다. 하나는 내용 중심적인 것이고, 다른 하나는 과정 중심적인 것이다. 이는 과학 교육의 목표에 직접적으로 연관되는데, 하나는 과학 지식을 이해하는 것이고, 다른 하나는 과학 지식의 생성 과정을 이해하는 것이다. 그러나 이 두 목표는 분리될 수 있는 것이 아니다. 과학 지식을 과학의 결과적 산물로서 받아들이게 되면, 과학의 본질에 대한 이해 없이 추상적인 과학 언어만을 받아들이는 것이다. 탐구를 통해서 과학 지식이 생성되는 과정과 과학 지식을 이해하게 될 때, 비로소 진정한 과학적 '앎'이 이루어지는 것이다.

과학 탐구는 과학자의 과학 활동의 본질을 가장 잘 드러내 준다. 과학자의 탐구 수행에서 사용하는 과학적 방법은 특정 절차가 있지 않으며 매우 다양하다. 과학자들은 관심거리에 따라 다양한 활동 양식이나 절차를 보여준다. 그래서 과학 탐구에는 일관된 절차가 있다고 보기 어려우며 그 주요한 특징을 논하는 것이 좀 더 의미가 있다. 과학 탐구의 첫 번째 특징은 '**질문하기**'이다. 과학자는 궁금한 현상에 대해 우선 질문을 한다. 그리고 그 질문에 대해 답을 찾으려고 노력한다. 둘째는 '**증거 찾기**'이다. 질문에 대한 답이 될 만한 설명을 하려면 무엇에 근거해야 할까? 바로 증거이다. 증거를 찾으려면, 현상을 자세히 관찰해서 어떤 패턴이나 규칙을 알아내는 것이 중요하다. 셋째는 '**설명하기**'이다. 과학적 질문에 대한 답으로 사람들을 잘 이해시키려면, 과학자는 증거에 뒷받침된 그럴듯한 설명을 만들어내야 한다. 네 번째 특징은 '**연결하기**'나 '**평가하기**'이다. 과학자의 설명이 좋은 것이 되려면 우선, 증거가 뒷받침되어야 하고, 다음으로 그 설명이 기존의 다른 과학 지식과 잘 연결되어 있는지를 따져봐야 한다. 만일 다른 과학 지식과 잘 연결되지 않고 모순된다면, 그 설명을 다시 검토하거나, 연결 지으려던 기존의 과학 지식을 다시 검토하거나, 또는 사건이 예외적인 것이 아닌지 검토해야 한다. 마지막으로 다섯째 특징은 '**논의하기**', '**정당화하기**'이다. 과학자는 질문에 대한 답으로 좋은 설명을 얻기 위해서는 혼자 고민하지 않고 과학자 공동체에서 구성원들과 논의를 한다. 내 주장과 다른 사람의 주장 중에서 어느 것이 더 타당한지, 증거는 있는지, 다른 과학 지식과 잘 연결되는지 등을 고려한다. 과학자는 시행착오를 통해서도 새로운 발견과 업적을 이룩하기도 하지만, 이상에서 살펴본 것처럼 시행착오 활동은 과학 탐구의 중요한 본성이라고 보기 어렵다.

학교 과학교육에서 과학 탐구 활동의 목적은 과학 탐구의 방법이나 과정에 대한 일련의 절차를 수행하는 것이 아니라, 교육 목표에 맞는 과학 탐구의 특징, 이를테면 '질문하기', '증거 찾기', '설명하기', '연결하기', '논의하기'의 주요 특징에 초점을 맞추어 탐구를 경험하도록 하는 것에 있다[6].

---

6 National Research Council. (2000). Inquiry and the National Science Education Standards: A Guide for Teaching and Learning. National Academies Press

4. 실제로 어떻게 가르칠까?

아랫글에서는 과일 전지에 대한 탐구 활동을 교사가 어떻게 지도하면 좋을지 가능한 몇 가지 대응 방안을 제안한다.

발견학습의 핵심은 학생에게 답을 말해 주는 것이 아니라, 스스로 그 답을 찾을 수 있도록 하는 것이다. 그렇다고 학생에게 자료만 제공해 주면 학생이 스스로 그 답을 발견할 수 있는 것은 아니다. 그렇게 되기 위해서는 학습자가 그러한 문제 상황과 관련된 자신의 경험과 사전 지식을 문제 해결에 활용할 수 있어야 하기 때문이다.

수업 사례의 과일 전지와 같이 학생들에게 생소한 문제 상황에서 대부분 학생은 그 문제를 해결할 수 있는 사전 지식이나 경험이 거의 없으므로 시행착오를 반복할 수밖에 없다. 물론 과학자도 그런 경우 시행착오를 통해 문제 해결에 필요한 여러 지식이나 경험을 배우지만, 학교 수업에서는 그것에 대한 특별한 목적이 없는 한 의미 있는 학습이 이루어지기보다는 중요한 시간만 낭비하기 쉽다. 따라서 교사는 발견학습을 준비할 때 학생들의 사전 지식이나 경험을 보완할 수 있는 여러 방안을 마련하고, 아울러 문제 해결의 실마리를 제공해야 할 것이다. 실제로 볼타도 백지상태에서 볼타 전지를 발명한 것이 아니라, 앞에서 언급했던 것처럼 갈바니의 개구리 실험에서 볼타 전지 발견의 실마리를 얻었다.

중요한 것은 '과일 전지 만들기'에서 교사가 어디에 초점을 맞출 것인지 대상 학생에 따라 수업 목표를 분명하게 정하는 일이다. 예를 들면 초등학생의 경우 학생들의 흥미와 관심을 끌어내어 주제에 집중시키기 위해서는 처음부터 전지의 원리를 스스로 찾아내도록 하기보다는 전지를 만드는 방법을 교사가 직접 가르쳐 주고, 여러 가지 다른 과일이나 채소 등으로 작동하는 전지를 만들어 보도록 할 수 있다. 다음과 같은 탐구 활동으로 안내할 수도 있다.

먼저 레몬 등 한 가지 과일을 제시하고 금속 쌍을 독립변인으로 하여 디지털시계가 켜지는 방법을 찾아보게 한다. 이때, 금속 없이 집게 전선만으로 연결해 보는 것으로 시작하는 것도 좋을 것이다. 학생들은 집게 전선으로는 시계가 켜지지 않는 것을 파악하고 여러 금속으로 시도해 보게 된다. 어떤 금속 쌍을 연결해야 하는지, 같은 금속 쌍인지 다른 금속 쌍인지, 또 건전지처럼 금속 쌍도 극이 있는지 다양하게 탐구해 볼 수 있도록 한다. 이 과정에서 교사는 독립변인과 종속변인을 확인하고, 공정한 검사를 위해 변인을 통제하는 법을 지도할 수도 있다.

디지털시계 대신 LED 전구를 연결하여 밝기의 정도를 확인하거나 전류계를 연결하여 전류의 세기를 비교하는 등의 활동으로 확장할 수도 있다. 가능한 과일의 종류, 그 외 여러 액체 비교, 과일 전지 여러 개를 직렬과 병렬로 연결했을 때의 결과를 비교하는 등의 탐구 활동도 가능할 것이다. 이 과정에서 교사는 '전지 경연대회'를 계획할 수도 있고, 학생들이 직접 탐구 문제를 찾도록 하거나, 여러 가지 조건을 변화시켜 알게 된 사실을 발표하도록 지도할 수 있다. 예를 들어, 탐구 문제로 '어떤 과일이 전지를 만드는 데 가장 좋은가?', '과일 전지를 만드는 데 가장 좋은 전극은 어떤 금속 쌍인가?', '과일이 아닌 다른 것으로도 예를 들어, 콜라나 감자 등으로 전지를 만들 수 있을까?', '오렌지나 레몬과 같은 과일로 만든 전지와 같은 과일을 주스로 만든 전지는 차이가 있는가?', '과일 전지의 전압은 무엇과 관계가 있을까?', '과일 전지에서 흐를 수 있는 전류를 세게 하려면 어떻게 해야 할까?' 등 학생 수준에 따라 궁금한 문제를 찾거나 선택하여 탐구하도록 할 수 있다. 또한, 과일즙의 신맛 정도, 또는 두 전극의 종류, 크기나 간격에 따라 과일 전지의 어떤 특성이(예를 들어, 전압, 전류, 사용 시간 등) 달라지는지 조사하여 발표하도록 할 수 있다.

'전지 경연대회'를 위해서는 좋은 전지의 특성에 대한 토의를 통해 전지의 전압, 전류 및 사용 시간에 대한 탐구를 도전시키고, STEAM 수업의 하나로 공학적 문제 해결을 위해 (예를 들어, 액체가 흐르는 문제를 보완하기 위한) 전지 설계 및 제작에서의 실제적인 문제를 조사하도록 지도할 수 있다. 이 과정에서 교사는 도전과제로 LED 전구, 꼬마전구(1.5 V, 3 V용), 및 디지털시계나 전동기 등을 작동시키도록 요구할 수도 있다.

만약 '전해질' 개념을 지도하길 원한다면, 초등 수준에서는 전지 만들기에 사용된 재료가 전기가 통하는 물질인지 아닌지 조사하는 활동을 수행하도록 안내할 수 있고, 전해질은 전하를 운반할 수 있는 자유로운 이온을 가지고 있는 액체로 전기가 통하며, 우리 몸속에도 전해질이 있어 전기신호를 전달할 수 있다는 것을 학생들에게 설명할 수 있다. 중등 이상이나 영재 학생을 위해서는 전해질 속에 서로 다른 두 금속을 넣을 때 금속 주변에서 일어나는 변화를 관찰하고, 전해질 속에서 어떤 일이 일어나는지 설명하도록 요구할 수 있을 것이다. 이때 두 금속을 도체로 연결했을 때 어떻게 되는지 살펴보도록 하여 전해질 속에서 이온의 반응을 추리하도록 도와줄 수 있다(아래 그림 참조).

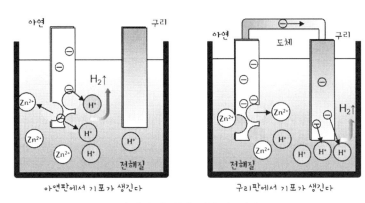

전해질 속에서 이온의 반응

교사는 탐구 활동이나 실험을 통해 학생들이 알게 된 것이나 배우게 된 것을 정리하는 시간을 가짐으로써 학생이 자신들의 탐색이나 관찰 활동에서 새로운 사실이나 예상을 추리할 기회를 얻도록 할 수 있다. 이때 교사는 학생이 자기 생각을 검사할 방안을 고안해 보도록 지도함으로써 탐구를 통해 학생이 스스로 문제를 해결할 수 있도록 도움을 제공할 수 있다. 다시 말해, 문제 상황과 관련된 학생들의 경험과 지식을 확장하고, 그것을 활용할 수 있도록 실마리를 제공함으로써, 교사는 학생의 '지식 구성'이 일어날 가능성을 좀 더 열어 놓을 수 있다.

이 과정에서 학생 탐구 활동의 범위나 초점은 교육 목표에 따라 달라지며 교사가 어느 정도의 안내를 제공할지에 따라서도 다양한 수준으로 전개될 수 있다.

다음의 표에서 수준 1은 주로 교사의 안내로 이루어지는 탐구를, 수준 4는 주로 학생의 자율성에 의해 이루어지는 탐구를 나타낸다. 그 사이에 여러 단계가 있을 수 있고 교사는 수업의 목표와 학습자 여건에 맞추어 탐구의 특징을 다양한 수준으로 변주하여 활동을 구성하고 지도할 수 있다. 어떤 활동은 각 탐구의 특징을 수준 4로 진행할 수 있지만, 또 다른 활동은 수업의 맥락과 목적에 따라 다양한 수준으로 옮겨 다닐 수 있다. 예를 들어, 다양한 실험 도구와 재료를 학생들에게 주고 탐구하고 싶은 자기 질문을 만들어 활동하도록 한다면, 열린 수준(수준 4)의 질문하기로 시작하더라도 증거 찾기, 설명하기, 과학지식과 연결하기, 정당화하기는 교사가 방법을 안내하는 수준 1-2로 진행될 수 있다. 이와 달리, 교사가 질문을 던지고(수준 1) 학생들은 그 질문을 해결하기 위한 증거 찾기를 다양하게 모색해 볼 수 있으며(수준 4), 설명하기, 과학지식과 연결하기, 정당화하기는 교사의 안내(수준 1 혹은 2)에 따라 진행할 수 있다. 이처럼 활동의 교육적 목표와 맥락에 따라 과학 탐구의 특징을 다양하게 변주하여 계획하고 수행할 수 있다.

수업에서 다양한 방식으로 탐구를 수행하도록 하는 방안

특징	학생의 자율성 ←	→	교사나 교과서의 지시	
	수준 4	수준 3	수준 2	수준 1
질문하기	스스로 만들기	제시된 문제를 변형하여 새로운 문제로 제안하기	제시된 문제를 해결할 수 있는 문제로 바꾸기	제시된 문제를 이해하거나 선택하기
증거 찾기	스스로 증거 수집하기	제시된 절차로 자료를 수집하기	제시된 자료를 분석하기	제시된 자료 및 분석 방법 사용하기
설명하기	증거를 바탕으로 직접 설명하기	설명 과정을 안내받기	설명 방법을 제안받기	제시된 설명을 이해하기
과학지식과 연결하기	조사한 지식을 설명과 연결하기	필요한 과학 지식에 대해 안내받기	제공된 과학 지식 활용하기	
정당화하기	추론과 논리를 바탕으로 설명을 정당화하기	교사의 안내로 설명을 정당화하기	설명을 정당화하는 방법을 지시받기	단계적으로 정당화 과정을 따르기

딜레마 사례 **03**　　종이 헬리콥터

학생이 변인을 통제하도록 어떻게 도와줄 수 있을까?

나는 학생들이 가설 설정이나 변인 통제와 같은 탐구 기능을 익히는 것이 중요하다고 생각한다. 그래서 과학 영재 수업에서 종이 헬리콥터에 대한 탐구 수업을 실시하였다. 학생들은 탐구 활동을 통해 종이 헬리콥터의 날개 길이와 낙하시간 사이에 일정한 관계가 있음을 알아냈지만 왜 그런지에 대해서는 설명할 수 없었다. 이러한 수업이 과연 '변인 통제 능력'을 키우는데 효과적인 것일까?

1. 과학 수업 이야기

"오늘은 종이 헬리콥터에 대한 탐구 활동을 할 거예요. 여러분은 탐구 활동을 통해서 과학자처럼 사고하는 방법을 배우게 될 것입니다."

나는 미리 만들어 놓은 종이 헬리콥터를 보여 주면서 종이 헬리콥터가 어떻게 생긴 것인지 알려주었다. 그리고 적절한 높이에서 떨어뜨려 종이 헬리콥터가 회전하며 떨어지는 것을 보여 주었다. 학생들은 '와!'하며 뱅글뱅글 돌며 떨어지는 종이 헬리콥터를 신기하게 바라보았다.

"이 종이 헬리콥터가 천천히 떨어지도록 하려면 어떻게 해야 할까요?"

나는 학생들에게 종이 헬리콥터의 낙하 시간에 영향을 줄 수 있는 여러 가지 변인을 말해보도록 하였다. 그리고 학생들이 말하는 변인을 칠판에 하나하나 적었다. 학생들은 '날개 길이', '종이 종류', '날개 모양', '클립의 수', '떨어뜨리는 높이' 등 여러 가지 변인을 말하였다.

그리고 여러 가지 변인을 달리 해 볼 수 있지만, 오늘은 '날개 길이'를 중심으로 낙하 시간을 측정해 보자고 제안하였다. 탐구 활동을 위해 무엇을 변화시키고(독립 변인), 무엇을 측정하며(종속 변인), 무엇을 똑같게 해야 할지(통제 변인) 학생들에게 질문하며 칠판에 내용을 정리했다. 될 수 있으면 독립 변인, 종속 변인, 통제 변인 등의 어려운 용어를 사용하지 않으면서 변인 통제 활동을 할 수 있도록 했다.

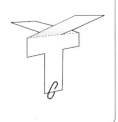

- 무엇을 변화시킬까? - 날개 길이
- 무엇을 측정할까? - 낙하 시간
- 무엇을 똑같게 할까? - 떨어뜨리는 높이(2 m), 클립의 수(1개), 헬리콥터를 만드는 종이의 전체 크기 (가로 6 cm × 세로 12 cm)

그리고 실험에 들어가기 전에 모둠별로 **가설**을 세우도록 했다. 나는 학생들의 가설 설정을 돕기 위해 다음과 같은 문장을 제시하고 괄호 안에 적절한 말을 넣어보도록 하였다. 초등학생이 가설 1 형태의 문장을 쓰는 것은 어려울 것으로 생각되어 괄호 넣기를 통해서 가설 설정에 도움을 주려고 하였다.

> 만일 날개의 길이가 (   ) 경우, 종이 헬리콥터는 가장 천천히 떨어질 것이다.

4개 모둠 중 3개 모둠의 학생들은 '날개의 길이가 길어지는 경우, 종이 헬리콥터는 더 천천히 떨어질 것이다'라는 가설을 세웠고, 나머지 한 모둠은 '날개의 길이가 길지도, 짧지도 않고 적당한 경우, 헬리콥터는 더 천천히 떨어질 것이다'라는 가설을 세웠다.

학생들은 날개의 길이를 변화시켜 가면서 열심히 낙하 시간을 측정하였다. 어떤 학생들은 3회 정도 반복 측정을 하여 평균을 구하기도 했다. 실험 후 결과를 표나 그래프로 정리하여 모둠별로 결과를 발표하였다. 다음은 학생들의 발표 내용이다.

> "우리의 가설은 날개가 길수록 헬리콥터가 천천히 떨어진다는 것이었습니다. 우리는 날개 길이를 3, 5, 7, 9 cm로 변화시켰습니다. 날개가 7 cm까지는 우리의 가설이 맞았지만 9 cm일 때는 가설과 맞지 않았습니다."
>
> "우리 모둠은 6, 7, 8, 9, 10 cm로 정확하게 실험하기 위해 3회씩 측정했습니다. 6 cm일 때에는 1.2초가 걸렸고 7 cm일 때에는 1.5초, 8 cm 때는 1초, 9 cm일 때는 0.9초, 10 cm일 때는 0.8초가 걸렸습니다. 그래서 날개가 너무 짧거나 너무 길지 않은 7 cm가 가장 천천히 떨어진다는 것을 알았습니다."

다른 모둠들도 유사하게 어느 정도까지는 낙하 시간이 증가하다가 날개가 더 길어지면 오히려 빨리 떨어지는 결과를 얻었다. 학생들의 실험 결과가 모두 유사하게 나와 결론을 내리기 수월했다. 나는 실험 결과를 발표한 모둠에 큰 박수로 서로 격려하도록 하

---

1 이 교사는 '현상의 설명'이라는 엄밀한 의미에서 가설이라는 용어를 사용하지 않고, 단지 시험하기 위한 잠정적인 생각이라는 일반적 의미로 가설을 썼다. 이 교사가 말하는 가설은 일종의 '시험 명제('만일… 이라면, …일 것이다'라는 형식의)'를 의미한다.

였다. 이때 한 모둠에서 학생들이 서로 나누는 이야기가 들려왔다.

"근데 왜 7 cm 야?"
"글쎄, 행운의 숫자 7인가?"

나는 짐짓 이 대화를 못 들은 척하며 수업을 마무리했다. 나 자신이 종이 헬리콥터의 원리를 잘 알지 못했고, 탐구 기능을 익히기 위한 수업이기 때문에, 종이 헬리콥터의 과학적 원리는 다루지 않아도 괜찮다고 생각했기 때문이다.

오늘 익힌 탐구 기능에 대해 용어를 소개하고, 탐구 기능의 중요성을 강조하며 다음과 같이 수업을 마무리했다.

"오늘 활동을 정리해 봅시다. 여러분이 종이 헬리콥터를 떨어뜨리기 전에 날개의 길이에 따라 종이 헬리콥터가 떨어지는 시간이 어떻게 될지 예상했었지요? 이렇게 결과가 어떠할 것으로 예측하는 것을 '가설 세우기'라고 합니다. 또 여러분이 종이 헬리콥터를 만들 때 변화시키지 않고 일정하게 유지한 것이 있습니다. 그것을 통제 변인이라고 합니다. 그리고 여러분이 변화시켰던 것, 즉 날개의 길이는 조작 변인 혹은 독립 변인이라고 합니다. 여러분 모두 종이 헬리콥터가 낙하한 시간을 측정해서 비교했는데 이것은 종속 변인이라고 합니다. 여러분은 독립 변인을 변화시키면서 종속 변인을 측정한 것입니다. 많은 과학자가 이러한 과정을 거쳐 과학 이론을 만들어 낸답니다."

이 수업을 하고 나는 다음과 같은 의문이 들었다.

- 종이 헬리콥터는 왜 떨어지면서 회전할까? 종이 헬리콥터의 날개 길이가 길수록 낙하 시간이 증가하다가 어느 시점에서는 날개가 더 길어지면 오히려 빨리 떨어지는 이유는 무엇인가?

- 종이 헬리콥터의 낙하 시간에 영향을 미치는 중요한 변인은 무엇인가? 수업에서는 '날개 길이'를 독립 변인으로 정하도록 했지만, 이것보다 중요한 변인이 있지 않았을까? 탐구 활동을 할 때 많은 변인 중에서 어느 것이 중요한 변인인지 어떻게 알 수 있나?

- 이 수업은 학생들의 '가설 세우기' 능력과 '변인 통제' 능력을 증진하는 데 얼마나 효과적이었을까?

2. 과학적인 생각은 무엇인가?

한 물체에 서로 나란한 짝힘이 작용하면 그 물체는 중심을 축으로 하여 회전하게 된다. 종이 헬리콥터는 떨어지면서 두 날개에 공기의 저항력이 짝힘으로 작용하여 돌게 된다. 종이 헬리콥터가 도는 이유와 낙하 시간을 몇 가지 관점에서 살펴본다.

종이 헬리콥터가 도는 이유

가을철에 단풍 씨앗이 바람에 날아가는 것을 본 적이 있을 것이다. 단풍 씨앗처럼 2개의 날개를 가진 종이 헬리콥터도 빙글빙글 돌면서 떨어진다. 종이 헬리콥터는 왜 떨어지면서 회전하는가? 종이 헬리콥터는 떨어질 때 크게 두 가지 힘이 작용한다. 그것은 헬리콥터에 작용하는 무게와 공기의 저항력이다. **공기의 저항력**은 거의 날개에 의해 생긴다. 날개 아래에 있는 공기가 날개를 위로 밀어내면서 다음 그림처럼 날개는 위로 구부러져 비스듬하게 된다. 이때 비스듬하게 놓인 날개는 빗면에 놓인 물체처럼 공기로부

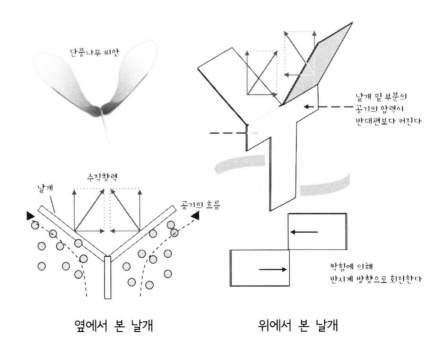

옆에서 본 날개　　　　위에서 본 날개

터 **수직항력**²을 날개 면에 수직인 방향으로 받는다. 이런 수직항력은 수직 성분과 수평 성분으로 나누어 생각할 수 있다. 날개에 작용하는 두 수직 성분은 방향이 같아서 날개를 위로 밀어준다. 반면에 날개에 작용하는 두 수평 성분은 크기가 같고 그 방향이 반대이므로 **짝힘**으로 작용하여 그림에서처럼 헬리콥터를 반시계방향으로 회전하도록 한다.

헬리콥터가 떨어질 때 그 주변을 흐르는 공기의 관점에서 살펴보면, 날개 바로 밑 부분은 날개에 의해 막혀 공기가 쌓여 흐름이 느려지고, 날개가 없는 반대쪽은 공기가 빨리 위로 이동하게 된다. 따라서 날개 밑 부분은 공기의 압력이 커지고 날개가 없는 반대쪽은 공기의 압력이 낮아진다. 그래서 위의 그림과 같이 서로 어긋난 두 날개에서 날개가 있는 쪽에서 없는 방향으로 힘이 헬리콥터 몸통에 수평으로 작용하고 그에 따라 헬리콥터는 회전한다.

그러면 공기의 저항력은 왜 생길까? 헬리콥터가 떨어질 때 위로 흐르는 공기는 날개에 의해 힘을 받아 위의 그림과 같이 구부러져 이동하게 된다. 공기의 운동 방향이 바뀌려면 수직인 힘이 공기에 작용해야 한다. 그래서 오른쪽 날개는 공기에 오른쪽으로 회전하게 하는 구심력을 제공하게 된다. 이렇게 되기 위하여 날개 밑의 공기는 압력이 커지게 된다. 한편, 뉴턴의 3 법칙에 의하면 모든 힘은 쌍으로 작용하고 서로 반대 방향으로 작용해야 한다. 따라서 오른쪽으로 휘어지는 공기는 오른쪽 날개에 반작용으로 수직항력을 작용하게 되는 것이다. 반면에, 왼쪽 날개는 공기에 왼쪽으로 회전하는 구심력을 제공하고, 그 반작용으로 수직항력을 받는다. 그래서 헬리콥터에 서로 반대 방향의 짝힘이 작용하고 반시계방향으로 회전하게 한다. 만일 두 날개를 이번엔 각각 서로 반대로 구부린다면, 헬리콥터는 시계 방향으로 회전하게 될 것이다. 실제로 종이 헬리콥터를 떨어뜨릴 때 두 날개의 배치에 따라 헬리콥터가 떨어지면서 어느 쪽으로 도는지 살펴보자.

---

2 어떤 물체(예를 들어, 날개)가 다른 물체(예를 들어, 공기) 위에 놓이면 두 물체 사이에는 마찰력과 수직항력이 작용하게 된다. 마찰력은 두 물체의 표면에서 표면과 나란하게 서로 미끄러지지 않도록 작용하는 힘을 말하고, 수직항력은 두 물체의 표면에 수직인 방향으로 작용하는 힘이다. 일반적으로 고체에서는 탄성력에 의해 수직항력이 나타나고, 액체나 기체에서는 압력에 의해 수직항력이 나타난다.

종이 헬리콥터의 낙하 시간

물체가 떨어지는 것은 지구의 중력 때문이다. 지구의 중력만으로 물체가 떨어진다면, 같은 높이에서 떨어지는 모든 물체는 동시에 떨어질 것이다. 그렇지만 공기 중에서 떨어지는 물체는 지구의 중력뿐만 아니라 공기의 저항력도 받는다. 공기의 저항력은 마찰력과 수직항력으로 구분될 수 있는데 **마찰력**은 물체 표면과 평행한 방향으로 작용하는

종이 헬리콥터 만들기

① 종이 헬리콥터를 아래 도면과 같이 그리고 오려낸 다음 점선을 따라 접는다.

② 날개 A는 자신을 향하여 접고, 날개 B는 그 반대로 접는다.

③ 바깥쪽에 있는 두 다리(C와 D)는 서로 겹쳐 합해지도록 접는다.

④ 다리 아랫부분은 접어 올리거나 그 위에 종이 클립을 끼운다.

⑤ 일정한 높이(1.5 m 이상)에서 종이 헬리콥터를 떨어뜨리도록 한다.

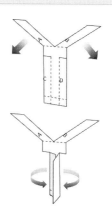

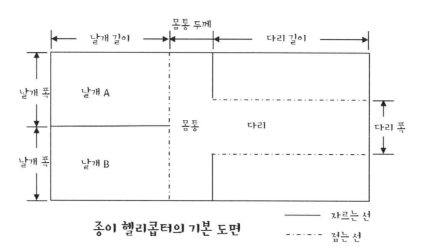

종이 헬리콥터의 기본 도면

힘이고, 수직항력은 물체 표면에 수직하게 작용하는 힘으로 공기의 **압력**[3]으로 표현된다. 일반적으로 공기의 저항력은 공기의 밀도, 공기에 대한 물체의 상대 속력, 물체의 크기나 모양 등에 따라 달라진다. 예를 들어, 돌멩이와 종이를 같은 높이에서 떨어뜨리면 어느 것이 먼저 떨어질까? 돌멩이가 종이보다 훨씬 빨리 떨어질 것이다. 이것은 돌멩이가 종이보다 무거워서 빨리 떨어지는 것이 아니다. 이것이 정말인지 알아보려면 이번엔 그 종이를 구겨서 동그랗게 만든 다음, 다시 돌멩이와 함께 떨어뜨려 보자. 그러면 돌멩이와 종이가 거의 동시에 떨어지는 것을 볼 수 있을 것이다. 이렇게 달라지는 이유는 두 경우에 종이의 모양이 달라지면서 종이에 작용하는 공기의 저항력이 달라졌기 때문이다.

A4 용지나 명함을 공중에서 떨어뜨려 보자. 종이가 떨어지면서 어떻게 운동하는지 살펴보면 어떤 규칙성을 찾아볼 수 있다. 예를 들어, 명함 카드를 오른쪽 그림과 같이 비스듬하게 하여 떨어뜨리면, 나뭇잎이나 단풍 씨앗처럼 뱅글뱅글 회전하면서 떨어지는 것을 관찰할 수 있다. 보통 종이의 크기나 재질, 또는 두께에 따라 떨어지는 모양이 달라진다는 것을 알 수 있다. 또한, 종이를 공중에서 놓은 모양에 따라서도 운동이 상당히 달라진다는 것을 알 수 있다. 이것은 종이에 작용하는 저항력이 다양한 변인에 따라 복잡하게 작용하기 때문이다. 그러면 종이 헬리콥터의 낙하 시간은 무엇의 영향을 받을까? 앞에서 언급했던 것처럼 공기의 저항력이 없다면 물체는 무게와 관계없이 모두 똑같이 떨어질 것이지만, 공기의 저항력 때문에 가벼운 물체보다는 무거운 물체가 더 빨리 떨어지기 쉽다. 그러므로 종이 헬리콥터를 천천히 낙하하도록 하려면 가능한 한 헬리콥터의 무게를 가볍게 하고, 공기의 저항력을 많

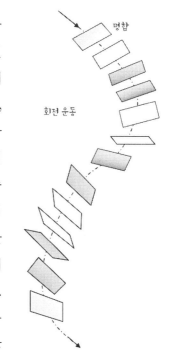

명함

회전 운동

3　압력은 단위 면적당 작용하는 힘의 세기로 표시한다. 단위는 파스칼(Pa)로 1 Pa은 1 m² 넓이에 1 N의 힘이 작용할 때의 압력이다. 대기의 압력인 기압을 표시하는 경우에는 1기압의 1/760인 토르(torr)라는 단위를 쓰기도 한다.

이 받을 수 있도록 설계해야 한다.

그러나 공기의 저항력은 앞에서 언급한 것처럼 물체의 모양이나 크기에 따라 달라지므로, 일정한 크기의 종이를 사용하여 헬리콥터를 만들 때 그 설계 요소에 따라 공기의 저항력이 달라질 것이다. 일반적으로는 날개의 면적이 커질수록 공기의 저항력이 커지기 때문에, 앞의 종이 헬리콥터 도면에서는 날개 길이, 몸통 두께, 다리 폭 등이 영향을 줄 수 있을지 모른다. 또한, 종이의 재질이나 사용한 종이의 크기, 또는 두께도 헬리콥터에 작용하는 공기의 저항력에 영향을 줄 수 있다. 실제로 공기의 저항력은 상당히 복잡한 힘이어서 이론적으로 쉽게 계산하기 어렵다.

종이 헬리콥터를 만들어 낙하시킬 때 헬리콥터의 속력과 날개의 각속도를 측정한 자료4를 살펴보면 다음의 그래프와 같다. 이것으로부터 종이 헬리콥터는 처음에 낙하하면서 속력이 빠르게 증가하여 최고 속력이 되었다가 감소하여 거의 일정한 속력으로 떨어진다는 것을 알 수 있다. 속력이 일정하다는 것은 헬리콥터의 무게와 공기의 저항력이 평형을 이루었다는 것을 뜻한다. 다시 말해, 처음에 작았던 공기의 저항력이 헬리콥터의 낙하 속력이 증가하면서 커지게 되고 헬리콥터의 무게와 같아져서 헬리콥터가 종단 속도에 도달했다는 것이다.

한편, 각속도 그래프를 살펴보면 헬리콥터 날개의 회전 속도는 처음엔 회전이 어려

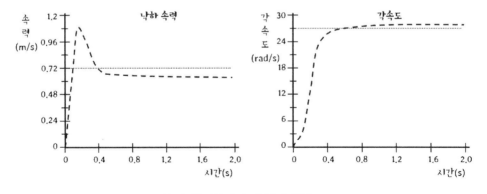

종이 헬리콥터의 속력과 각속도

4 Kevin J. La Tourette (2007). Application of differential equations to model the motion of a paper helicopter. Presentaion at the meeting of Saint John Fisher College.

위 속력이 잘 붙지 않지만, 급격하게 증가하다가 낙하 속력과 마찬가지로 거의 일정한 각속도를 갖게 된다는 것을 보여 준다. 헬리콥터가 일정한 속력으로 떨어지는 동안 날개도 일정한 속력으로 회전하고 있다는 것을 나타낸다. 이것으로부터 날개가 빨리 회전할수록 위쪽으로 작용하는 공기의 저항력이 커진다는 것을 알 수 있다. 또한, 앞 절에서 언급했던 것처럼 헬리콥터의 날개는 낙하하면서 위로 휘어진다. 이때 날개가 많이 휘어질수록 공기 저항력에 대한 수평 성분은 다음 그림에서 알 수 있는 것처럼 점점 커지게 된다. 그것은 날개가 회전하는 데 큰 힘을 작용한다는 것을 뜻한다.

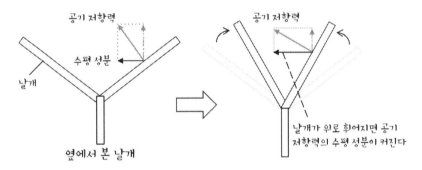

날개 모양에 따른 수평 성분 힘의 변화

3. 교수 학습과 관련된 문제는 무엇인가?

> 여러 요인 중에서 관심을 갖는 변인의 효과를 조사하기 위해 수행하는 변인 통제에
> 대해 간단히 살펴보고, 물체의 낙하 운동에서 공기의 저항력에 영향을 주는 여러 변
> 인을 알아본다. 아울러 낙하 실험에서 통제해야 할 변인도 구체적으로 제시한다.

변인의 통제

과학자는 어떤 현상이 왜 일어났는지 설명하는 것뿐만 아니라, 어떻게 그러한 현상
이 일어나는지 밝히고 싶어 한다. 사실, 그러한 현상이 왜 일어났는지 이해하려면 먼저
그러한 현상이 어떻게 일어나는지 알아야 한다. 그래서 과학자는 현상을 단지 주의 깊
게 관찰하는 것뿐만 아니라, 관찰이나 실험을 통해 현상이 일어나는 조건이 달라질 때
그에 따른 결과를 살펴본다. 이때 변하는 조건이나 결과를 우리는 **변인**이라고 한다. 그
리고 그것을 통해 어떤 원인과 그 결과 사이의 관계를 추리한다. 예를 들어, 남학생과
여학생 중 누가 더 큰 신발을 신는지 알아본다고 하자. 초등학교 6학년 남녀 학생의 신
발 크기를 측정하였더니 여학생이 남학생보다 더 큰 신발을 신었다. 그런데 자료를 다
시 살펴보았더니 여학생은 대체로 키가 컸고 남학생은 키가 작았다. 이 경우 우리는 여
학생이기 때문에 큰 신발을 신은 것인지, 키가 커서 큰 신발을 신은 것인지 말하기 어
렵다. '남/여'라는 조건과 함께 '키'라는 조건이 함께 변했기 때문에 변한 결과가 성에
의한 것인지, 키에 의한 것인지 판단하기 어렵기 때문이다. 그래서 조건에 따른 변화를
비교할 때 비교가 공정했는지 살펴보아야 한다. 그러기 위해서는 키가 같은 남녀 학생
의 신발을 비교해야 한다. 이렇게 남학생과 여학생의 신발을 비교할 때, 예를 들어, 성
이외에 키와 같이 다른 조건을 동일하게 유지시키는 것을 **변인 통제**라고 한다. 그러나
신발의 크기는 발의 길이와 관계가 있을지 모르고, 또 다른 조건들, 예를 들어 체중, 부
모의 직업, 집안 환경, 문화 등이 영향을 줄지도 모른다. 학생들의 신발 선택에 영향을
주는 것이 무엇인지 알 수 없기 때문에, 모든 변인을 동일하게 유지시키는 것은 어려운
일이다. 그렇지만 우리가 조사하려는 조건, 즉 **독립 변인**(예를 들어, 성)과 함께 어떤 변

인(예를 들어, 키)이 나란하게 변한다면 그 변인(키)이 변하지 않도록 조건을 만들어야 한다.

변인을 통제하려면 그 결과에 영향을 줄 수 있는 모든 원인을 알아야 한다. 그러나 결과에 영향을 주는 모든 원인을 안다면 그것을 알아보기 위한 검사가 필요 없을 것이다. 마찬가지로 종이 헬리콥터에서도 낙하 시간에 영향을 주는 모든 변인을 파악하기란 쉽지 않다. 그렇지만 우리는 가능한 한 최선을 다해서 공정하게 해야 한다. 낙하 물체는 기본적으로 무게와 공기의 저항력이 그 운동에 영향을 미치므로, 그것을 고려하여 관련 변인을 찾아볼 수 있다. 운동 방향에 수직한 물체의 표면적이 커질수록 공기의 저항력은 커지므로 날개의 면적이 중요한 변인이 될 것으로 예측할 수 있다. 그래서 예를 들어, 수업에서 날개 길이를 길게 할수록 헬리콥터가 천천히 떨어질 것이라고 예상한 것은 적절한 판단이라고 생각한다. 그런데 학생들의 실험 결과에서 날개 길이가 상당히 길어지면 왜 낙하 시간은 오히려 빨라졌을까?

종이는 그 강도와 유연성이 재료나 두께 등에 의해 달라지지만, 보통 쉽게 변형이 일어난다. A4 용지를 집게로 잡고 있으면 종이는 그 무게로 다음 그림처럼 아래로 처지게 될 것이다. 그래서 날개가 길어지면 그 모양을 제대로 유지하지 못하고 아래로 휘어지기 쉽다. 날개가 휘어지면 저항을 받는 표면적이 작아져 낙하 시간이 빨라진다. 이러한 휘어짐 현상은 종이 폭이 좁아질수록 일어나기 쉽다. 그래서 사용하는 종이의 재질에 따라 휘어짐 현상이 적게 일어나는 날개의 가로:세로의 비가 존재할지 모른다.

헬리콥터를 떨어뜨릴 때 그 운동을 살펴보면, 몸통과 날개를 서로 수직하게 해도 떨어지면서 날개가 위로 올라간다. 날개와 수직선 사이의 각도 θ 를 작게 하여 헬리콥터

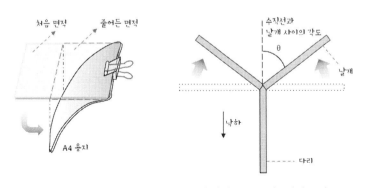

옆에서 본 종이 헬리콥터

를 떨어뜨리면, 날개가 빨리 회전하면서 더 빨리 떨어진다. 각도 θ가 작아지면 공기 저항력의 수평 성분이 커져서 회전이 일어나기 쉽고, 수직 성분은 작아져 빨리 떨어진다. 실제로 변인 통제는 처음부터 완벽하게 실행하기 어렵다. 그래서 실험을 설계하기 전에 여러 가능성을 탐색해야 한다. 예를 들어, 헬리콥터 도면에서 날개 길이뿐만 아니라, 날개폭, 몸통 두께, 다리 길이, 다리 폭 등을 낙하 시간에 영향을 줄 수 있는 독립 변인으로 고려할 수 있다. 그리고 실험과정에서 헬리콥터를 떨어뜨리는 높이, 잡는 방법, 떨어뜨리는 방법, 바람과 같은 주변 환경 등이 운동에 영향을 주는지 살펴보아야 할 것이다.

변인 통제에서 중요한 것은 탐구 문제나 재료의 특성에 따라 통제 변인이 달라질 수도 있고, **종속 변인**에 대한 그 변인의 영향이 달라질 수도 있다는 것이다. 수업 사례에서 헬리콥터를 만들 때 사용한 종이가 좀 더 두꺼웠거나 정육각형 모양의 종이를 사용했더라면 실험에서 다른 결과가 나왔을지 모른다. 수업 사례에서는 날개폭을 일정하게 유지시키고, 날개 길이를 변화시킴으로써 날개의 면적을 크게 하였지만, 만일 날개의 모양에 따른 낙하 시간을 알기 원했다면, 날개의 면적을 일정하게 유지시키면서 날개 길이와 폭을 변화시켜야 했다. 그래서 탐구는 종이 헬리콥터 활동에서 알 수 있는 것처

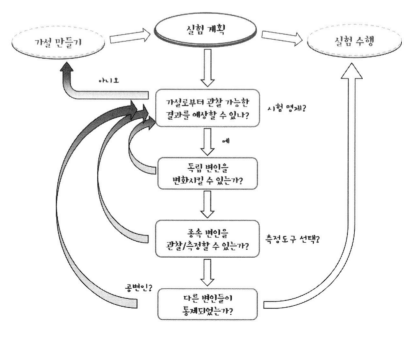

실험 계획을 위한 절차

럼 한 번의 실험으로 해결될 수 있는 것이 아니다. 여러 가지 시행착오와 반복, 그리고 관련된 지식, 경험, 노력, 끈기 등을 바탕으로 한 총체적인 판단이 필요하다.

일반적으로 변인 통제는 앞의 그림과 같이 실험을 계획하는 절차의 일부로 포함한다. 예를 들어, 종이 헬리콥터에서 낙하 시간이 공기의 저항력에 따라 달라지는지 조사한다고 가정해보자. 이 경우 변화시켜야 하는 것은 공기의 저항력이고, 그에 따라 측정해야 하는 결과는 낙하 시간이다. 이때 공기의 저항력은 독립 변인이고, 낙하 시간은 종속 변인이다. 그렇다면 독립 변인인 저항력은 어떻게 변화시킬 수 있는가? 이 경우 우리는 공기의 저항력을 직접 변화시키기 어려우므로 공기의 저항력에 영향을 주는 다른 변인을 찾아내야 한다. 그리고 그런 변인 중 어떤 것을 실험해 볼 것인지, 나머지 변인은 어떻게 통제할 것인지 정해야 할 것이다. 예를 들어, 날개의 면적이 커질수록 공기의 저항력이 커진다고 가정하는 경우, 날개의 면적을 어떻게 크게 변화시킬 것인지 정해야 할 것이다. 종이의 크기와 날개의 폭을 일정하게 유지시키고 날개 길이만 변화시킬 것인지, 헬리콥터의 모양은 그대로 유지하면서 그 크기만 바꿀 것인지에 따라 그 결과는 달라질지 모른다.

그다음 종속 변인인 낙하 시간을 어떻게 측정하거나 관찰할 것인지도 정해야 할 것이다. 낙하 시간은 보통 초시계로 측정할 수 있지만, 학생들의 반응 시간이 느려 오차가 커질 수 있다면 초시계로 측정하기보다는 두 가지 낙하 사례를 동시에 직접 비교하는 것이 더 바람직할 수 있다. 그래서 측정 방법이나 도구를 선택하는 일도 실험 계획에서 매우 중요하다. 또한, 종이의 재질이나 무게, 날개나 헬리콥터의 모양 등 그 밖의 다른 가능한 변인도 어떻게 통제할 것인지, 더 나아가 실제로 실험을 수행할 때 어떻게 떨어뜨릴 것인지 등 그 방법도 사전에 고려해야 할 것이다.

4. 실제로 어떻게 가르칠까?

> 가설을 만들거나 변인을 통제하는 일은 궁금한 문제를 해결하기 위한 것이다. 그래서 그와 같은 기능을 증진시키려면 먼저 호기심을 갖고 질문하는 태도를 갖는 것이 중요하다. 아래 글에서는 학생들에게 주어진 주제에 대한 다양한 탐색 활동을 제공하여 여러 변인을 확인할 방안을 논의한다.

일반적으로 탐구는 궁금한 문제로부터 시작한다. 교사는 보통 어떤 의도를 가지고 학생들에게 문제를 던지지만, 그것이 학생의 궁금증을 유발시키지 못한다면, 학생은 소극적으로 활동하거나, 기계적인 반응을 하거나, 아니면 자신의 궁금증을 해결하기 위해 딴짓을 하기 쉽다. 종이 헬리콥터 활동은 간단한 활동이지만, 학생들의 흥미를 끌어낼 수 있는 좋은 소재이다. 사실 이 활동에서 학생들이 관심을 많이 갖는 것은 헬리콥터가 떨어지는 것보다 뱅글뱅글 회전하는 현상이다. 수업 사례에서 교사는 가설 설정과 변인 통제 기능을 발달시키기 원했지만, 그러한 기능은 학생의 지식이나 경험과 밀접하게 관련되어 있다. 만일 학생들이 이 활동을 처음 해보는 것이라면, 교사가 처음부터 문제를 제기하고 활동 방향을 제시하기보다는 학생이 종이 헬리콥터를 만들어 떨어뜨려 보는 탐색 활동을 수행하도록 하는 것이 좋다. 그러한 탐색 활동을 통해 학생은 자신이 만든 헬리콥터의 운동을 관찰하고, 그 특징이나 궁금한 것을 이야기해 보는 시간을 가질 수 있다. 그래야 이런 경험을 바탕으로 학생들은 헬리콥터의 운동에 대한 자신들의 문제를 찾고 그에 대한 예상을 만들어 낼 수 있을 것이다. 예를 들어, 날개는 항상 같은 방향으로 도는지, 날개의 각도가 달라지면 어떻게 되는지, 낙하 높이에 따라 헬리콥터의 속력이 달라지는지, 헬리콥터의 크기가 영향을 주는지, 날개의 가로 대 세로의 비가 문제가 되는지, 날개나 다리에 클립을 추가하면 어떻게 되는지, 다리가 긴 것이 도움이 되는지 등 많은 문제를 찾고, 자신들의 예상을 시험해 볼 수 있을 것이다. 그리고 이런 과정을 통해 고려해야 할 변인을 배우게 된다. 앞에서 언급했던 것처럼 우리는 변인을 미리부터 모두 아는 방법이 없기 때문이다.

예를 들어, 학생들이 도는 현상에 관심을 보인다면 헬리콥터의 날개가 어떤 방향으로 도는지 관찰하도록 하고, 회전 방향에 영향을 주는 것이 무엇인지 찾게 한다. 이 활동을 통해 원인이 되는 독립 변인(날개를 접는 방향)과 그 결과로서 관찰해야 하는 종속 변인(날개의 회전 방향)을 구분하도록 할 수 있다. 학생들은 이 활동을 통해 '날개 각도'와 같은 다른 변인은 회전 방향에 영향을 주지 않는다는 것을 배울 수 있다. 또, 어떤 학생은 날개가 왜 특정한 방향으로 도는지 궁금해할 수 있다. 그럴 때 교사는 예상–관찰–설명(Prediction-Observation-Explanation : POE)과 같은 방법으로 시범을 보여 줄 수 있다. 다음 그림과 같이 작은 정사각형 모양의 종이를 날개 모양으로 오려내어 중심에 핀을 꽂아 떨어뜨리면 어떻게 되는지 예상해 보도록 한다. 보통 학생들은 종이 헬리콥터와 마찬가지로 시계 방향이나 반시계방향으로 돌 것이라고 이야기할 것이다. 그러면 교사는 종이 날개를 떨어뜨려 학생들이 관찰해보도록 한다. 종이는 회전하지 않고 떨어질 것이다. 만일 학생들이 회전하지 않고 그대로 떨어질 것이라고 예상하거나, 한쪽 방향으로 회전할 것이라고 예상한다면 교사는 학생들의 예상과 일치하지 않도록 그림의 까만 점선이나 하얀 점선을 따라 종이를 살짝 위로 젖혀 떨어뜨린다. 그리고 어떻게 그런 일이 일어났는지 실제 활동을 해보며 토의하는 시간을 가질 수 있다. 이 활동을 통해 종이가 비스듬하게 놓이면 힘을 받는다는 것과 한 물체에 두 힘이 짝힘이 되어 반대 방향으로 작용하면 물체가 회전할 수 있다는 것을 이해하도록 할 수 있다.

위와 같은 활동이 어려운 학생들에게는 단지 자신들이 만든 다양한 종이 헬리콥터를 일정한 높이에서 떨어뜨려 샬레와 같은 목표물에 집어넣는 게임을 할 수도 있다. 학생들은 게임을 통하여 여러 가지 헬리콥터의 운동이나 규칙을 배울 수 있다. 그리고 종이 헬리콥터 대신 그냥 종이를 사용하는 경우에는 목표물에 집어넣는 것이 왜 어려운지

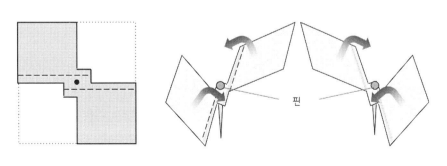

정사각형 종이   까만 점선을 따라 접기   하얀 점선을 따라 접기

생각해 보도록 할 수 있다. 물체가 회전하며 운동하는 경우[5]에는 운동 방향이 쉽게 변하기 어려워서 종이 헬리콥터는 낙하 방향을 유지하며 대체로 곧바로 떨어지지만, 종이는 쉽게 이리저리 날리기 쉽기 때문이다. 막대 위에서 돌아가는 접시나 팽이가 잘 쓰러지지 않는 이유도 마찬가지이다.

앞 절에서 헬리콥터의 운동에 대해 언급했던 것처럼 헬리콥터는 낙하할 때 거의 등속으로 떨어진다고 보아도 좋을 것이다. 공기의 저항으로 금방 헬리콥터의 속력이 종단속도가 되어 거의 일정한 속력으로 떨어지기 때문이다. 따라서 속력에 대해 공부한 학생들은 헬리콥터의 낙하 높이와 낙하 시간을 측정하여, 헬리콥터의 속력을 계산하는 활동을 할 수 있다. 계산 시간을 줄이려면 스프레드시트를 이용하여 자동으로 계산이 이루어지도록 할 수 있다. 좀 더 발전된 활동을 원하는 경우에는 낙하 높이에 따라 낙하 시간을 측정하는 활동을 진행할 수 있지만, 초등학생의 경우에는 실험 조작이 어렵다. 그렇지만 MBL(Microcomputer Based Laboratory) 장비를 활용할 수 있다면 운동 센서를 활용한 방법을 고려해 볼 수 있다. 다음 그래프에서 알 수 있는 것처럼, 낙하 시간은 떨어진 높이에 거의 비례한다는 것을 알 수 있다. 이 자료를 참고한다면, 종이 헬리

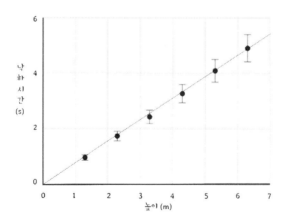

높이에 따른 낙하 시간

---

5 물체가 회전 운동을 하는 경우에는 각운동량을 갖게 되고, 각운동량은 보존되기 때문에 물체의 운동 방향을 변화시키기 어렵다. 물체의 질량이 클수록 관성이 있어 운동을 변화시키기 어려운 것처럼, 회전하는 물체는 회전 관성을 가지고 있어 그 운동을 변화시키기 어렵다.

콥터를 떨어뜨릴 때 높이는 지면에서 2 m 정도가 바람직할 것으로 보인다. 하지만 실험 중에 학생이 의자나 책상에서 떨어져서 다치지 않도록 안전에 주의해야 할 것이다. 또한, 학생들이 초시계로 낙하 시간을 측정하는 경우 위 수업 사례에서 알 수 있는 것처럼 그 값은 소수점 한자리 수준에서 차이가 나기 때문에, 측정값은 학생들의 능력(예를 들어, 반응 시간)이나 측정 방법에 크게 영향을 받을 수 있다. 그래서 초등학생의 경우 낙하 시간을 직접 측정하기보다는 어느 헬리콥터가 먼저 떨어지는지 비교하는 활동으로 진행하는 것이 바람직하다.

교사는 대개 탐구 활동에서 가설, 변인 등과 같이 관련된 용어를 학생들이 배우기 원하지만, 사실 용어보다는 그러한 개념을 이해할 수 있도록 수업을 계획하는 것이 더욱 중요하다. 학생들은 일반적으로 생각하고 행동하기보다는 먼저 행동해 보는 것을 좋아한다. 그러나 생각이 없는 행동은 학습에 거의 도움을 주기 어렵다. 그래서 행동하기에 앞서 먼저 자기 생각을 탐색하는 기회를 갖는 일은 매우 중요하다. 마찬가지로 과학 실험을 할 때도 먼저 어떻게 될지 예상해 보도록 해야 한다. 앞의 수업 사례에서 교사가 '가설'이 무엇인지 물은 것은 사실 실험 조건이 달라질 때 그 결과가 어떻게 될지 '예상'해 보라는 말과 같은 뜻이었다. 어려운 용어로 말하면 그것은 '시험 명제'를 만들어 보라는 의미이다. 예상을 강조하는 이유는 우리가 어떤 것을 관찰할 의도를 명확하게 갖고 있지 않다면, 그것을 관찰하기가 쉽지 않기 때문이다. 예를 들어, 학생들은 종이 헬리콥터가 떨어질 때 날개가 회전한다는 것을 쉽게 관찰하지만, '날개가 어느 방향으로 돌까?'라는 생각이 없으면 날개가 어느 방향으로 회전하는지 거의 관찰하지 않는다. 그래서 실험을 시작하기 전에 먼저 예상하는 활동은 매우 중요하다. 그렇지만 학생의 예상은 단지 근거 없는 추측이 아니라 적어도 예전의 경험이나 지식을 바탕으로 근거 있게 이루어져야 한다. 따라서 활동과 관련된 그러한 경험이나 지식이 거의 없는 경우에는 예상을 강요하기에 앞서 그것에 대한 탐색 활동 기회를 충분하게 제공하여 학생들이 근거를 찾도록 하는 것이 바람직하다.

한편, 실험 활동에서 '시험 명제'를 만들도록 하는 이유는 관찰하는 현상으로부터 어떤 규칙성을 찾아보도록 하는 것이다. 그것은 우리가 현상을 이해하는 한 가지 방법이다. 규칙성을 찾기 위해서는 체계적인 조사가 요구된다. 변인 통제는 그러한 체계적인 조사를 하기 위한 하나의 방법이다. 그렇지만 실제로 어떤 경우에는 여러 변인이 함께 변하여 변인을 통제하기 어려운 경우도 많다. 과학자들은 그런 경우 통계적 방법을 사용하지만, 초중등학교에서는 그것을 다루기 어렵다. 현상을 이해하는 다른 한 가지 방법은 그러한 규칙성이 왜 일어나는지 밝히는 일이다. 그것을 위해 과학자들은 가설로부터 예상될 수 있는 결과를 추리하고 실험을 통해 확인하는 일을 한다. 그리고 실험에서 얻은 결과를 분석하고 해석하여 가설에 대한 진위를 판단한다.

초등학생의 경우에는 어떤 현상에 대한 가설을 만들 수는 있지만, 그 가설을 검증할 수 있는 시험 명제를 만드는 일은 그렇게 쉽지 않다. 특히, 종이 헬리콥터의 운동과 관련된 이 활동에서는 공기의 저항력이 상당히 복잡하여서 더욱더 그렇다. 따라서 그 과학적 원리를 이해시키기 위한 활동 소재로는 그리 적합하지 않다. 그렇지만, 종이 헬리콥터의 운동을 관찰하면서 어떤 규칙성을 찾아보도록 하는 소재로는 좋은 도전 과제가 될 수 있다고 생각한다.

앞에서 논의했던 것처럼, 초등학교 수준에서는 정량적 측정보다는 정성적인 특징을 관찰하거나 비교하는 활동으로 사용할 수 있다. 예를 들면, 낙하 시간 측정보다는 회전 방향 관찰이나 낙하 순서 비교를 통해 활동을 좀 더 단순하게 수정할 수 있는 것이다. 아울러 변인 통제는 앞에서 언급했던 것처럼 사전 경험이나 지식이 필요하므로, 체계적인 조사 활동을 시작하기에 앞서 먼저 종이 헬리콥터를 만들어 탐색 활동을 수행하도록 하는 것이 더 좋을 것이다. 이때 종이 헬리콥터와 접지 않은 종이를 가지고 착륙장에 정확하게 착륙시키는 '착륙장 놀이'를 시도해 볼 수 있다. 이 과정에서 교사는 게임을 공정하게 진행하는 방법을 학생들과 함께 토의하면서 '공정성'에 대한 개념을 학생들이 터득하도록 도와줄 수 있다. 아울러 그러한 놀이나 활동을 통해 학생들이 궁금한 문제를 찾고 그것을 조사해 볼 수 있는 활동을 고안해 보도록 할 수 있다. 그 과정에서 교사는 학생들이 어떤 조건을 변화시켰을 때 어떤 결과가 나올지 예상해 보도록 유도한다. 그리고 조건을 변화시킬 때 공정하게 하려면 어떤 변인을 통제하여야 하는지 토의하는 기회를 학생들에게 제공해야 할 것이다. 그리고 더욱더 중요한 것은 결론을 얻기 위해 실험에서 얻은 결과를 어떻게 해석해야 할지 논의하는 시간을 갖는 것이 중요하다.

앞에서 제시했던 활동 이외에 초등학생이 해볼 수 있는 또 다른 과제는 다음 그림과 같이 A4 용지를 길게 반으로 잘라 만든 종이 헬리콥터의 크기를 1/4로 축소했을 때,

어느 헬리콥터가 더 빨리 떨어지는지 조사해 보는 일이다. 먼저 학생들의 예상과 그 이유를 토의하도록 한다. 실제로 두 헬리콥터를 만들어 떨어뜨려 보고 어떤 차이가 있는지 관찰하도록 한다. 그리고 관찰 결과를 토대로 어떻게 그런 결과가 나왔는지, 처음에 자신이 생각했던 이유와 차이가 있는지 토의하도록 한다. 이와 같은 과정에서 학생들은 크기가 달라졌을 때, 조건이 달라질 수 있다는 것을 배울 수도 있고, 공정하게 실험한다는 것이 쉬운 일이 아니라는 것을 배우게 할 수 있다.

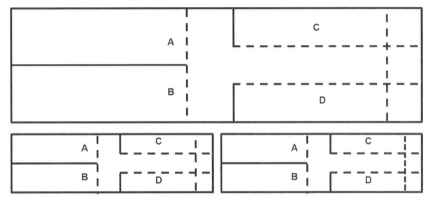

종이 헬리콥터 설계도(1/4 축소 모형)

종이 헬리콥터는 사실 간단한 장치이기는 하지만 그 운동과 해석은 상당히 어려운 과제이다. 따라서 그 과학적 의미를 완벽하게 이해한다는 것은 초등학생에게는 쉬운 일이 아니다. 그렇지만 학생들의 흥미를 유발하고, 도전 정신을 제공할 수 있는 좋은 과제라고 생각한다. 학생은 헬리콥터 만들기나 놀이를 통하여 여러 경험과 지식 또는 태도를 배우고 좀 더 체계적인 탐구 활동을 수행할 수 있는 자질을 배울 수 있기 때문이다. 일반적으로 탐구에서 가설 설정이나 변인 통제를 중요하게 다루기는 하지만, 자료를 분석하거나 해석할 때는 자료의 신뢰성이나 타당성이 문제가 되는 경우가 많다. 그래서 반복 측정, 적절한 측정 방법의 선택 등을 통하여 신뢰도를 높이는 방법이나 결과의 해석에 오류가 없는지 살펴보는 과정도 무척 중요하다. 그런 의미에서 종이 헬리콥터 활동은 복잡한 공기 운동으로 인하여 그 결과에 상당히 많은 변화가 일어날 수 있는 활동이다. 따라서 처음부터 체계적인 탐구 활동을 고집하기보다는 학생들에게 자유롭게 탐색할 기회를 제공하여 헬리콥터 운동에서 일어나는 여러 규칙성을 찾아보는 활동으로 활용할 수 있다. 많은 탐구 과정이나 절차는 그 내용과 관련된 여러 지식이 필요하므로, 탐구 내용에 대한 사전 경험이나 지식이 부족한 경우 가설 설정이나 그것을 확인해 보기 위한 시험 명제의 도출, 변인 통제 등이 제대로 이루어지기 어렵다. 종이 헬리콥터 활동을 또 다르게 할 수 있는 방법은 제시된 기본적인 설계를 바탕으로 학생들이 창의적으로 다른 설계 모형의 헬리콥터를 만들고 시험해 보는 활동이다. 학생들은 그러한 창의적 제작 활동과 시험을 통해 헬리콥터 운동의 여러 특징을 배울 수 있다.

딜레마 사례 04   알루미늄 포일과 열 전달

예상과 다른 실험 결과를 어떻게 해석해야 할까?

초등학교 5학년 '온도와 열' 단원에서는 전도와 대류 현상 및 일상생활에서 단열을 이용하는 예를 다룬다. 나는 솜으로 싼 얼음이 천천히 녹는 것을 보여주고 솜이 단열재라는 것을 설명했다. 학생들은 열전달이 잘 되는 알루미늄 포일로도 실험해 보자고 제안했다. 그러나 실험 결과는 예상과 달랐고 우리는 실험 결과를 해석할 수 없었다. 실험 결과를 해석할 수 없을 때 교사는 어떻게 해야할까?

1. 과학 수업 이야기

열의 전달을 알아보는 실험을 위해 크기가 같은 얼음 2개와 접시를 준비했다. 그리고 학생들에게 그냥 둔 얼음과 솜으로 싼 얼음 중 어느 것이 먼저 녹을지 예상해 보도록 했다. 보통 과학 수업에서 많이 이용하는 방안으로 예상–관찰–설명(POE) [1]의 단계를 수업에 적용해 보고자 한 것이다.

솜으로 감싼 얼음   그냥 놓아둔 얼음

학생들은 대부분 솜이 물체를 따뜻하게 해 주니까 솜으로 싼 것이 빨리 녹을 것이라고 예상했다. 약 15분 후 학생들이 직접 얼음이 녹은 정도를 확인해 보도록 했다.

"우와! 솜으로 싼 게 얼음이 더 크네!'
"선생님, 왜 그래요?"

학생들은 자신들의 예상과 다른 실험 결과가 나오자 높은 호기심을 보였다.

"여러분은 앞에서 물질마다 열이 전달되는 정도가 다르다는 것을 배웠어요. 구리, 철과 같은 금속은 열이 잘 전달되지만 나무, 플라스틱, 헝겊 등은 열이 잘 전달되지 않아요. 솜도 마찬가지로 열이 잘 전달되지 않지요. 주변의 열을 얼음에게 잘 전달해 주지

---

1 POE (Prediction-Observation-Explanation)는 학생의 과학적 이해를 자세히 탐색하기 위해 예상–관찰–설명 3단계 과제를 수행하도록 하는 것이다. 자세한 내용은 이 책의 '딜레마 사례 16 : 두 고무풍선의 연결' 사례에서 다룬다.

않아서 얼음이 늦게 녹는 거랍니다."

솜이나 털옷은 겨울철 방한용 장갑이나 옷 등으로 연상되기 때문에 물체를 따뜻하게 해 준다고 착각하기 쉽다. 그러나 털옷 자체가 열을 내는 것은 아니고 우리 몸에서 주변으로 열이 빠져 나가는 것을 막아주는 단열재 역할을 하는 것이다. 열이 잘 전달되지 않는 솜이나 스타이로폼 등을 이용하면 찬 것은 차게, 따뜻한 것은 더 따뜻하게 오랫동안 보관할 수 있다고 설명했다. 그때 수민이가 갑자기 손을 번쩍 들고 질문했다.

"선생님, 그럼 알루미늄 포일은 금속이니까 열이 빨리 전달되어서 얼음은 빨리 녹고 뜨거운 고구마 같은 것은 더 빨리 식게 해 주나요?"

나는 좋은 질문이라고 칭찬하고 방과 후에 함께 실험해 보자고 했다. 학생들이 질문한 내용을 추가로 실험해서 열의 전달에 대해 더 의미 있는 탐구 학습이 될 것이라고 확신했다.

나는 종이컵을 이용해서 실험 준비를 했다. 차가운 얼음물을 만들어 2개의 컵에 나누어 담았고, 같은 온도의 뜨거운 물을 2개의 컵에 나누어 담았다. 뚜껑이 있는 종이컵을 이용했고 하나는 그대로 두고 다른 하나는 알루미늄 포일로 감싸도록 했다. 그리고 뚜껑에 있는 구멍을 이용해 학생들이 3분마다 물의 온도를 측정해 보도록 했다.

어찌된 일일까? 얼음물 온도는 알루미늄 포일로 감싼 것이 더 빨리 변화했는데 따뜻한 물의 경우 알루미늄 포일로 싼 것이 더 느리게 변화했다. 알루미늄 포일과 같은 금

종이 컵　　　　　　알루미늄 포일로 감싼 종이 컵

속은 열을 잘 전도하니까 온도 변화가 빠를 것이라는 학생들의 예상은 맞지 않았다. 나는 이 현상을 설명할 수 없었다. 시간이 없으니 나중에 다시 실험해 보자고 하고 결과 해석을 얼버무려 버렸다.

나는 나중에 자료를 찾아보고 더운물이 천천히 식은 것이 '복사'와 관련된 현상임을 알았다. 그러나 알루미늄 포일이 어떨 때는 온도 변화를 빠르게 해 주고, 또 어떤 때에는 온도 변화를 느리게 해 주는지 잘 이해되지 않았다. 또 복사 개념은 교육과정에서 다루고 있지 않은데 이 개념을 도입해서 학생들이 실험 결과를 이해하도록 하는 것이 과연 적절한가에 대해서도 의문이 들었다. 학생들이 배운 지식을 활용해 스스로 실험 결과를 설명할 수 없다면 그대로 놔두어야 하는지, 아니면 교사가 새로운 개념을 도입해서 실험 결과 해석을 도와주는 것이 좋은지 혼란스러웠다.

이 수업을 하고 나는 다음과 같은 의문이 들었다.

- 알루미늄 포일은 어떤 때 열을 잘 전달하고, 어떤 때 열을 잘 전달하지 않는 것일까?
- 학생들이 실험 결과를 해석할만한 적절한 과학 지식이 없을 때 교사는 어떻게 지도해야 할까?

2. 과학적인 생각은 무엇인가?

> 열이 이동하는 3가지 방법인 전도, 대류, 복사에 대해 살펴보고, 물질의 상태에 따라 열의 이동 방법이 어떻게 다른지 알아본다. 또한, 알루미늄 포일에서 열이 전달되는 방법과 알루미늄 포일이 단열재로 사용되는 이유를 설명한다.

일반적으로 열은 온도가 높은 곳에서 전도, 대류, 복사를 통하여 온도가 낮은 곳으로 이동한다. 전도는 접촉해 있는 두 물체의 온도가 다를 때 뜨거운 물체에서 차가운 물체로 열이 이동하는 것을 말한다. 대류는 중력의 영향으로 보통 액체나 기체와 같은 물질 속에서 물질을 이루는 분자들이 이동하여 열이 이동하게 되는 것을 뜻한다. 복사는 물질 자체가 적외선 형태의 전자기파를 그 표면에서 방출하여 열을 전달하는 것을 말한다. 열은 기본적으로 온도가 높은 곳에서 낮은 곳으로 이동하지만, 그 이동 방법은 어떤 조건이나 상황에 따라서 크게 달라지기 쉽다.

전도

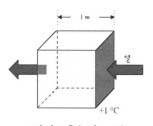

열전도율(W/m·K)

전도는 물질을 통해 열이 이동하는 것을 말하는데 물질마다 열을 전달하는 속도가 다르다. 열을 잘 전달하는 물질을 **도체**라고 하고, 어떤 물질이 열을 전달하는 속도를 **열전도율**이라고 한다. 열전도율은 보통 왼쪽 그림과 같이 정육면체를 기준으로 정의된다. 열전도율을 측정하기 위해서는 그 물질로 구성된 정육면체 양단의 온도 차가 1도일 때, 단위 면적을 통해 1초 동안 지나가는 열의 양[2]을 비교한다. 일반적으로 어떤 표면을 단위 시간 동안에 통과하는 열의 양은 표면적이 넓을수록, 두 면의 온도 차가 클수록, 통과하

---

2 1초 동안 지나가는 에너지(열)의 양은 W(와트)로 표시한다. 1W는 1초 동안 1J(줄)의 에너지를 공급하는 것을 말한다.

는 두께가 짧을수록 많아진다.

열전도율이 좋은 물질은 주로 금속이고, 열전도율이 좋지 못한 물질은 공기(0.026 W/m · K)이다. 물의 열전도율은 0.6 W/m · K로 공기의 약 24배이지만, 대략 알루미늄의 0.25 %, 구리의 0.15 % 정도로 비교적 열을 잘 전달하지 못하는 물질이다. 그래서 다음 그림과 같이 비스듬하게 놓인 시험관의 윗부분을 가열하면, 그 속에 들어있는 물이나 공기는 시험관 바닥으로 그 열을 거의 전달하지 못한다. 유리나 섬유 그리고 지방 등의 열전도율도 물의 ⅓ 정도가 되어 열을 잘 전달하지 못한다. 일반적으로 단열재로 사용되는 스타이로폼, 유리솜, 양털 등은 대부분 그 속에 갇혀 있는 공기 때문에 열을 잘 전달하지 못한다. 예를 들어, 스타이로폼은 전체 부피의 약 98 %가 공기이고 나머지 2 %가 수지이다.

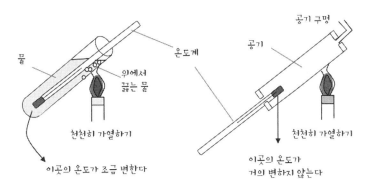

열을 거의 전도하지 못하는 물과 공기

대류

일반적으로 액체와 기체는 가열되면 팽창한다. 팽창된 액체나 기체는 밀도가 작아지기 때문에 위로 올라간다. 이것을 **대류**라고 하는데 이때 물질과 함께 그 에너지도 이동한다. 그림과 같이 시험관의 밑 부분을 가열하면 데워진 물은 시험관 윗부분으로 올라가고, 그 자리를 채우기 위해 차가운 물이 아래로 내려간다. 이러한 물의 순환으로 열에너지가 시험관 바닥에서 위쪽으로 이동하면서 시험관 위쪽에 있는 물의 온도가 상승한다. 바닷가에서 낮에 해풍이 불고, 밤에 육풍이 부는 현상도 이러한 대류 때문에 일

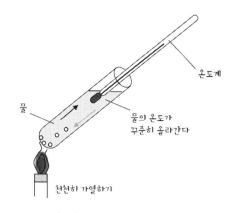

물의 대류에 의한 열의 이동

어난다. 가정에서 쓰는 온수장치도 물을 순환시키기 위해 대류를 이용한다. 이러한 대류 현상은 무중력 상태에서는 일어나지 않는다.

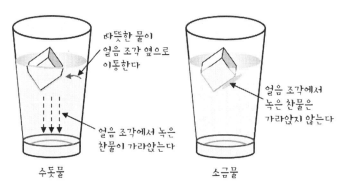

수돗물과 소금물 속에 넣은 얼음 조각의 융해

실온의 물과 진한 소금물을 각각 유리컵에 부은 다음에, 같은 크기의 얼음 조각을 넣으면 어느 컵 속의 얼음이 먼저 녹게 될까? 흔히 얼음을 빨리 녹이기 위해 소금을 뿌리기 때문에, 소금물 속의 얼음이 빨리 녹을 것으로 생각할 수 있을 것이다. 그러나 예상과 달리 얼음은 소금물보다 수돗물 속에서 더 빨리 녹는다. 그 이유는 대류가 수돗물 속에서는 일어나지만, 소금물 속에서는 일어나지 않기 때문이다. 얼음이 녹기 시작하면 녹은 찬물이 얼음 조각 주변에서 흘러나오는데 이 찬물은 유리컵 속에 있는 실온의 물보다 밀도가 커서 아래로 가라앉는다. 찬물이 가라앉으면 그 자리로 따뜻한 물이 채워져 얼음을 더 녹이고 찬물은 계속 가라앉게 된다. 그렇지만 소금물 속에서는 얼음 조각에서 나온 찬물이 가라앉지 못하고 얼음 조각 주변에 머무르게 된다. 얼음에서 녹은 맹물은 소금물의 밀도보다 작아서 떠 있기 때문이다. 그래서 얼음 조각은 계속 소금물보다 밀도가 작은 찬물에 둘러싸여 있게 되고, 따라서 얼음이 녹는 데 시간이 더 걸린다.

복사

모든 물체는 적외선 형태의 에너지를 방출한다. 이러한 **복사에너지**는 표면 온도와 복사율에 따라 달라진다. 물체 표면에서 방출되는 에너지는 절대온도[3]의 4제곱에 비례한다. 따라서 뜨거운 물체가 차가운 것보다 훨씬 더 많은 열을 복사한다. 전도와 대류는 물체 사이의 온도차에 비례하여 열이 이동하지만, 복사는 절대온도의 4제곱의 차이에 비례하여 열이 이동한다. 우리 주변에서 태양은 그 표면 온도가 6000 K로 매우 높아서 다른 어떤 물체보다 더 많은 열을 복사한다. 보통 태양은 310 K 정도인 우리 몸보다 약 20배나 온도가 높아서, 태양의 복사 에너지는 우리 몸보다 약 20^4배, 즉 160,000배의 열을 복사한다. 그래서 햇빛을 받으면 우리 몸의 피부는 금방 따뜻해진다.

그러나 모든 표면이 복사열을 잘 흡수하고 방출하는 것은 아니다. 거울과 같이 매끈한 금속 표면은 복사열을 반사하여 잘 흡수하지 않는다. 어떤 물질이 복사열을 흡수하거나 방출할 수 있는 비율을 **복사율**이라고 한다. 완전히 검은 물체(흑체)의 복사율은 1이다. 그것은 흑체에 부딪치는 모든 복사열을 흡수하고, 흡수한 복사열을 모두 방출한다는 것을 뜻한다. 일상생활에서 접하는 물체가 방출하는 복사열은 우리가 볼 수 없는 적외선이기 때문에, 물체를 보고 그 복사율을 추측하는 것은 쉬운 일이 아니다. 복사열[4]은 물체의 표면적과 복사율이 클수록, 그리고 표면의 절대온도가 높을수록 커진다. 복

---

3 절대온도는 이론적으로 이상기체의 부피가 0이 되는 온도로 K로 표시한다. 절대온도 K = 섭씨온도 +273으로 나타낸다.

4 보통 표면적이 A인 물체에서 단위 시간 동안 복사하는 에너지 E는 다음과 같은 관계로 나타낸다.

$$E = e \cdot \sigma \cdot A \cdot T^4$$

여기서 e는 표면의 복사율, σ는 슈테판 – 볼츠만 상수(5.67×10^{-8} J/s $\cdot$ m^2 $\cdot$ K^4), T는 물체의 표면온도(K)이다.

사율은 전자기파의 파장에 따라 달라지지만, 대부분의 물질은 0.9 정도이고 근사적으로 흑체로 취급할 수 있다. 알루미늄의 경우에 복사율은 대략 0.1 정도로 매우 작다. 따라서 알루미늄 포일로 뜨거운 음식을 포장하면 투명한 비닐로 포장하는 것보다 음식을 더 오래 따뜻하게 유지시킬 수 있다. 또한, 공기는 적외선에 대해 투명하여, 적외선을 거의 흡수하거나 방출하지 않는다. 단지, 수증기, 이산화탄소, 메탄 등 몇몇 기체만이 적외선과 상호작용을 한다.

알루미늄 포일의 특성

뜨거운 고구마를 싼 알루미늄 포일이나 불판 위에 놓인 알루미늄 포일을 만져본 적이 있는가? 손으로 그것을 움켜쥐지 않는 한, 여러분의 손가락이 알루미늄 포일에 닿아도 데이지 않는다. 그렇지만 철로 된 불판 가장자리나 뜨거운 냄비 뚜껑에 손이 닿는 경우에는 너무 뜨거워 자기도 모르게 손을 뒤로 잡아빼기 쉽다. 어째서 이런 일이 일어나는 것일까? 알루미늄은 도체가 아니라 절연체인가? 그렇지는 않다. 사실, 알루미늄은 일반적으로 철보다는 열을 세 배나 더 빨리 전도한다[5]. 그러나 알루미늄 포일은 냄비 뚜껑이나 철판보다 그 두께가 100배 정도나 더 얇다. 이것은 알루미늄 포일이 여러분의 손으로 보낼 수 있는 열의 양이 매우 적다는 것을 뜻한다. 더구나 알루미늄 포일은 앞에서 언급한 것처럼 복사율이 매우 작아서 대부분의 복사열을 차단하는 역할을 한다. 그래서 알루미늄 포일은 좋은 전도체이기는 하지만, 고구마나 불판의 열을 막을 수 있는 단열재 역할을 충분하게 할 수 있다.

마치 작은 얼음 조각이 여러분의 음료수를 충분히 냉각시키지 못하고, 4600 °C 정도의 불꽃이 튀어도 거의 화상을 입히지 못하는 것과 같은 이유로, 아주 얇은 금속 포일은 열을 전도하는데 거의 도움이 되지 못한다. 포일은 그 두께가 0에 가까워 전도에 대해서는 아무 것도 없는 것과 같기 때문이다. 그러나 복사열에 대해서 알루미늄은 종이나 비닐보다는 매우 좋은 단열재이다. 그래서 알루미늄 포일로 싼 컵은 그렇지 않은 종

---

5 이렇게 열 전도성이 좋은 알루미늄은 주방 용기 등의 재료로 쓰인다.

이컵보다 열의 이동을 잘 막아준다. 즉, 뜨겁거나 차가운 물을 알루미늄 포일로 싼 컵에 넣으면 그렇지 않은 종이컵보다 온도 변화가 작다. 알루미늄 포일이 대부분의 복사열을 차단하기 때문이다. 특히, 뜨거운 종이컵의 경우에는 주변보다 온도가 훨씬 높기 때문에 전도보다는 복사에 의한 열손실이 커서 더 빨리 식는다.

그러나 찬물은 뜨거운 물보다 온도 변화가 적기 때문에 [6], 찬물에서 알루미늄 포일에 의한 단열 효과가 크게 나타나지 않을 수 있다. 수업 사례에서 포일로 싼 컵의 얼음물의 온도 변화가 그렇지 않은 컵보다 온도 변화가 컸다는 것은 실제로 오차로 인한 결과이거나, 측정이나 실험 절차의 오류로 발생한 일일 것이다. 실제로 알루미늄 포일로 감싼 컵에 찬물을 넣으면 그렇지 않은 컵보다 천천히 물의 온도가 올라간다. 학생들은 금속이 도체이므로 알루미늄 포일도 열을 잘 전달할 것이라고 생각하기 쉽지만, 알루미늄 포일의 경우에는 전도보다는 복사의 영향이 매우 커서 열을 잘 전달하지 못하는 단열재로 사용된다. 그래서 지붕이나 벽의 단열재로 사용되어 복사열을 차단하고, 알루미늄 시트는 추운 환경에서 몸을 따뜻하게 유지하는데 사용된다.

---

6 자세한 것은 이 책의 '딜레마 사례 05 : 눈사람의 코트' 사례에서 뜨거운 커피와 냉커피의 온도 변화에 대한 설명을 참조한다.

3. 교수 학습과 관련된 문제는 무엇인가?

> 이 절에서는 실험 결과를 해석하기 위해 자료를 분석하는 방법과 자료를 토대로 결론을 내리는 방법에 대해 살펴본다. 먼저 실험에서 얻은 결과의 타당성과 신뢰성을 따지는 법을 설명하고, 결론 내리기 단계에서 실험 결과를 통해 가설을 검증할 때 고려할 사항을 알아본다.

앞의 수업 사례에서 학생들과 교사는 알루미늄이 도체이기 때문에 알루미늄 포일을 싼 종이컵에 찬물이나 뜨거운 물을 넣으면 그렇지 않은 컵보다 온도가 더 빨리 변할 것이라고 예상하였다. 그렇지만 실험 결과는 서로 모순된 결과를 가져와 학생과 교사는 상당히 당황했다는 것을 보여 준다. 특히, 교사가 적절한 지식이나 개념이 없이 그런 결과를 설명하려고 할 때 당혹감은 무척 클 것이다. 그렇지만, 그러한 결과는 교사나 학생 모두에게 도전적인 탐구과제로서, 학생들의 관심을 집중시킬 기회를 제공한다. 특히, 수업의 목적이 지식 내용보다는 탐구나 과학적 태도를 증진시키는데 있다면 교사는 그러한 기회를 잘 활용해야 할 것이다.

실험 결과의 분석

보통 학생들은 실험 결과가 그 자체로 증거가 되고, 어떤 결론으로 귀결된다고 생각하기 쉽지만 실제로 그런 일은 매우 드물다. 실험 결과를 해석하여 결론을 내리기에 앞서, 먼저 실험 결과를 분석하여 그것이 증거가 될 수 있는지 다음 그림과 같이 살펴보아야 한다. 다시 말해, 실험 결과가 올바른 증거가 되려면, 그 결과를 타당하고 신뢰할 수 있는 방법으로 얻어야 한다. 이렇게 자료를 분석하여 실험 결과가 올바른지 따져보는 일을 증거 평가라고 한다.

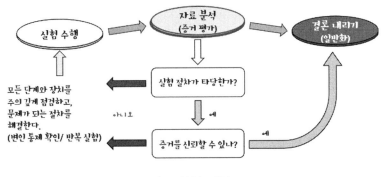

자료 분석 과정

예를 들어, 위의 수업 사례에서 알루미늄이 유리나 플라스틱보다 열을 잘 전달하는지 알아보기 위한 것이라면, 같은 굵기의 알루미늄 막대와 유리 막대(또는 플라스틱 막대)를 사용한 열의 전도 실험을 다음 그림과 같이 해야 했다. 그런 의미에서 알루미늄 포일로 종이컵을 감싼 것과 그렇지 않은 것을 비교한 실험은 열의 전도에 대한 타당한 실험이 아니다. 앞에서 언급했던 것처럼 알루미늄 포일은 전도보다는 복사에 대한 효과가 큰 단열재이기 때문이다. 따라서 수업 사례의 결과는 열의 전도에 대한 타당한 증거가 아니다. 그렇지만, 그 실험이 단지 알루미늄 포일에 대한 열의 이동을 알아보는 실험이라면 알루미늄 포일로 싼 종이컵과 그렇지 않은 종이컵을 비교한 위의 실험 결과는 타당한 증거로 받아들일 수 있다.

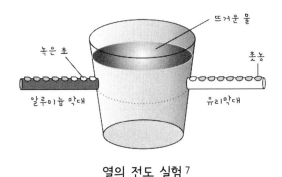

열의 전도 실험 7

---

7 종이컵 옆면에 구멍을 뚫어 막대를 끼운 다음, 일정한 간격으로 막대 위에 촛농을 떨어뜨려 고정한다. 그리고 종이컵에 끓는 물을 부으면, 촛농이 녹는 것으로 열이 막대를 통해 전달되는 속도를 비교할 수 있다.

또 고려할 사항은 그 실험 결과가 적절하고 엄격한 방법을 통하여 얻은 자료인지 판단을 해야 할 것이다. 예를 들어, 서로 다른 두 컵에 같은 양의 물을 넣고 비교하는 경우에, 그 양을 측정하기 위하여 눈금 실린더나 비커를 사용하는 경우 상온의 눈금 실린더나 비커를 사용한다면 그릇 자체도 물의 온도에 영향을 줄 수 있다. 즉, 비커에 처음으로 찬물을 넣으면 비커는 차갑게 되고, 찬물은 온도가 조금 상승할 수 있다. 그런데 다시 그 비커에 또 찬물을 넣으면 두 번째 찬물은 그 비커의 영향을 받지 않을 수 있다. 따라서 두 컵에 넣은 물의 처음 온도가 같지 않게 될 수 있다. 이렇게 순서에 따라 오차가 나는 것을 방지하려면 눈금 실린더나 비커도 두 개를 준비하여 그 양을 측정하는 것이 좋다. 특히, 위의 수업 사례에서 구체적 내용을 알 수는 없지만, 학생들이 찬물이나 더운 물의 처음 온도가 같다고 생각하고 최종 온도만으로 온도 변화를 판단했다면, 그 결과는 타당한 증거가 아니기 때문에 결과를 잘못 해석할 여지가 생기는 것이다.

그 다음에 우리가 고려할 사항은 증거를 신뢰할 수 있는지 살펴보는 일이다. 위의 수업에서는 알루미늄 포일로 싼 경우 얼음물은 좀 더 빨리 데워졌고, 뜨거운 물은 더 천천히 식어 상반된 결과를 얻었다. 알루미늄 포일의 성질이 때에 따라 변한다는 것은 믿을 수 없는 일이다. 그러므로 실험에서 얻은 결과가 정말 확실한 것인지 다시 반복하여 확인해 보아야 할 것이다. 예를 들어, 포일을 싼 종이컵에 찬물을 넣으면 그렇지 않은 컵보다 항상 온도가 더 빠르게 올라가는지 확인해야 할 것이다. 만일 그렇지 않다면 그런 실험 결과는 신뢰할 수 없어 증거가 될 수 없기 때문이다. 그래서 교사는 어떤 결론을 내리기 전에 먼저 실험을 반복하거나 다른 사람이 수행하였을 때도 같은 결과가 나오는지 살펴보아야 한다. 또한, 두 측정값이 차이가 있는지 판단을 내리려면, 평균값을 사용하고 오차가 어느 정도인지 살펴보아야 한다. 이것을 위해 교사는 학생들에게 반복하여 실험해 보게 하거나, 서로 다른 집단의 결과를 비교해 보도록 할 수 있다.

실험 결과의 해석

실험에서 얻은 결과가 타당하고 신뢰할 수 있는 증거라고 생각되는 경우, 우리는 증거로부터 결론을 내리기 위하여 판단을 내려야 한다. 보통 증거가 예상과 일치하는 경우에는 가설이 맞고, 증거가 예상과 일치하지 않으면 가설이 틀린다고 추론하기 쉽지

만, 판단을 내리기 전에 우리는 다음 그림과 같이 몇 가지 상황을 고려해야 한다. 그것
은 다른 가설로도 증거를 설명할 수 있는지, 증거 해석과 관련된 기본 가정이나 조건에
문제가 없는지 등을 살펴보는 일이다.

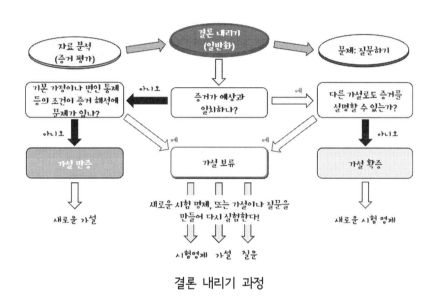

결론 내리기 과정

예를 들어, 학생들이 솜과 알루미늄 포일 중 어느 것이 열을 잘 전달하는지 알아보기
위하여 다음 그림과 같이 실험을 수행한 경우를 살펴보자. 솜과 알루미늄 포일을 비슷
한 넓이로 책상 위에 놓은 다음, 그 위에 같은 크기의 얼음 조각을 놓고 20분 동안 관
찰했더니 알루미늄 포일 위에 있는 얼음 조각이 상당히 많이 녹았다. 솜보다 알루미늄
이 열을 잘 전도하기 때문에 알루미늄 포일 위에 있는 얼음이 빨리 녹을 것이라고 예상
한 학생들은 실험 결과가 자신들의 예상과 일치하기 때문에 자신들의 가설이 맞는 것
이라고 결론을 내리기 쉽다. 그렇지만 알루미늄 포일에서 얼음이 빨리 녹은 것은 바닥
에 고인 물 때문에 일어난 변화일 수 있다. 물은 공기보다 얼음을 빨리 녹인다. 그래서
알루미늄보다는 얼음에서 녹은 물이 얼음 조각을 녹이는데 더 큰 영향을 주었을지 모
른다. 그것을 확인하려면 알루미늄 포일에 물이 고이지 않도록 포일에 구멍을 뚫어 물
이 빠지게 하거나, 포일을 비스듬하게 기울여 물이 흘러내려 가도록 장치를 하고 실험
을 해야 할 것이다. 그래서 우리는 증거가 예상과 일치하더라도 다른 가설로 그러한 변
화를 설명할 수 있다면, 처음의 가설을 맞는 것으로 확증하기보다는 일단 보류하고 녹

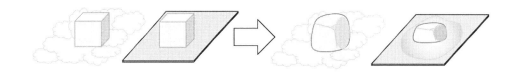

솜과 알루미늄 호일에 각각 올려놓은 얼음의 비교 실험

은 물의 영향과 같이 새로운 문제나 새로운 가설을 해결하거나, 열의 전도를 확인할 수 있는 다른 시험 명제를 예상하여 실험을 수행해야 할 것이다.

또한, 증거가 예상과 일치하지 않는 경우에도 가설이 틀렸다고 바로 판단을 내리기보다는 혹시 기본 가정이나 조건 등에 문제가 없는지 살펴보아야 할 것이다. 예를 들어, 위의 수업 사례에서 학생들의 예상과 다르게 알루미늄 포일을 싼 컵에서 포일을 싸지 않은 컵보다 뜨거운 물이 더 천천히 식는 결과를 보여 주었다. 이때 학생들은 예상이 틀렸다고 무조건 자신들의 가설이 틀렸다고 섣불리 단정하는 것은 바람직하지 못하다. 사실 앞에서 언급했던 것처럼 전도되는 열은 컵의 두께가 두꺼워질수록 작아진다. 따라서 알루미늄 포일로 싼 컵이 천천히 식은 것은 컵의 두께가 포일로 싸지 않은 컵보다 더 두꺼워졌기 때문일 수 있다. 만일 그렇다면, 학생들의 가설을 반증하기 어렵다. 이것을 확인하려면 다른 컵도 알루미늄 포일로 싼 컵처럼 얇은 종이나 비닐로 감싸서 컵의 두께를 모두 일정하게 유지시켜야 할 것이다.

그래서 실험 결과를 해석할 때 증거가 예상과 일치하는지만 따져서 가설의 옳고 그름을 판단하는데 주의를 해야 한다. 증거의 일치 여부와 함께 중요한 점은 그와 같은 실험이 바탕을 두고 있는 기본적인 가정이나 조건, 또는 다른 가설이나 실험 등을 비교하여 다시 꼼꼼하게 따져보고 총체적인 판단을 내리는 것이다. 이를 위해 교사는 학생들이 자신들의 생각을 주장하기 전에 항상 그 밖의 다른 가능성을 검토할 수 있는 기회를 제공해 주어야 한다. 정답이 주어지지 않는 일상의 삶에서 답을 얻는 과정을 배우는 것이야말로 하나의 답을 아는 것보다 더 중요한 일이기 때문이다. 그리고 이렇게 얻은 지식은 비록 그것이 틀렸다고 하더라도, 항상 다른 가능성에 대해 열려있기 때문에 새로운 증거가 나타나면 수정될 수 있을 것이다. 그러므로 교사를 비롯하여 학생들은 비록 모든 지식을 알지 못하지만, 주어진 조건과 상황에서 증거를 바탕으로 최적의 판단을 내릴 수 있도록 노력해야 할 것이다.

4. 실제로 어떻게 가르칠까?

> 열의 이동은 상황이나 조건에 따라 전도, 대류, 복사의 양태가 달라지기 쉽고 복잡하기 때문에, 초등학교 수준에서는 이동 방식을 구별하는 것보다는 주로 열의 이동에 초점을 맞추어 지도할 것을 권장한다. 그래서 상황이나 조건의 변화에 따라 열의 이동이 어떻게 달라지는지 현상적으로 이해할 수 있는 사례를 설명한다.

초등학생들은 보통 열과 온도 개념을 명확하게 구별하기 힘들다. 특히 일상생활에서 사용되는 열이라는 낱말은 종종 뜨겁다는 의미로 온도 개념과 혼용되어 사용되기 때문이다. 또한, 열은 뜨거운 물체 속에 존재하는 물질과 같은 것으로 묘사되거나, 가열되어 내부 에너지가 증가하는 것을 뜻하기도 한다. 과학적 의미에서 열은 뜨거운 물체에서 차가운 물체로 이동하는 에너지를 말하고, 온도는 뜨거운 정도로 분자의 평균적인 운동 상태를 뜻하지만, 초등학생에게는 그 구별이 그렇게 쉽지 않다. 그렇지만 일상적인 언어로 시작하면서 그 의미를 명확하게 하고, 그 차이를 변별하는 것은 과학교육에서 중요한 일이기도 하다.

일상 언어에서 열은 뜨거운 물체가 가지고 있는 것으로, 열이 물체에 더해진다면 물체의 온도는 올라간다. 물체가 열을 잃어버리면, 물체의 온도는 떨어진다. 그리고 온도가 다른 두 물체가 서로 접촉해 있으면, 열은 뜨거운 물체에서 차가운 물체로 자발적으로 이동한다. 그래서 두 물체는 같은 온도가 될 것이다. 초등학생에게 이와 같이 물체의 온도가 열에 의해 변한다는 생각을 갖게 하는 것은 중요한 과제이다. 그런 의미에서 서로 다른 온도의 물체들이 열을 통하여 상호작용을 한다는 것을 여러 실험을 통하여 경험하는 것은 바람직한 일이다.

그렇지만 열은 두 물체가 직접 접촉해 있지 않아도, 주변 환경을 거쳐 이동하기도 하고 직접 파동의 형태로 이동할 수도 있다. 그래서 열은 상황에 따라 상당히 복잡한 방식으로 뜨거운 물체에서 차가운 물체로 이동하기 때문에 전도, 대류, 복사의 영향을 정확하게 구별하는 것이 쉽지 않다. 그런 의미에서 초등학생들에게는 열의 이동을 전도, 대류, 복사로 구별하여 가르치는 것보다 물체의 온도를 측정함으로써 열이 어디에서 어디로 이동했는지 현상적으로 이해하도록 하는 것이 바람직한 것으로 보인다.

보통 학생들은 금속이 열을 잘 전달한다고 생각하기 때문에 '알루미늄 포일로 뜨거운(또는 차가운) 물체를 싸면 물체가 빨리 식을까(또는 데워질까)?'라고 물어보는 것은 학생들의 관심과 호기심을 유발시키기 위한 좋은 방법이다. 이것을 알아보는 좋은 방법은 같은 종류의 종이컵 두 개를 사용하여 다음 그림과 같이 표면을 각각 알루미늄 포일과 투명한 비닐로 포장을 한 다음, 종이컵 속에 뜨거운 물을 붓고 시간이 지남에 따라 온도가 어떻게 변하는지 살펴보는 것이다. 그리고 종이컵에 씌울 뚜껑을 각각의 재료로 만들어 컵을 뚜껑으로 덮고, 뚜껑 가운데에 온도계를 꽂아서 일정 시간마다 온도 변화를 측정하도록 한다. 또한, 시간적 여유가 있다면 종이컵에 뚜껑이 있는 경우와 없는 경우에 물의 온도 변화를 비교하여 뚜껑의 효과에 대해 토의해 보는 것도 바람직하다. 일반적으로 뚜껑이 없는 경우에는 공기의 대류나 물의 증발로 인한 열의 이동이 활발해지므로 종이컵 속의 물이 더 빨리 식게 될 것이다.

알루미늄 포일과 투명한 비닐로 감싼 종이 컵의 비교 실험

투명한 비닐은 뜨거운 물에서 나오는 복사에너지를 대부분 방출하지만, 알루미늄은 복사에너지를 대부분 물로 다시 반사하고 일부만 방출하기 때문에 알루미늄 포일로 싼 컵 속의 물이 더 천천히 식게 된다. 이와 같은 원리는 보온병에도 적용되고 있다. 보온병 내부에는 다음 그림과 같이 복사열을 반사할 수 있도록 유리에 은도금을 하거나 금속면으로 된 진공 용기가 들어 있다.

대류

나사 마개

복사

금속 면이나
은도금 유리벽

전도

진공

단열재

플라스틱
또는
철제 용기

금속 병이나
유리병

진공 용기
지지대

보온병의 구조

　종이컵에 뚜껑을 씌우지 않고 실험을 하는 경우에는 학생들에게 손바닥을 컵 위나 옆에 가까이 가져가서 어떤 느낌이 드는지 살펴보도록 한다. 뜨거운 물의 열이 컵의 윗부분에서 주로 대류와 복사로 빠져나가 컵의 옆 부분보다는 윗부분에서 손바닥이 더 따뜻하게 느껴질 것이다. 이때 학생들에게 손바닥이 물체(컵)에 닿지 않아도 열이 직접 손바닥으로 이동할 수 있다는 것을 상기시킬 수 있다. 뚜껑을 씌우지 않은 경우 두 컵 사이의 온도차는 뚜껑이 있는 경우보다는 상당히 작아질 것이다. 학생들에게 3분마다 온도를 측정하여 시간에 따라 변하는 온도를 그래프에 표시하도록 하면 그 기울기로 어느 것이 더 빨리 식는지 쉽게 알 수 있다. 학생들에게 비닐 뚜껑이 있는 경우와 없는 경우에 물의 온도 변화의 차이를 서로 비교하여 토의하도록 하면 대류에 의한 효과를 이해하도록 할 수 있다. 상온보다 더 차가운 물로 비슷한 실험을 하도록 할 수 있지만, 뜨거운 물보다는 온도 변화가 적기 때문에 더 많은 시간과 정확한 측정이 요구된다.

　지금까지의 논의를 요약하면, 실제 생활에서 열은 전도, 대류, 복사를 구분하지 않고 온도가 높은 물체에서 온도가 낮은 물체로 이동하기 때문에, 초등학교 수준에서는 이동 방법을 구별하는 것보다는 위에서 제시한 것처럼 조건이나 상황에 따라 **열의 이동**이 어떻게 달라지는지 살펴보는 것에 초점을 맞출 필요가 있다. 그리고 단순한 수준에서 그 의미를 구별할 수 있도록 용어를 도입하는 것도 고려해 볼 수 있다. 언어는 학생들의 경험과 함께 주변 세계를 인식할 수 있도록 도와주고, 경험에 맞추어 더욱 정교하게 발달하기 때문이다. 특히, 학생들은 열과 온도를 동일한 것으로 보기 쉽기 때문에, 온도가 높은 물체가 더 많은 열을 가지고 있다고 생각하기 쉽지만, 이동하는 열은 물질의 온도뿐만 아니라 물질의 양과도 관계가 있다는 것을 이해시킬 필요가 있다. 예를 들어, 한 방울의 뜨거운 물은 얼음 조각을 녹이지 못하지만, 한 양동이의 찬물이 얼음 조각을 녹일 수 있다는 것을 경험한다면, 한 방울의 뜨거운 물보다 온도가 낮은 양동이의 찬물에서 더 많은 열이 이동한다는 것을 이해할 수 있을 것이다.

일반적으로 학생들이 실험 결과를 해석하는 활동, 예를 들어 복사와 같이 적절한 과학 지식을 가지고 있지 않더라도, 앞 절에서 언급한 것처럼 실험 결과를 분석하고 결론을 내리는 활동에서, 학생들이 서로의 생각을 토의하는 기회를 갖는다면 자연스럽게 복사에 대한 새로운 개념이나 지식의 필요성을 깨달을 수 있을지 모른다. 또한, 필요한 경우에는 실험 결과나 결론에 대한 토의 과정에서 교사가 실마리를 제공해 줄 수도 있다. 비록 교사가 실험 결과를 명쾌하게 설명해 줄 수 있더라도, 학생들이 그것을 받아들일 충분한 준비가 되어 있지 않다면 아무리 훌륭한 교사의 설명이라도 학생들은 그것을 다르게 받아들이기 쉽다. 따라서 학생들이 자신의 경험과 이해를 바탕으로 추리하고 토의하도록 도와주는 것이 교사가 직접 설명하는 것보다 더 바람직하다. 학생들은 그러한 과정에서 자신들의 설명이 불충분하거나 모순된다면 과학자들과 마찬가지로 다른 가능성들을 탐색하기 시작할 것이기 때문이다. 실제로 많은 과학의 발달은 설명하기 어려운 실험 결과를 새롭게 해석하려는 노력을 통해 일어났다. 교사나 학생들도 쉽게 설명되지 않는 그러한 도전적 과제를 통해 개념적 이해의 폭을 넓힐 수 있을 것이다.

눈사람의 코트

예상치 못한 학생의 질문에 어떻게 대처할까?

나는 초등 과학 영재반 수업에서 5학년 '온도와 열' 단원을 참조하여 '눈사람에게 코트를 입히면 어떻게 될까?'라는 탐구 주제로 수업을 진행하였다. 코트가 단열재라는 결론으로 수업을 이끌려 했지만 수업 도중 매우 도전적인 학생의 질문을 마주하게 되었다. 검은색 천을 사용하면 오히려 빨리 녹지 않을까 하는 것이었다. 교사가 답을 잘 모르는, 예상하지 못했던 학생의 질문에 대해 교사는 어떻게 대처해야 할까?

1. 과학 수업 이야기

더운 여름이었지만 나는 학생들에게 겨울을 떠올릴 수 있도록 다 같이 '꼬마 눈사람' 노래를 불러보도록 했다. 그리고 겨울에 눈사람을 만들어 본 경험에 대해 서로 이야기 하도록 하면서 자연스럽게 탐구 주제를 소개했다.

"햇볕이 내리쬐는 겨울날, 눈사람에게 코트를 입히면 어떻게 될까?"

코트를 입히지 않은 것에 비해 코트를 입힌 눈사람이 더 빨리 녹을지, 더 천천히 녹을지, 아무런 영향이 없을지 학생들에게 자기 생각을 발표하도록 하였다.

어떤 학생은 '(코트가) 햇빛을 차단해서 더 오래 가요.'라고 했고 또 다른 학생은 '눈사람의 찬 기운을 보존해 주니까 더 오래 가요.'라고 말했다. 어떤 학생은 '코트가 따뜻하게 해서 더 빨리 녹을 거예요.'라고 답했다.

나는 미리 준비한 플래시 영상 자료를 제시하였다. 아이스크림을 배달하는 냉동차가 고장이 난 상황에서 어떻게 하면 아이스크림을 오래 보관할 수 있을까에 대해 동물 캐릭터들이 대화를 나누는 것이었다. 친근한 캐릭터를 통해서 학생들이 탐구 문제에 대한 흥미도 높이고 자신의 의견을 편안하게 발표하고 토론할 수 있을 것으로 생각했다.

"자, 그럼. 여러분과 비슷한 생각을 하는 친구들을 만나볼까요?"

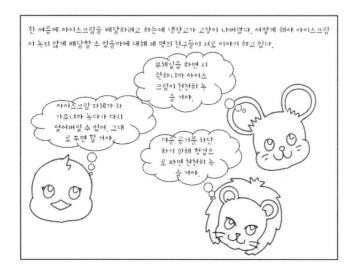

얼음과자 녹이기

나는 실험을 통해 위의 주장 중 어느 것이 맞는지 확인해 보자고 제안하였다. 미리 준비한 얼음과자를 스탠드에 매다는 것을 직접 시범으로 보이며, 나는 실험 방법을 설명하였다. 실제로 얼음과자를 사용한다는 것 때문에 아이들이 모두 신이 났다.

· 실험준비물 : 스탠드, 죔틀, 얼음과자, 비커, 죔틀 링 모둠별 각 3개씩, 헝겊, 부채 모둠별 각 1개씩

① 먼저 스탠드를 3개씩 준비하고 각각 죔틀을 연결한다.
② 죔틀 끝에 얼음과자 막대를 끼워서 얼음과자가 거꾸로 매달리도록 한다.
③ 얼음과자 아래에는 비커를 두고 얼음과자가 녹으면 떨어지도록 한다.
④ 한 얼음과자는 그냥 두고, 하나는 헝겊으로 싸고, 나머지 하나는 부채를 부쳐주면서 어떤 변화가 생기는지 관찰한다.

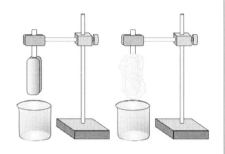

얼음과자 녹이기 실험

학생들은 곧 실험 결과를 확인할 수 있었다. 부채질한 것이 가장 빨리 녹았고, 얼마 후 그냥 둔 얼음과자가 먼저 비커로 뚝 떨어졌다. 학생들은 모두 헝겊으로 싼 것이 가장 천천히 녹는다는 사실에 동의했다. 학생들은 배부된 활동지에 실험 결과를 기록했다. 이제 실험 결과를 통해 '단열'의 개념을 소개할 차례이다. 나는 실험 결과에 대한 학생의 생각을 물었다. 그리고 매우 당황스러운 학생의 질문에 마주하게 되었다.

"왜 헝겊으로 싼 것이 천천히 녹았을까?"
"담요가 열을 빼앗기지 않도록 도와주듯이, 눈사람의 냉기를 지켜주니까요."
"모두 이 학생의 의견에 동의하나요? 다른 의견 없나요?"
"그런데 검은 천으로 쌌으니까 햇빛이 있는 곳에서 실험하면 오히려 빨리 녹지 않을까요?"

실제로 학생들이 사용한 천은 검은색이었다. 아마도 검은색이 햇빛을 잘 흡수한다는 것을 알고 있는 학생이었을 것이다. 나는 어떻게 답을 해야 할지 막막했다. 학생의 질문은 의미 있는 것이었지만 사실 나 자신도 결과를 확실히 알지 못했고 '복사' 개념에 대한 것이기 때문에 준비한 수업 내용을 벗어나는 것이었다.

"궁금하면 직접 실험을 해 보면 될 것 같아요. 다음에 시간을 내서 개인적으로 꼭 실험해 보면 좋을 것 같군요. 얼음과자 대신에 얼음이나 얼음물을 사용할 수도 있을 거예요."

나는 엉겁결에 개인적으로 실험해 보라고 권고하고 다시 준비한 수업을 진행했다. 나는 헝겊으로 싼 것이 가장 늦게 녹은 이유는 '단열' 때문이라고 설명하였다. 즉, 헝겊이 외부의 따뜻한 공기로부터 아이스크림으로 열이 전달되는 것을 막아주었다고 설명하였다. 그리고 일상생활에서 이처럼 단열을 이용하는 예를 설명하였다(예: 보온병, 아이스박스, 건축재로 쓰이는 스타이로폼, 북극곰과 펭귄의 털).

단열 실험하기

그리고 이어서 두 번째 실험을 시작했다. 여러 헝겊 중 어떤 것이 단열이 잘 되는지, 두께에 따라 단열의 효과가 어떻게 달라지는지 변인 통제를 하며 알아보기로 하였다. 이번에는 얼음과자 대신에 음료 캔에 얼음물을 넣어 사용하기로 하였다. 나는 여러 가지 헝겊(청바지, 붕대, 나일론, 면)을 미리 같은 크기로 잘라서 준비해 놓고, 모둠별로 헝겊의 종류를 하나씩 선택하도록 하였다. 그리고 캔에 헝겊을 몇 겹으로 감을지는 각 모둠에서 결정하도록 했다.

학생들은 약 20분 동안 캔 안의 얼음물 온도를 측정해서 활동지에 기록한 후 그래프를 그렸다. 그런데 학생들의 실험 결과는 처음 온도와 나중 온도의 차이가 대체로 미미하여 차이가 확연하게 나타나지 않았고, 헝겊 겹 수에 따른 온도 변화도 모둠에 따라 실험 결과가 달랐다. 학생들의 실험 결과를 종합해서 헝겊을 두른 겹 수가 많을수록 단열이 잘 된다고 결론을 내리기가 어려운 상황이었다. 어차피 수업 시간도 부족했기 때문에 나는 헝겊 겹 수가 많을수록 온도 변화가 적게 나온 한 모둠의 실험 결과만 발표하도록 하였다. 그리고 서둘러 수업을 마무리하였다.

① 먼저 모둠별로 대조군(아무것도 싸지 않은 원상태의 얼음물이 들어 있는 캔)과 비교할 변인인 헝겊 한 가지를 고른다.

② 실험은 각 모둠당 4개의 캔을 사용한다. 대조군인 원래 상태의 캔 1개와 모둠별로 정한 헝겊을 두른 겹 수를 달리할 캔 3개를 준비한다.

③ 수조에 얼음물을 준비하고 수조 속에 온도계를 넣고 물의 온도가 같아질 때까지 1~2분 기다린다. 각각 캔에 들어가는 얼음물 온도가 같다는 것을 확인한다.

④ 깔때기를 이용해서 캔에 얼음물을 넣는다.

⑤ 각각의 캔마다 온도계를 꽂고 2분마다 온도를 측정하여 활동지에 기록한다.

헝겊 겹 수에 따른 단열 실험

대조군   헝겊 1겹   헝겊 3겹   헝겊 5겹

"여러분, 오늘 우리의 실험에서 어느 헝겊이 가장 단열이 잘 되는지는 확실하게 비교하지 못했지만, 헝겊의 겹 수가 많을수록 단열이 잘 되는 것을 확인할 수 있었어요."

이 수업을 하고 나는 다음과 같은 의문이 들었다.

· 실제 코트의 색에 따라 눈사람이 녹는 정도가 다를까? 즉 흰색 코트이면 그냥 둔 것보다 느리게 녹고, 검은색 코트이면 그냥 둔 것보다 빨리 녹을까?

· 왜 20분 동안이나 실험했는데 얼음물의 처음 온도와 나중 온도의 차이가 미미했을까? 헝겊의 겹 수가 많을수록 온도 변화가 적어야 하는데 왜 모둠마다 실험 결과가 일관되게 나오지 않았을까?

· 예정된 수업 내용이나 개념의 범위를 벗어나는 질문, 교사가 답을 모르는 질문에 대해 교사는 어떻게 대처해야 할까?

· 모둠마다 실험 결과가 다르게 나오면 교사는 수업을 어떻게 마무리해야 할까?

2. 과학적인 생각은 무엇인가?

열은 온도가 높은 물질에서 낮은 물질로 이동하는데 이때 주변의 상황에 따라 전도, 대류 또는 복사가 일어나는 방식이 달라진다. 주변의 열이 얼음으로 전달될 때 헝겊의 유무나 색깔에 따라 열이 이동하는 방식을 설명하고, 또한 뜨거운 커피와 냉커피의 경우 열의 이동방식에 어떤 차이가 생기는지 살펴본다.

검은 천으로 싼 얼음

보통 검은색은 햇빛을 잘 흡수하기 때문에 검은 헝겊으로 싼 얼음은 그냥 놓아둔 얼음보다 더 빨리 녹을 것으로 생각하기 쉽다. 검은 천은 햇빛을 받아서 뜨거워지겠지만, 온도가 한없이 올라가는 것은 아니다. 표면 온도가 올라가면 복사에너지도 그만큼 많아지기 때문이다. 또한, 검은 천 주변의 공기도 뜨거워져 대류가 일어나 열 손실이 커진다. 따라서 어느 정도 온도가 올라가면 검은 천이 햇빛에서 얻는 에너지와 외부로 잃어버리는 에너지가 같게 될 것이다. 따라서 검은 천은 주변 환경과 열평형을 이루고 일정한 온도를 유지한다. 또한, 검은 천의 표면에서 내부로 단위 시간당 전달되는 열은 천의 내부와 외부 사이의 온도 차에 비례하고, 천의 두께에는 반비례할 것이다. 보통 천과 얼음 사이에는 단열이 잘 되는 공기층이 있고, 또한 검은 천의 **단열 효과**로 얼음은 그렇게 빨리 녹지 않을 것이다. 겨울철에 두꺼운 검은 코트를 입고 난로 앞에 서 있는 경우 옷감이 난로의 열을 받아 탈 정도가 되어도 우리 피부는 그것을 느끼지 못했던 것을 생각해 보면, 천의 외부 온도가 매우 뜨거워도 그 열이 내부로 쉽게 전달되지 않는다는 것을 알 수 있다.

한편, 바닥에 놓아둔 얼음은 햇빛을 받아 그 표면이 녹아 바닥으로 찬물이 흘러내리게 된다. 얼음은 특히 뜨거워진 바닥과 물에 의해 아랫부분이 더 빨리 녹기 시작할 것이다. 그리고 얼음 조각 주변에 고인 물은 얼음 밑바닥이 더 빨리 녹도록 도와준다. 얼음과 물은 검은 천보다는 햇빛을 조금 덜 흡수하겠지만, 검은 천보다는 전도율이 훨씬 큰 편이어서 햇빛의 열에너지를 내부로 쉽게 전달할 수 있다. 보통 고체인 얼음은 전도

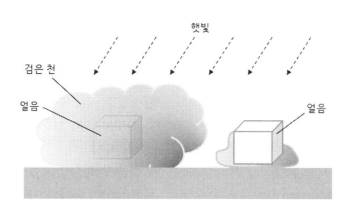

검은 천으로 감싼 얼음과 맨 얼음의 비교

율이 대략 물의 4배, 천의 10배 정도로 훨씬 큰 편이다. 따라서 그냥 놓아둔 얼음은 검은 천으로 포장한 얼음보다 빨리 녹을 것이다.

그럼 하얀 헝겊으로 싼 얼음은 어떻게 될까? 하얀 헝겊도 햇빛을 대부분 반사하기는 하지만, 적외선이 상당히 흡수되므로 천의 표면 온도가 올라가게 된다. 그렇지만 흡수되는 에너지가 적기 때문에 검은 천보다 더 낮은 온도에서 열평형이 이루어진다. 따라서 천 외부와 내부 사이의 온도 차가 검은 천보다 적어서 단위 시간 동안 내부로 전달되는 열에너지의 양이 적을 것이다. 따라서 하얀 헝겊으로 싼 얼음은 검은 천으로 싼

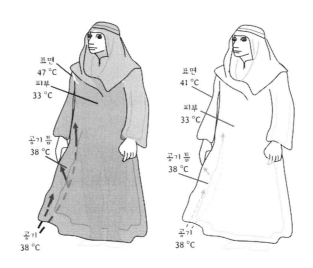

햇빛을 받았을 때 검은 옷과 하얀 옷에서의 온도

얼음보다 더 천천히 녹을 것이다.

보통 열은 전도, 대류, 복사뿐만 아니라 증발을 통해서도 이동한다. 그래서 매우 뜨거운 사막에 사는 사람들은 의외로 하얀 옷보다는 헐렁한 검은 옷을 즐겨 입는다. 보통 검은 옷은 햇빛을 받아 뜨거워지기 때문에, 좀 더 더울 것으로 생각하지만 하얀 옷보다는 검은 옷이 더 시원하다고 한다. 검은 옷의 경우, 흰옷보다 더 뜨거워지면서 옷감 안쪽의 공기가 쉽게 데워져 대류가 활발하게 일어나기 때문이다. 따라서 그 바람으로 인해 땀의 증발이 손쉽게 이루어져 피부는 열을 쉽게 방출할 수 있게 된다.

보통 열의 이동은 그 조건에 따라 전도, 대류, 복사 중 어느 것이 다른 것보다 더 큰 영향을 주는지 살펴야 한다. 예를 들어, "뜨거운 물을 담은 유리컵, 쇠 컵, 플라스틱 컵, 종이컵 중에서 어느 컵의 물이 빨리 식을까?"라는 질문을 생각해 보자. 금속은 비금속보다 열을 전달하는 도체이기 때문에, 보통 쇠 컵이 빨리 식을 것으로 생각하기 쉽다. 그렇지만 큰 차이가 나타나지 않는다. 뜨거운 물이 담긴 4개의 컵에서 열의 전도보다는 복사, 또는 대류와 증발에 의한 열 손실이 더 크게 영향을 주기 때문이다. 만일 컵에 모두 뚜껑이 덮여 있었다면 대류와 증발보다는 전도와 복사의 영향이 커지기 때문에 그 결과가 달라질 수가 있다. 이처럼 열의 이동은 그 조건이나 조건의 미묘한 변화에 따라 열의 이동 양상이 크게 달라질 수 있다.

뜨거운 커피와 냉커피의 온도 변화

겨울철에 마시는 80 °C의 뜨거운 커피는 금방 식는 것처럼 보이는데, 여름철에 마시는 10 °C의 냉커피는 꽤 오랫동안 시원한 것은 왜 그럴까?

열의 전도라는 측면에서 살펴보면 뜨거운 커피와 냉커피는 큰 차이가 없는 것처럼 보인다. 다음 그림과 같이 **전도**는 주로 컵 밑바닥과 받침대 사이에 일어나기 때문이다. 이때 매초 이동하는 열은 접촉면과 음료의 온도 차이에 비례할 것이다. 온도가 25 °C인 실내에 있다고 가정하면, 보통 냉 음료수는 0 °C 이하로는 온도가 내려가지 않으므로 온도 차가 큰 뜨거운 커피가 잃어버리는 열이 냉커피가 바닥에서 얻는 열보다 조금 클 것이라고 추리할 수 있다.

이번엔 복사의 측면에서 살펴보자. 뜨거운 커피는 주변보다 온도가 높으므로 복사열

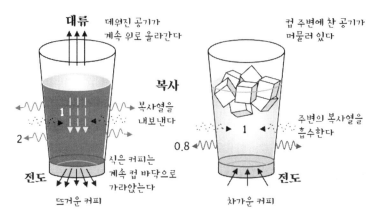

뜨거운 커피와 차가운 커피에서의 열의 이동

을 내보내고, 냉커피는 주변보다 온도가 낮으므로 주변의 복사열을 흡수할 것이다. 그런데 **복사열**은 절대온도의 4제곱에 비례하므로, 뜨거운 커피가 내보낸 복사열이 냉커피가 흡수한 복사열보다 클 것이다. 위의 예시에서, 복사열을 대략 계산해 보면 뜨거운 커피는 주변에서 1의 복사열을 받으면 2만큼의 복사열을 내보낸다. 반면에, 냉커피는 주변에 0.8만큼의 복사열을 내보내고 1만큼의 복사열을 받아 0.2만큼 복사열을 흡수한다.

　한편, **대류**의 측면을 살펴보면 뜨거운 커피는 컵 위쪽의 공기를 데우고, 데워진 공기는 대류 현상으로 위로 올라가 끊임없이 공기와 물의 경계면에서 열의 이동이 일어난다. 또한, 컵 위쪽에 있는 물은 열을 잃어버리고 식기 때문에 무거워져 컵 바닥으로 가라앉는다. 그래서 뜨거운 커피는 이런 과정에서 공기와 물의 대류로 손쉽게 열을 잃어버릴 수 있다. 또한, 컵 위쪽에서는 물의 증발도 활발하게 일어나고, 그에 따라 많은 열을 주변으로 빼앗겨 냉각을 더 가속한다. 그렇지만, 냉커피의 경우에는 상황이 아주 달라진다. 컵 전체의 온도가 주변보다 낮아서 컵 주변의 공기는 차가워지면 거의 그대로 컵 주변에 머문다. 이때 공기는 전도율이 매우 낮은 단열재이기 때문에 열의 이동이 거의 일어나지 않는다. 냉커피의 경우에는 증발이 뜨거운 커피보다 적고, 다만 공기 중에 있던 수증기가 찬 컵에 달라붙게 되면 그 열을 흡수할 수는 있다. 더구나 컵 속에 얼음이 들어 있는 경우 얼음이 녹는 데 많은 열이 필요하므로 냉커피 온도는 쉽게 올라가지 않고 찬 상태를 유지할 수 있게 된다. 이와 같은 이유로 뜨거운 커피보다는 냉커피 온도가 쉽게 변하지 않는 것이다.

요약하면, 뜨거운 커피와 냉커피의 경우 모두 전도와 복사가 일어나지만, 공기에 의한 대류는 주로 뜨거운 커피에서 일어나게 된다. 이처럼 열의 이동은 실제 상황에서 전도, 대류, 복사 중 어느 하나에 의해 일어나는 것은 아니며 복합적으로 일어나는 경우가 대부분이다. 그래서 열의 이동을 이해하려면 이처럼 세 가지 측면에서 살펴보아야 할 것이다. 위의 수업 사례에서는 아마 뜨거운 물보다는 얼음물을 사용했기 때문에 그 변화를 쉽게 측정하기 어려웠을 것으로 생각된다. 따라서 지도교사는 위 사례의 단열 실험에서 얼음물보다는 더운물을 사용하는 것이 더 바람직했을 것으로 보인다.

더구나 교사의 이야기에는 나타나 있지 않지만, 학생들에게 얼음물을 나누어 주었을 때 얼음이 함께 든 물을 나누어 주었다면 상황은 좀 더 복잡해진다. 음료수 캔에 든 얼음의 양에 따라 결과가 상당히 달라질 수 있기 때문이다. 또한, 찬물의 경우 열의 이동이 비교적 적기(20분 동안에 온도 변화가 $1.0 \sim 1.5\,^{\circ}\text{C}$ 정도) 때문에, 단열하는 경우 변화가 더 작아져서 헝겊의 종류나 몇 겹을 둘렀는지에 따라 그 변화를 확인하기가 쉽지 않았을 것이다. 그러한 변화보다는 오히려 측정에 따른 오차가 더 커질 수 있기 때문이다. 예를 들어, 온도계를 캔 바닥에 놓고 측정하거나, 입구 쪽에 살짝 넣어 측정하는 경우, 또는 휘저어서 측정하는 경우, 눈금 읽는 방법 등에 의해 생긴 오차가 그러한 변화를 가릴 수 있다. 따라서 지도교사는 실험 소재나 재료 또는 측정 방법 등을 선택할 때 주의를 하여야 한다. 가능하다면 교사가 사전 실험을 통해 실험에 따르는 문제를 예방할 수 있다. 아울러 모둠별로 다른 실험을 하는 경우 체계적으로 접근하지 않게 되어 그 결과를 서로 비교하기가 매우 어렵다. 모둠마다 조건이 상당히 다른 경우, 무엇 때문에 그런 결과가 나왔는지 추리하기가 어렵기 때문이다. 모둠별로 실험 결과를 비교해 볼 작정이면 실제로 실험이 이루어지기 전에, 전체 학급에서 모둠별 실험 계획을 주의 깊게 토의하여야 한다. 다시 말해, 실험 계획에 대한 전체 협동이 이루어질 수 있도록 사전에 조율할 필요가 있는 것이다.

3. 교수 학습과 관련된 문제는 무엇인가?

이 절에서는 학생이 수업 내용이나 개념의 범위를 벗어나는 질문을 하거나, 교사가 답을 모르는 예상치 못한 질문을 하는 경우 교사가 대처할 수 있는 여러 방법의 장단점을 살펴보고, 학생 스스로 질문에 대한 답을 찾을 수 있도록 도와주는 교사의 탐색적 질문에 대해 알아본다.

예상치 못한 학생의 질문

앞의 수업 사례에서도 알 수 있는 것처럼, 종종 학생은 교사가 정확하게 대답하기 어려운, 예상치 못한 질문을 던진다. 그런 경우에 교사는 어떻게 반응해야 할까? 흔히 일어날 수 있는 반응은 학생의 질문을 무시하는 것이다. 학생들은 보통 수업 내용과 직접 관련이 없는 질문을 하여 정상적인 수업을 방해하는 경우가 많다. 가르쳐야 할 내용이 많고 시간이 부족하다고 느끼는, 특히 경험이 적은 초임 교사는 앞의 수업 사례에서도 나타난 것처럼 교육과정에도 없는 그런 문제에 시간을 낭비하는 것을 부담스럽게 느낀다. 그래서 수업의 흐름을 매끄럽게 유지하기 위해 학생의 질문에 방해받지 않고 수업을 예정대로 끝낸다. 더구나 예상치 못한 질문을 다루는 데 있어 많은 경험과 자신감을 느끼지 못한 교사는 이런 방법을 사용하여 갑작스러운 도전과 당혹스러움을 피할 수 있다. 이때 교사는 학급에 다음과 같이 말하기 쉽다: "이 질문은 교육과정을 벗어난 어려운 개념이라 여러분이 이해하기 힘들어요. 나중에 상급 학교에서 이것을 배우기 때문에, 지금은 그것을 몰라도 괜찮아요." 이것은 정규 교육과정에서 벗어나는 것을 막고, 어려운 개념으로 학생을 혼동시키는 것을 피하는 데 도움이 될 수 있다. 그러나 통찰력이 있는 학생의 질문은 종종 자신의 경험에서 나온 것이며 현실적이고 의미 있는 것이다. 만일 교사가 학생의 질문에 귀 기울여 듣지 않고 진지하게 받아들이지 않는다면, 앞으로 학생들은 더는 질문하지 않게 될 것이다. 그리하여 학생들은 교과목에 대한 처음의 관심과 열정을 잃을 가능성이 점차 커질 것이다.

위의 경우와는 반대로 답하기 어려운 학생의 질문을 무시하지 않고 주의 깊게 다루는 방법은 교사가 일단 그 답을 모른다고 인정하는 것이다. 그리고 학생을 존중하여 다음 시간에 그 답을 설명해 줄 것을 약속한다. 교사는 관련 자료를 조사하여 다음 시간에 그것을 설명하고 학생들의 학습 욕구와 호기심을 만족시킬 수 있다. 그렇지만 이런 방법도 자주 되풀이된다면, 학생은 교사의 실력을 의심하게 되고, 즉각적인 교사의 반응을 받지 못한 학생들의 흥미와 동기는 곧 시들해질 것이다. 따라서 교사가 자신의 경험이나 지식에 기초하여 즉각적으로 가능한 답을 추리하여 제안하는 것은 좋은 방법의 하나다. 이것은 대답을 나중으로 연기하는 것보다 좀 더 동기를 부여하고 학생을 집중시킬 수 있다. 그렇지만 자칫하면 잘못된 답을 제시할 위험이 있다는 것을 주의해야 한다. 예를 들어, 화학 시간에 기체의 성질을 공부하고 있는 상황을 상상해 보자. 교사는 산소가 물에 녹지 않는 기체이고, 그래서 수상치환으로 기체를 모을 수 있다고 말한다. 이때 한 학생이 교사에게 불쑥 질문한다. "선생님, 그럼 물고기는 어떻게 숨을 쉬나요?" 그런 질문을 예상치 못한 교사는 당황한다. 순간적으로 교사의 머릿속에 물은 산소와 수소로 된 화합물이라는 것이 떠오른다. 그래서 교사는 정색하고 말한다. "물고기는 아가미를 통해 들어온 물을 산소와 수소로 분해하지요! 그렇게 숨을 쉴 수 있어요." 그래서 얼떨결에 물고기는 화학자가 되어버린다. 이런 결과가 일어나지 않으려면 교사는 자신의 추리가 논리적이고, 다른 과학적 원리와 모순되지 않는다는 것을 확신할 수 있어야 한다. 그렇다고 하더라도 권위적인 어투로 말하는 것은 바람직하지 못하다. 교사는 이용 가능한 지식을 사용하여 논리적으로 추리하는 과정을 학생들에게 보여 주고, 추리의 잠정성이나 더 좋은 대안이 있을지 모른다는 것을 일깨워주는 것이 좋다. 또는 추리해 얻은 그 답을 평가해 보거나, 학생 스스로 추리해 보도록 유도할 수 있다. 교사는 이러한 활동의 하나로 과학 지식의 잠정적인 본성을 설명할 수도 있다.

  학생의 질문에 대처하는 또 다른 방법은 그 질문을 다시 학생에게 되묻는 것이다. 예를 들어, 교사는 앞의 사례에서 "학생은 왜 햇빛을 받는 검은 천 속의 얼음이 빨리 녹을 거라고 생각하나요?"라는 질문을 할 수 있다. 이런 방법을 자주 사용한다면 학생은 질문하는 것을 꺼릴 수 있다. 질문을 던지면 그 질문이 다시 자기에게로 되돌아온다는 것을 학생이 깨닫게 되기 때문이다. 그래서 교사는 그 학생에게 거꾸로 다시 묻는 대신에 학급의 다른 학생들에게 그 답을 물어보거나 그 문제를 숙제로 부여할 수도 있을 것이다. 그렇지만, 그것은 모두 교실에서 질문하는 사람은 학생이 아니라 오히려 교사라는 것을 암암리에 학급에 심어줄 수 있다. 따라서 질문이 학생에게 부담이 아니라 적극적으로 학습하기 위한 수단이 될 수 있도록 도와주는 일이 필요하다. 교사는 질문을 통하여 학생의 호기심과 관찰력을 북돋아 주어야 한다. 그러려면 질문이 학생 스스로 생각을 비판적으로 탐색하는 도구로 사용될 수 있도록 교사가 안내할 수 있어야 할 것이다.

따라서 학생의 질문에 답을 직접적으로 주는 방법보다는 학생 스스로 답을 얻을 수 있도록 길을 안내하는 것이 바람직하다. 예를 들어, 앞의 수업 사례에서 교사는 다음과 같은 **탐색적 질문**을 다른 학생들에게 던지고 그와 관련된 자신들의 경험이나 생각을 이야기해 보도록 할 수 있다:

- 겨울에 난로 앞에 있으면 느낌이 어떤가? 누가 내 앞을 막아서면 어떻게 되는가?
- 햇빛이 비치는 곳과 그렇지 않은 곳에서의 실험 결과는 달라질까?
- 흰옷과 검은 옷은 어떤 것이 더 따뜻할까? 여름철과 겨울철 옷의 색깔에 차이가 있는가?
- 헝겊의 색깔이 단열에 영향을 미칠까?

이런 탐색적 질문은 학생이 가진 여러 생각을 드러낼 뿐만 아니라 수업에 대한 흥미와 관심을 계속 유지하도록 도와준다. 아마 학생들은 햇빛을 받으면 검은 물체가 하얀 물체보다 더 따뜻해진다는 것을 경험적으로 알고 있을지 모른다. 그런 의미에서 앞에서 언급한 학생의 질문은 사실 상당히 도전적이고 단열에 대한 궁금증을 증폭시키는 역할을 할 수 있다. 교사는 그러한 학생들의 관심을 바로 의도했던 탐구 활동에 연관시킬 수 있다. 지도교사는 원래 헝겊의 종류와 헝겊을 두른 겹 수에 따른 단열 효과를 알아보려고 했지만, 헝겊의 색깔이나 햇빛의 유무에 따라 단열 효과가 어떻게 달라지는지 조사하도록 안내할 수 있다. 이렇게 문제를 해결하기 위하여 자기 자신의 지식을 적용하도록 학생을 안내하는 것은 교실에서 배운 것과 실생활과의 관계를 헤아리고 개념적 이해를 다지게 하는 중요한 기회를 제공할 수 있다.

과학은 어떤 면에서 질문으로 시작해서 질문으로 끝난다. 과학자들은 질문을 던지고 대답하고 또 계속해서 새로운 질문을 찾는다. 마찬가지로 학생들도 자신의 지식과 이해를 확인하기 위해 수업을 통해 다양한 질문을 제기할 수 있다. 예를 들어, 앞의 수업에서 학생은 "얼음을 그냥 책상 위에 놓아두고 실험하면 안 되나요?", "얼음물 대신에 뜨거운 물을 사용하면 어떻게 되나요?"와 같은 질문을 던질 수 있다. 이러한 질문은 종종 추상적인 과학 개념을 실세계 문제와 관련지으려는 시도로서 학생에게 의미 있는 것이다. 교사는 학생의 질문을 소중하게 다루고 자유롭게 질문할 수 있는 분위기를 만들어야 한다. 물론 시간적 제한이나 내용을 고려해야 하지만 학생의 질문이 종종 무시되거나 비난받는다면, 학생은 질문하기를 멈추고 교실은 수동적이고 재미없는 장소로 변할 것이다. 따라서 교사는 학생의 질문에 대해 적절히 반응하여 학습에 대한 동기와 열정을 자극하고, 과학 개념을 좀 더 깊이 있게 이해시킬 수 있도록 노력해야 할 것이다.

그렇지만 학생이 제기한 질문에 대해 교사가 토론을 안내해 줄 실마리를 즉각적으로 학생에게 제공하는 것은 항상 가능하지는 않을 수 있다. 물론 경력이 쌓이면서 교사는 학생의 질문에 즉각적이고 적절한 반응을 제공하는 데 필요한 충분한 경험을 갖게 되고 그에 따라 자신감과 능력을 갖추게 될지 모른다. 그렇지만 그런 예상치 않은 질문에 부딪히기 전에 그것을 미리 알 수 있다면 좋을 것이다. 그래서 좋은 방법은 수업 시간에 학생들이 흔히 물어보는 질문을 기록해 두는 것이다. 그리고 그와 관련된 참고 자료를 조사하여 필요한 수업 방안을 미리 고안할 수 있다. 축적된 그러한 자료를 통해 교사는 수업에서 그런 질문이 나왔을 때 추가적인 질문을 통해 그 답에 도달하도록 학생들을 안내할 수 있을 것이다. 또한, 수업 중에 그런 질문을 학생이 제기하지 않더라도, 교사가 적절한 시기에 전체 학급에 그러한 질문을 제시하면 실생활과의 관련성을 높일 수 있을 것이다. 이때 학생들 스스로 답을 찾을 수 있는 수단이나 방법을 제시해 줌으로써, 학생이 자신의 학습에 대해 책임감을 느끼게 하는 것이 중요하다. 질문을 탐색할 때 기존 개념 사이의 새로운 관계를 탐색하는 경험은 적어도 올바른 답을 찾는 것만큼 가치 있는 일이다. 그런 질문은 수업에서 학습한 개념을 좀 더 깊이 성찰해보고 자신의 일상생활 경험에 그것을 관련짓도록 학생들을 돕는 도구가 될 수 있다.

4. 실제로 어떻게 가르칠까?

> 여기서는 모둠마다 실험 결과가 다르게 나오는 이유를 살펴보고, 서로 다른 실험 결과를 교사가 활용할 수 있는 방안을 제안한다. 수업을 마무리하는 방법에 대한 한 가지 정답은 없지만, 교사가 학생의 실험 결과와 관계없이 결론을 제시하는 것보다는, 실패로부터 의미 있는 것을 배우도록 도와줄 것을 권장한다.

실험 결과가 모둠마다 다른 경우

과학 탐구에서 **신뢰도**는 매우 중요하다. 신뢰도는 그 실험 결과를 믿을 수 있는가와 관련된 개념이다. 이것은 자신이나 다른 사람이 똑같은 절차를 반복하여 실험할 때 같은 결과를 얻을 수 있는지와 관계가 있다. 예를 들어, 실험할 때마다 결과가 다르거나, 실험하는 사람에 따라 다른 결과가 나온다면 그러한 결과나 증거는 믿을 수 없기 때문이다. 일반적으로 학생들은 이것을 소홀히 하기 쉽다. 같거나 유사한 실험을 여러 번 반복해 보아도 같은 결과가 나와야 한다. 그것은 본인뿐만 아니라 다른 사람이 다시 반복했을 때도 같은 결과를 얻을 수 있어야 한다.

그러면 여기서 같은 결과라는 것은 무엇을 말하는가? 실제로 관찰과 측정에는 늘 오차가 포함되기 때문에 같은 결과인지 판단을 내리는 것도 그렇게 쉬운 일은 아니다. 오차는 반복 측정에서 허용할 수 있는 측정값의 범위를 나타내고, 측정값이 오차 범위에 있는 경우 그러한 측정값은 모두 같은 값으로 간주한다. 따라서 오차는 측정값을 신뢰할 수 있는 정도를 보여 준다. 그래서 어떤 측정값이 **오차** 범위 내에 있다면 그 값은 같은 값으로 간주하게 된다. 그러나 같은 것을 측정한 어떤 측정값이 다른 측정값과 크게 차이가 난다면 그러한 측정값은 오류일 가능성이 있다. 과학에서는 결과를 확인하기 위해서 관찰이나 측정을 해야 하지만, 관찰이나 측정에는 언제나 오차나 오류가 포함되기 마련이다. 증거의 신뢰도는 측정과 관련된 이러한 반복 가능성, 정밀성, 측정 도구의 선택, 측정 방법 등과 관련되어 있다.

학생이 같은 실험을 하더라도 그 절차나 측정 과정에서 일어나는 작은 변화 때문에 실험 결과에 차이가 생기는 일은 흔하다. 예를 들어, 캔을 헝겊으로 감쌀 때 공기가 들어가도록 느슨하게 감싸는 것과 틈이 없도록 밀착시키는 것이 다른 결과를 가져올 수도 있기 때문이다. 따라서 그 차이가 오차에 의한 것인지, 변인의 실제적인 변화로 생긴 것인지 판단을 내리는 일은 과학에서 매우 중요한 과제이다. 그래서 과학자들은 측정 과정에서 일어날 수 있는 오차를 줄이려고 부단히 노력한다. 그럼 수업에서 모둠마다 실험 결과가 다르게 나오면 어떻게 해야 할까?

보통 모둠마다 결과가 다르게 나오는 실험은 변인에 의한 효과가 작아서 그 변화가 오차 범주에 들어가기 때문인 경우가 많다. 예를 들어, 수업 사례의 단열 실험에서 얼음물의 온도 변화가 대략 20분 동안에 $1.0 \sim 1.5\,°\mathrm{C}$ 정도라면, 초등학교 수준에서 학생들이 측정하는 온도 값의 오차 범위에 해당한다. 학생들은 온도를 측정할 때 최소 눈금의 1/10까지 읽기보다는 대략 눈금 단위로 읽기 쉬우므로 측정 오차가 $1 \sim 2\,°\mathrm{C}$ 범위에 들어가기 쉽다. 이런 경우 교사가 원하는 효과를 보여 주는 것이 목적이라면, 찬물보다는 온도 변인의 효과가 큰 뜨거운 물로 실험을 계획하거나, 실험 과정에서 온도 변화가 드러날 수 있도록 시간을 충분히 주거나, 아니면 단열 효과가 분명하게 나타날 수 있도록 헝겊을 20겹이나 40겹 등으로 두텁게 음료수 캔을 밀봉하여 다시 실험해 보도록 지도할 수 있다. 또한, 검사 재료의 선정에 주의를 기울여야 할 것이다. 예를 들어, 앞의 수업 사례의 청바지나 붕대는 그 소재에 따라 면이나 합성섬유 또는 나일론 등이 포함될 수 있고, 직물의 두께도 차이가 있을지 모른다. 일반적으로 옷감의 경우 재질에 따라 전도율은 크게 차이가 나지 않지만, 옷감의 구조나 제품에 따라 달라질 수도 있다.

수업의 목적이 과학적 탐구 방법에 대한 것이라면, 모둠별로 **공정한 검사**가 이루어졌는지, 측정 결과를 어떻게 확신할 수 있는지, 측정 방법이나 결론이 제대로 이루어졌는지 등 탐구 과정의 중요한 단계에 대한 토의를 진행할 수 있다(다음 그림 참조). 예를 들어, 실험 결과가 크게 차이가 나는 두 모둠의 결과를 서로 비교하고 토의하게 함으로써 실험 장치나 측정 방법 등 어디에 문제가 있었는지 드러나게 할 수 있다. 학생들의 실험 결과가 만족스럽지 못하더라도 그 결과에 대한 학급 토의를 통해 실험 과정에서 생각하지 못했던 문제점을 찾을 수 있고, 그러한 경험을 바탕으로 학생들이 더욱 개선된 실험을 계획할 수 있도록 도울 수 있을 것이다.

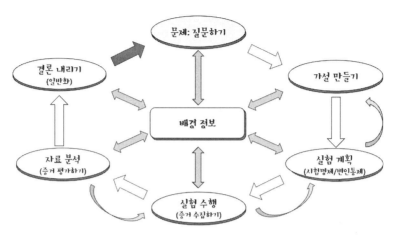

과학 탐구의 단계

또한, 수업의 목적이 학생들의 의사소통을 도와주는 것이라면, 수업 사례처럼 교사가 의도한 것만 발표하게 하거나 정해진 결론을 제시하지 말고 자신들의 탐구 결과를 발표하고 서로 의견을 토의하게 함으로써 학생들 스스로 결론을 내리도록 유도할 수 있다. 이런 활동을 통해 학생들은 다른 학생에게 질문하고, 제시된 증거를 고찰하며, 결함이 있는 추론이나, 증거와 어긋나는 진술을 찾아내고, 같은 관찰에 대해 다른 가능한 설명을 제안하는 기회를 가질 수 있다. 이렇게 실험에서 얻은 증거를 평가하고, 증거를 기초로 설명을 제안하고 평가하며, 의사소통하는 과정은 탐구 수업에서 매우 중요한 경험이다. 그러나 모든 것을 실험하여 밝히기 매우 어렵고, 또 학교 수업은 그런 면에서 시간적인 제한이 있다. 그렇지만 교과서나 여러 가지 자료를 통해 얻은 지식을 바탕으로 실제적인 탐구 활동에 대해 토의하는 것은 학생들에게 과학의 본성을 깨닫게 하는 매우 소중한 기회를 제공할 수 있다.

학생들이 창의성을 발휘할 수 있도록 모둠마다 자율적으로 실험을 수행하는 것이 바람직하기는 하지만, 모둠마다 조건이나 상황이 매우 다르다면 그 결과를 비교하는 일이 어려워질 수 있다. 예를 들어, 두께에 따른 단열 효과와 같이 일관된 어떤 규칙을 찾아내는 실험이라면 모둠마다 다른 실험을 진행하는 것보다 한 가지 옷감으로 동일한 실험을 진행하는 것이 더 바람직하다. 그렇지만, 다양한 조건을 알아보기 위한 실험이 필요하고, 수업 시간이 충분하지 않다면 모둠마다 조건을 달리하여 실험을 수행하고 전체 학급에서 종합적으로 토의하는 것도 한 가지 방안이 될 수 있다. 이런 경우에 미리 전체 학급에서 모둠별 역할을 토의하고 준비하도록 하는 것이 중요하다.

사실 모둠마다 실험 결과가 다르게 나왔을 때 수업을 어떻게 마무리해야 하는지에 대한 정답은 없다. 그렇지만, 교사가 학생들의 실험 결과와 관계없이 결론을 제시하고 수업을 마무리하는 것은 바람직하지 않다. 그것은 학생들의 활동을 의미 없게 만드는 일이다. 결국, 학생들은 자신들의 활동에 적극적으로 참여하지 않게 될 것이다. 어차피 교사가 정답을 말해 줄 것이기 때문이다. 그러므로 학생들의 실험 결과가 비록 성공적이지 못하더라도, 교사는 학생들이 그러한 실패로부터 의미 있는 것을 배우도록 도와주어야 할 것이다. 어째서 모둠마다 실험 결과가 다르게 나왔는지, 실험 절차나 준비 과정에, 또는 측정 방법에 문제가 없었는지 살펴보게 하는 일은 학생들의 성찰 능력을 키울 좋은 기회를 제공할 것이다. 또한, 서로 다른 모둠의 결론과 설명을 듣고 의견을 공유하는 일은 여러 가지 가능성과 최선의 답을 찾아가는 과정을 경험할 수 있도록 한다. 비록 그 과정에서 명확한 판단을 내리기 어려워 당장은 결론이 유보되어도, 다른 활동이나 증거를 통해서 최선의 답을 찾을 수 있을 것이다. 탐구 과정에서 실험이 중요하기는 하지만, 자료 분석이나 결론 내리기 단계를 생략하고 얻을 수 있는 것은 많지 않다. 따라서 교사는 실험 수행 이후의 활동에 좀 더 관심을 두고 학생들이 스스로 결론을 내리도록 도와야 할 것이다.

딜레마 사례 06   촛불 연소와 수면 상승

가설 검증을 어떻게 지도할 수 있을까?

나는 초등 과학 영재반 수업에서 6학년 '연소와 소화' 단원을 참조하여 양초에 불을 붙인 후 눈금실린더로 덮으면 왜 수면이 상승하는지에 대한 탐구 수업을 진행하였다. 학생들이 가설을 설정할 수 있도록 도왔고, 실험을 통해 가설을 검증할 수 있도록 안내했다. 학생들은 자신의 가설에 기초해서 실험하였고 예상한 결과를 확인했다. 그러나 수면 상승의 이유에 대해 올바른 결론에 도달하지 못했다. 가설 검증 과정으로 탐구 활동을 지도하고자 했던 나의 수업에서 무엇이 잘못된 것이었을까?

1. 과학 수업 이야기

수업 전에 나는 물이 든 샬레에 양초를 세우고 불을 붙인 후, 타고 있는 초를 눈금 실린더로 덮으면 촛불이 꺼지면서 물이 눈금 실린더 안으로 들어가 수면이 상승하는 실험을 동영상으로 촬영하였다. 학생들에게 그 동영상을 보여 주었더니, 학생들은 촛불이 꺼지면서 물이 올라가는 것을 보면서 '와!', '저렇게 빨리 올라가다니…' 하면서 신기해했다. 나는 학생들에게 어떤 일이 일어났는지 관찰한 것을 활동지에 글과 그림으로 나타내고, 왜 눈금 실린더 속의 수면이 상승했는지 생각해 보도록 하였다. 그리고 모둠별로 수면이 상승한 이유를 토론해서 의견을 하나로 모아 발표하도록 하였다. 학생들은 대부분 산소 소모로 수면이 상승한다고 생각하였다.

학생들의 가설

양초가 연소할 때 눈금 실린더 속의 산소를 소모하기 때문에, 눈금 실린더 속에서 없어진 산소의 양만큼 수면이 상승한다.

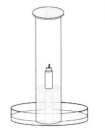

나는 학생들에게 수면 상승에 영향을 미칠 수 있는 것(즉, 독립 변인)을 말하도록 하고 그것을 칠판에 기록했다. 학생들은 '초의 개수', '초의 길이', '눈금 실린더의 크기', '샬레에 있는 물의 양', '눈금 실린더를 덮는 시간' 등을 말하였다. 나는 모둠별로 이 중 한 개의 변인을 선택하도록 하였고 선택한 변인을 바탕으로 가설을 설정하도록 하였다. 이때 학생들의 가설 설정을 돕기 위해 다음과 같은 문장 형태를 제시하고 괄호 안에 적절한 말을 써넣도록 했다. 초등학생들에게 가설 설정이 어려울 수 있으므로 문장 형식을 제시하면 학생들이 쉽게 가설을 설정할 수 있을 것으로 생각했기 때문이다.

> (   )이/가 (   )할수록, 눈금 실린더 안 수면의 높이가 (   )라고 생각한다.
> 그 이유는 (   ) 때문이다.

학생들은 대부분 초의 개수를 독립 변인으로 선택하고 자신의 가설을 바탕으로 다음과 같이 예상을 하였다.

> **학생들의 가설과 예상**
>
> (초의 개수)가 (많을)수록 눈금 실린더 안 수면의 높이가 (높아질 것이)라고 생각한다.
> 그 이유는 (초의 개수가 많을수록 산소가 많이 소모되기) 때문이다.

가설을 설정한 후 학생들은 가설을 검증하기 위해 바로 실험을 계획하고 수행하였다. 눈금 실린더가 좁아서 여러 개의 초를 가지고 실험하는 경우에는 덮는 것이 어려웠지만 학생들은 열심히 실험하였다. 예를 들어, 반복해서 실험하기도 하고, 눈금 실린더를 덮는 시간, 샬레에 있는 물의 양 등과 같이 독립 변인 이외의 다른 변인을 가능한 한 통제하려고 하였다. 실험이 끝나고 모둠별로 결과를 발표하였다.

> **학생들의 실험 결과**
>
> 양초의 개수가 많을수록 눈금 실린더 속 수면이 많이 상승하였다. 따라서 수면은 없어진 산소의 양만큼 올라간 것이다.
>
> | 양초의 개수(개) | 1 | 2 | 3 | 4 |
> |---|---|---|---|---|
> | 올라간 높이(cm) | 2.7 | 4.3 | 12.7 | 15.6 |

학생들의 발표가 모두 끝나고 나는 실제로는 산소 소모라는 학생들의 가설은 틀렸고, 수면 상승의 원인은 촛불에 의해 기체가 팽창, 수축하면서 (눈금 실린더 속의) 압력이 변했기 때문이라는 점을 다음과 같이 설명했다.

"여러분은 대부분 산소가 소모되어 물이 올라간다고 생각하고 그것에 따라 실험을 계획하고 수행했어요. 그런데 생각해 봅시다. 이 촛불은 계속 타고 있잖아요. 그럼 산소도 계속해서 소모되는 건데, 그러면 물이 일정한 빠르기로 계속해서 올라가야 하지 않

을까요? 아까 처음에 관찰했을 때, 물이 어떻게 올라

찬물

둥근 플라스크

플라스크 속으로 상승하는 물

갔나요? 처음에는 천천히 조금 올라가다가, 촛불이 꺼지고 나서, 어떻게 되었어요? 더 확 올라갔잖아요? 그러면, 산소 소모에 의한 거라고만 생각했는데, 다른 원인이 있지 않을까요? 한번 다음 동영상을 보면, 다르게도 생각해 볼 수 있을 거예요."

나는 둥근 플라스크 안을 더운물로 헹군 후 플라스크를 샬레에 엎어 놓고 찬물을 플라스크를 위쪽에 부어 플라스크를 식혀 주면 플라스크 안으로 물이 들어가 수면이 상승하는 동영상을 보여 주었다. 즉, 산소를 소모하는 불꽃이 없어도 플라스크 내의 온도변화로 수면이 상승할 수 있다는 것을 보여 주었다. 그리고 같은 원리에서 산소 소모보다는 촛불에 의해 뜨거워졌던 공기의 온도변화가 수면 상승의 원인이라고 설명하였다.

이 수업의 마지막 부분에서 나는 마음이 편하지 않았다. 학생들이 자신의 실험을 통해 올바른 결론에 도달하지 못하고, 교사에 의해 학생들의 실험 결과와 관계없이 다른 결론이 내려졌기 때문이다.

이 수업을 하고 나는 다음과 같은 의문이 들었다.

- 초가 타려면 눈금 실린더 안의 산소가 분명 소모되었을 것이므로 이로 인해 수면이 상승한다는 학생들의 의견은 일면 타당해 보인다. 산소 소모는 수면 상승에 정말 아무 영향을 주지 않을까?

- 과학 탐구는 가설을 설정하고 실험을 통해 그것을 검증하는 것이다. 학생들은 자신의 가설을 세우고 그에 기초해서 예상했으며, 실험을 통해서 예상한 결과를 확인했다. 그런데 결과적으로 학생들의 가설이 틀린 이유는 무엇일까?

- 다음에 이 수업을 한다면 어떻게 해야 학생들 스스로 올바른 결론에 도달하도록 할 수 있을까?

2. 과학적인 생각은 무엇인가?

> 흔히 학생들은 산소가 없어져서 불이 꺼진다고 생각하지만, 산소가 있어도 발화점을 유지하지 못하면 불이 꺼질 수 있다. 타고 있는 촛불에 유리병을 덮으면 촛불이 꺼지고, 그릇 속의 물이 병 속으로 들어가 수면이 올라간다. 그 이유는 촛불로 팽창했던 주변 공기가 촛불이 꺼져 식을 때 수축하기 때문이다.

이런 촛불 시범은 재미있는 과학 실험 소재로 널리 소개됐다. 물이 든 그릇에 양초를 세워 고정하고 불을 붙인 다음, 유리병을 불꽃 위에 덮으면 얼마 후 불꽃은 사그라지고 죽어버린다. 이때 놀라운 일은 그릇 속의 물이 유리병 속으로 빨려 들어가 병 속의 수면이 높아지는 것이다. 많은 아동용 도서는 종종 이러한 수면의 변화가 유리병 속에 있던 모든 산소가 타서 없어지기 때문에 그 빈 곳을 채우기 위해 물이 올라간 것이라고 설명한다. 이러한 생각을 반영하듯 이 실험은 종종 공기 중 산소의 비율을 알아내는 방법으로 사용되기도 하였다. 어떻게 이런 오해가 계속 지속되는 것일까? 보통 촛불 실험에서 올라간 물의 높이는 용기 부피의 15~20 % 정도가 되기 쉬워 공기 중의 산소의 비율(21 %)과 거의 흡사한 것처럼 보이기 때문일 것이다. 그러면 산소가 소모되어 수면이 올라간다는 설명에는 어떤 문제가 있는 것일까?

산소의 완전 소모

타고 있는 촛불을 유리병으로 덮으면 촛불은 사그라지면서 얼마 후 꺼진다. 이때 학생들은 흔히 유리병 속에 있는 산소가 모두 타서 촛불이 꺼졌다고 생각하기 쉽다. 학생들은 학교에서 물질이 타기 위해서는 탈 물질, 산소, 발화점이 필요하다는 것을 배운다. 그래서 위와 같은 실험에서 '양초가 타고 있어' 탈 물질과 발화점이라는 조건은 충족되지만, 유리병이라는 밀폐된 공간 때문에 산소가 고갈되면 조건이 충족되지 못해 불이 꺼질 것이라고 학생들은 추리하는 경향이 있다. 유리병 속에 양초가 남아있기 때문에 탈 물질은 분명히 계속 존재하지만, 발화점이나 산소는 직접 관찰하기 어려우므로 그것을 확인하는 일은 쉽지 않다.

그럼 산소가 모두 없어져 촛불이 꺼지는 것인지, 산소가 있어도 꺼질 수 있는 것인지 어떻게 알 수 있을까? 그것을 알 수 있는 손쉬운 방법은 길이가 다른 두 개의 양초로 동시에 실험해보는 것이다. 두 초에 불을 켜고 유리병을 덮었을 때, 산소가 없어져 촛불이 꺼지는 것이라면 두 초는 동시에 꺼져야 하기 때문이다. 여러분은 어떤 결과가 나올 것으로 생각하는가? 이 시점에서 많은 학생은 짧은 초가 먼저 꺼질 것이라고 예상하기 쉽지만, 실험 결과는 다음 그림과 같이 보통 긴 초가 먼저 꺼지기가 쉽다. 왜 긴 초가 먼저 꺼지는지 그 이유는 나중에 설명할 것이다. 하여간 이런 실험 결과는 촛불 하나는 꺼졌지만 다른 촛불이 타고 있으므로, 유리병 속의 모든 산소가 없어져야 촛불이 꺼진다고 말할 수는 없다는 것을 시사한다.

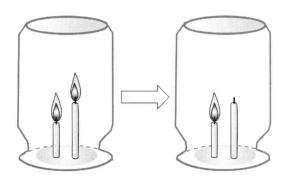

길이가 다른 두 촛불에 유리병을 덮은 경우

화학 반응의 생성물

양초가 모든 산소를 써버린다고 하더라도, 소모된 산소의 양은 병 속에 있는 공기의 양이 줄어든 것과 같지 않을 수 있다. 모든 화학 반응에는 생성물이 생긴다. 마찬가지로 촛불이 연소할 때 타는 물질에 들어있던 탄소와 수소는 공기 중의 산소와 결합하여 이산화탄소와 수증기로 바뀐다. 만일 이때 생긴 이산화탄소(약 14 %)와 수증기(약 14 %)가 모두 기체로 공기 중에 남아있다면, 공기 중에서 산소는 없어졌지만 생성된 두 기체의 양에 따라 공기의 부피가 달라질 수 있다. 다시 말해, 없어진 산소가 부분적으로 이산화탄소와 수증기가 생기는 것으로 보충되므로, 올라간 물의 부피가 양초가 소모한 산소의 부피와 같을 것이라고 단정할 수는 없다. 또한, 이산화탄소나 수증기가 공기 중에 기체로 남아있지 않고, 물에 녹거나 응결되어 물방울이 된다면 소모된 산소에 의해 생긴 빈 공간을 계산하는 일은 좀 더 복잡해진다.

촛불 주변의 뜨거워진 공기

일반적으로 공기는 가열되면 팽창하고 식으면 수축하게 된다. 그러면 촛불이 타고 있는 유리병 속의 공기는 어떻게 될까? 학생들은 촛불 실험에서 유리병을 덮을 때 양초가 타고 있지만, 유리병 속의 공기가 팽창해 수면이 내려가는 것을 결코 관찰할 수 없다. 그래서 뜨거워진 공기의 효과를 유리병 속의 수면 상승과 관련짓기가 쉽지 않다. 실제로 유리병 속의 수면을 자세하게 관찰하면 수면은 처음에 거의 상승하지 않다가 촛불이 꺼지면 빠르게 상승한다는 것을 알 수 있다. 수면 상승이 산소가 없어져 일어나는 일이라면 유리병 속에서 산소가 계속 소모되므로 수면은 계속 일정한 비율로 상승하거나, 촛불이 사그라질수록 가열되지 않기 때문에 오히려 수면이 천천히 올라가야 할 것이다. 따라서 산소가 소모되어 수면이 상승한다는 설명은 문제가 있다는 것을 알 수 있다. 그러면 수면은 왜 올라가는 것일까? 학생들이 간과하기 쉬운 것은 양초에 불을 붙일 때 타고 있는 촛불 주변의 공기가 뜨거워져 팽창한다는 것이다. 따라서 유리병으로 촛불을 덮으면 주변의 공기가 이미 팽창되어 유리병에 들어가는 공기의 양이 촛불이 없는 곳보다 줄어든다. 이때 줄어드는 공기의 양은 촛불 주변의 온도에 따라 달라진다. 촛불이 뜨거워 주변의 온도가 높을수록 공기의 양은 현저하게 줄어든다. 그래서 촛불의 개수가 많을수록 공기가 많이 팽창하여 유리병으로 들어가는 공기의 양은 점점 줄어든다. 그런데 촛불이 꺼지면 수면은 왜 올라가는 것일까? 유리병으로 촛불을 덮는 순간 우리는 덮지 않았을 때보다 불꽃의 크기가 작아지는 것을 관찰할 수 있다. 따라서 유리병을 덮으면 불꽃이 열을 충분히 공급하지 못해 유리병 속의 공기가 가열되지 않고 오히려 냉각된다. 병 속의 뜨거운 공기가 열을 더 차가운 유리에 전달하기 때문이다. 병 속의 공기는 점점 냉각되어 부피가 줄어들다가 촛불이 꺼지면 그 부피가 더 급격하게 줄어든다. 다시 말해, 공기 온도가 낮아지면서 물에 작용하는 압력이 낮아져 수면이

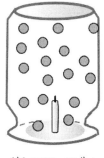 

실온에서의 기체 분자 　　　　촛불 주변의 기체 분자

유리병 속에 든 공기 분자의 개수

올라가게 되는 것이다.

　이와 같은 촛불 실험에서 수면이 상승하는 이유는 유리병을 덮을 때 줄어든 공기의 양 때문이다. 그러면 실제로 산소가 소모되어 유리병 속 기체의 양이 줄어드는 효과는 정말 없는 것일까? 이것을 확인해 보려면, 양초에 불을 켜고 유리병을 덮는 대신에 먼저 유리병으로 양초를 덮고 양초에 불을 켤 때 정말로 연소 전후에 수면의 변화가 있는지 살펴보아야 할 것이다.

산소 소모와 수면 상승의 영향

　버크(Birk)와 로슨(Lawson)(1999) [1]은 이것을 확인하기 위해 다음 그림과 같이 유리병 속의 양초 심지에 성냥개비를 붙여 촛불을 켜는 실험을 수행했다. 심지에 불을 붙였을 때 유리병 속에서 팽창된 공기가 수면을 아래로 밀어내려 처음엔 수위가 내려갔지만, 나중엔 조금 올라갔다. 그들은 이런 실험을 반복하여 성냥과 촛불이 꺼진 후 병 속의 수면이 처음보다 1.7∼4.1 % 정도 올라갔다고 보고하였다. 병 내부에는 물방울이 생겨 뿌옇게 흐려지는 것을 관찰하였다. 이것을 바탕으로 양초가 연소할 때 생긴 수증기(약 14 %)는 신속하게 유리 벽면에 물방울로 응축되지만, 이산화탄소(약 14 %)는 물에

1　Birk, J. P., & Lawson, A. E. (1999). The persistence of the candle-and-cylinder misconception. Journal of Chemical Education, 76(7), 914.

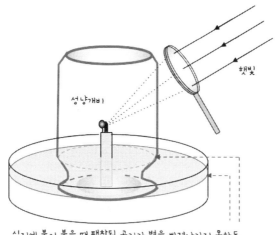

성냥개비

햇빛

싱지에 불이 붙을 때 팽창된 공기가 병을 빠져나가지 못하도
록 물을 부어 유리병과 샬레의 속의 수면을 일치시킨다

유리병 속의 촛불 켜기 실험

거의 녹지 않는다는 것을 알아냈다. 그래서 21 %의 산소가 모두 연소에 사용된다면 수면은 7 % 정도 올라가야 하는데 수면 변화는 그보다 작아서 일부 산소만 연소에 사용된다는 것을 알아냈다. 다시 말해, 이것은 전형적인 촛불 실험에서 촛불이 꺼진 후 올라간 수면의 변화에 극히 일부만 산소 소모의 영향이 작용했다는 것을 보여 준다.

밀폐된 공간 속의 촛불

길이가 다른 두 양초에 불을 붙이고 유리병을 덮으면 보통 긴 초가 짧은 초보다 먼저 꺼진다. 어떻게 이런 일이 일어나는 것일까? 촛불이 탈 때 발생하는 수증기와 이산화탄소 기체는 매우 뜨겁다. 뜨거운 두 기체는 주변의 공기보다 밀도가 작아 가벼워서 병 위쪽으로 올라간다. 수증기 일부는 거기서 찬 병 옆면에 응결하기 쉽지만, 이산화탄소는 쌓이게 되어 그곳에 있는 공기를 아래로 밀어낸다. 쌓여가는 이산화탄소는 다음 그림과 같이 촛불 근처에 도달하여 불꽃이 산소와 반응하는 것을 방해한다. 따라서 짧은 초보다 긴 초의 촛불 주변에 이산화탄소가 먼저 쌓이기 때문에, 긴 초의 불꽃이 먼저 꺼진다. 이 시점에서 학생은 이산화탄소가 불을 *끄는* 성질이 있어 촛불이 꺼진다고 생각하기 쉽다. 사실 불꽃은 이산화탄소가 *끄는* 것이 아니다.

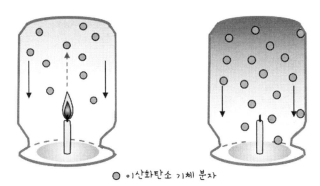

● 이산화탄소 기체 분자

* 음영은 이산화탄소 밀도를 나타냄

촛불이 타면서 이산화탄소가 위쪽으로 쌓이는 모양

야외에서 잘 타고 있던 장작이 꺼지거나 두꺼운 종이에 불을 붙이면 종이가 타다가 마는 일을 간혹 경험했을 것이다. 이것은 탈 물질이나 산소보다는 발화점의 영향을 더 많이 받기 때문이다. 불꽃의 온도가 **발화점**보다 낮아져 꺼지는 현상을 확인해 보려면 잘 타고 있는 양초의 불꽃에 차가운 숟가락을 가져가 대보기를 바란다. 차가운 숟가락에 열을 빼앗긴 촛불은 곧 사그라지면서 꺼지게 될 것이다. 마찬가지로 타는 물질이나 공기 중의 산소는 충분하게 있지만, 장작이나 종이가 타는데 필요한 발화점을 계속 유지시키지 못하면 불은 꺼질 수밖에 없다. 그래서 비커 속의 촛불이 꺼진 다음에 산소 검지관을 사용하여 연소 전후에 비커 속의 산소량을 측정하면 산소가 4~5 % 정도 줄어든다는 것을 알 수 있다. 비커 속의 산소가 원래의 80 % 정도 남아 있었지만, 촛불은 발화점을 유지시키지 못해 계속 타지 못하고 꺼지는 것이다.

3. 교수 학습과 관련된 문제는 무엇인가?

> 여기서는 가설을 검증하는 방법과 실험 결과를 해석하여 결론을 내리는 방법에 관해 설명한다. 과학자는 보통 가설을 바탕으로 일어날 수 있는 실험 결과를 예상하고, 실제 실험 결과와 예상을 비교하여 가설의 진위를 판단한다. 그 과정에서 고려해야 할 사항에 대해 서술한다.

가설의 검증

과학자는 주변에서 일어난 일을 이해하고, 설명하기 위해 여러 활동을 수행한다. 그 중 하나는 자신의 생각을 검증해 보는 탐구 활동이다. 그것을 이해하기 위해 촛불을 비커로 덮었을 때 촛불이 꺼지는 현상을 살펴보자. 우리는 비커 속의 촛불이 왜 꺼졌는지 질문을 던지고, 지식과 경험을 동원하여 그것을 설명할 수 있다. 예를 들어, '비커 속의 산소가 없어져 꺼졌다', '연소로 생긴 이산화탄소가 촛불을 껐다', 또는 '파라핀이 기체 상태로 변하지 않아서 꺼졌다' 등 촛불이 꺼진 그럴듯한 이유를 만들 수 있다. 그러한 우리의 생각을 **가설**이라고 한다. 그러한 가설은 아직 어떤 설명이 올바른지 확인이 되지 않았다는 점에서 **잠정적**이다.

그러면 가설과 예상이라는 말은 같은 뜻인가? 두 낱말은 종종 같은 말로 통용되었다. 그러나 **예상**은 일어날 일을 서술하는 것이고, 가설은 그 일이 왜 일어나는지 설명하는 것이다. 예를 들어, 예상은 '촛불이 꺼지면 병 속의 수면이 올라갈 것'이라고 추리한 것이고, 가설은 '촛불의 연소로 병 속의 산소가 없어져 그 빈 공간으로 물이 올라간다'고 수면 상승의 이유를 추리한 것이다. 추리는 물론 과거의 관찰 경험이나 지식에 바탕을 두어야 근거 있는 추측이 될 수 있다. 가설과 예상은 모두 이렇게 추측의 요소를 갖고 있어 종종 혼동되거나 바꾸어 써왔다. 그래서 흔히 "촛불의 개수를 늘리면, 수면이 어떻게 될지 누가 가설을 말할 수 있나요?"라고 묻는다. 이런 질문은 가설이 아니라 예상을 요구한다. 왜냐하면 그 답은 왜 그런 결과가 일어나는지에 대한 것이 아니라, 특정한 검사의 결과로서 어떤 일이 일어날지 말해주는 것이기 때문이다.

또한, 가설은 그 진위를 확인하기 위해 그것을 **검증**할 방법이 존재해야 한다. 만일 검증할 수 있는 방법을 찾을 수 없다면 그러한 가설은 아직 과학적으로 적당하지 않은 설명이다. 예를 들어, 촛불 실험에서 수면 상승 이유가 '귀신이 병 속으로 물을 빨아들여서 올라갔다'라거나 '촛불이 꺼질 때 어떤 은하의 질량이 커져 물이 끌려 올라갔다'고 제안했다면 그것은 과학적 가설이라고 하기 어렵다. 우리는 현재 귀신을 검증할 수 있는 방법이나 촛불이 꺼질 때 그 은하의 질량을 측정할 방법이 없기 때문이다. 그래서 학생이 자기 생각을 구체적으로 확인할 수 있는 방법을 찾지 못한다면 그것은 가설로서 적당하지 못하다. 그렇지만 다른 학생이나 교사의 도움을 받아 그런 방법을 찾을 수 있도록 할 수 있다.

그럼 어떻게 우리가 생각하는 가설이 맞는지 알 수 있는가? 어떤 생각이 맞는지 확인하려면 먼저 그러한 생각에서 추리될 수 있는 사건을 예상해야 한다. 그런 예상을 우리는 **시험 명제**라고 한다. 예를 들어, 촛불을 비커로 덮을 때 촛불이 꺼지는 이유로 '산소가 모두 없어져서 꺼진다'는 가설을 검증할 수 있는 방법을 생각해 보자. 이 경우 학생들이 쉽게 생각할 수 있는 방법은 '비커 속의 산소가 많다면 촛불이 더 오래 탈 것'이기 때문에, 비커의 크기를 변화시키거나 비커에 산소를 공급하는 것이다. 그래서 학생들은 비커의 크기를 변화시키거나 비커를 완전히 덮지 않고 바닥에서 띄워 공기가 들어갈 수 있도록 하여 실험을 할 수 있다. 다음의 사례를 살펴보자.

> **시험 명제** 비커 속의 산소가 모두 없어져서 촛불이 꺼진다면(가설), 비커의 크기가 커질수록 산소를 많이 가지고 있기 때문에 촛불은 더 오래 탈 것이다(예상).

비커의 부피(mL)	250	500	1000
연소 시간(초)	6.8	19.8	43.6

학생들은 똑같은 7 cm의 양초 3개를 준비하여 불을 붙이고, 각각 250 mL, 500 mL, 1000 mL의 비커로 덮은 후 촛불이 타는 시간을 측정하였다. 그 결과는 다음과 같이 학생들이 예상한 대로 비커의 크기가 커질수록 촛불이 타는 시간이 늘어났다. 그래서 학

생들은 산소가 없어져서 촛불
이 꺼진다는 자신의 가설이
맞는다고 생각하기 쉽다.

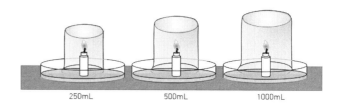

250mL   500mL   1000mL

그렇지만 실험 결과가 예상
처럼 나왔다고 하더라도, 가
설이 맞는다고 추리하는 것은 논리적이지 못하다. 어떤 시험 명제(A → B)가 참이라도,
결과가 예상과 일치한다고 가설이 맞는다고(B → A) 할 수 없다는 것이다. 왜냐하면 이
산화탄소, 발화점, 비커의 높이 등과 같은 다른 이유로 큰 비커에서 촛불이 오래 탔는
지 모르기 때문이다. 그래서 우리는, 예상되는 결과가 나올 수 있는, 시험 중인 가설 이
외에 또 다른 가능성(가설)은 없는지 살펴보아야 한다. 만일 다른 가설에 의해서도 같
은 결과가 나올 수 있다면 어느 가설이 맞는지 결정할 수 없기 때문이다. 그럴 경우 우
리는 다른 방법을 또 시험해 보아야 한다.

자신의 가설이 맞을 것이라고 좀 더 확신하려면, 또 다른 시험 명제로 가설을 확인해
보는 방법이 있을 수 있다. 예를 들어, 이 촛불 실험에서 다음과 같은 시험 명제를 고려
할 수 있다.

> **시험 명제** 비커 속의 산소가 모두 없어져서 촛불이 꺼진다면(가설), 비커를 완전히 덮지 않은
> 촛불은 산소가 공급되어 촛불이 꺼지지 않을 것이다(예상).

촛불을 비커로 바닥에서 조금 띄워 덮은 경우에 실험 결과는 예상과 다르게 비록 좀

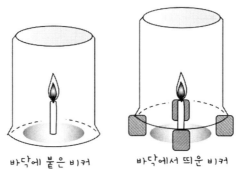

바닥에 붙은 비커   바닥에서 띄운 비커

완전히 밀폐되지 않은 촛불 실험

더 오래 타기는 했지만, 촛불을 완전히 덮은 경우와 마찬가지로 꺼지고 말았다. 실험 결과가 예상과 다르게 나오는 경우, 우리는 가설이 틀렸을 가능성을 고려해야 한다. 그러나 가설은 맞지만 실험이 잘못 이루어졌을 수도 있어서, 그 결과를 신뢰할 수 있는 것인지 반복하여 확인해야 한다. 아니면 무언가 다른 이유가 있을지 모른다. 예를 들어, 두 촛불의 심지가 크기나 종류가 달랐다거나, 양초가 서로 다른 것이었을 수도 있고, 비커를 반쯤 덮을 때 촛불의 심지가 비커에 잠시 닿았기 때문일 수도 있다.

자신의 가설이 맞는지 확신하기 위하여 우리는 또 다른 방법을 고려할 수 있다. 그것은 가설에서 나온 정성적인 예상보다는 정량적 예상과 실험 결과를 비교해 보는 일이다. 예를 들어, 비커의 크기에 따른 촛불의 연소 시간에 대한 앞에서 언급한 실험을 살펴보자. 비커 속의 산소가 모두 없어져 촛불이 꺼진다면, 산소의 양은 비커의 크기에 비례할 것이기 때문에 연소 시간은 비커의 크기에 비례할 것이라고 추리할 수 있다. 따라서 비커의 크기가 2배, 또는 4배로 커진다면 연소 시간도 2배, 4배로 길어져야 할 것이다. 그렇지만 위의 실험 결과는 연소 시간이 비커의 크기에 비례하지 않고, 500 mL 비커에서 촛불이 좀 더 오래 탔다는 것을 보여 준다. 따라서 우리는 산소가 모두 없어져 촛불이 꺼진다는 가설이 틀렸을 것이라고 추리할 수 있다.

또한, 가설은 반증 가능성을 가지고 있어야 한다. 반증할 수도 없이 그럴듯한 가설은 검증할 수도 없고 과학적이지도 않다. 예를 들어, **옴파로스 가설**[2]처럼 지질 연대를 설명하기 위해 지구가 실제보다 더 나이 먹은 것처럼 보이도록 화석을 신이 만들어 놓았다는 주장은 과학적으로 믿기 어렵다. 좋은 과학적 가설은 적어도 그것이 틀릴 가능성이 있어야 한다. 그래서 그러한 가설이 틀릴 수 있는 위험스러운 예상을 해야 한다. 그 가설이 옳다면 그에 대응되는 예상이 필요하고, 다른 가설로는 그러한 예상이 나올 수 없어야 한다. 이러한 가설을 **결정적 가설**이라고 한다. 특히, 이것은 실험을 설계할 때 중요하지만, 학생들은 그것을 염두에 두지 않고 자신의 가설로 예상할 수 있는 것만을 고려하기 쉽다. 따라서 다른 가설로는 그러한 예상을 할 수 없는 실험을 고안하는 것이 중요하다.

---

2 Gosse, P. H. (1857). Omphalos: an attempt to untie the geological knot (Vol. 1). Library of Alexandria

실험 결과의 해석

실험 결과는 그것을 해석하기에 앞서 증거로서 타당성과 신뢰성을 갖추어야 한다. 그러면 증거의 타당성과 신뢰성은 무엇을 뜻하는 것일까? 과학은 비교를 통해 아는 과정이고, 비교는 공정하게 이루어져야 한다. 누가 더 빠른지 비교하려면 도착점뿐만 아니라 출발점이 같아야 달린 시간을 측정하여 빠르기를 알 수 있다. 출발점이 다르다면 시간만 비교해서는 빠르기를 알 수 없다. **증거의 타당성**은 바로 이러한 '**공정한 검사**'와 관련이 있다. 비교하려면 검사가 공정해야 하는데, 예를 들어 길이가 다른 두 양초의 연소 시간을 비교할 때 두 양초의 종류나 굵기, 심지 등이 다르면 그것은 공정하지 못할 수 있다. 긴 양초의 심지는 잘 타지 않는 물질로 되어 있고, 짧은 양초는 잘 타는 물질로 되어 있다면, 그것 때문에 긴 양초가 먼저 꺼졌을지 모르기 때문이다. 그래서 실험에서 관심을 두지 않는 다른 것을 일정하게 통제하고, 검사하려고 하는 양초의 길이만을 변화시킬 수 없다면, 그 결과를 받아들일 수 없다. 만일 실험 설계가 잘못되어 있다면 그러한 실험에서 얻은 결과로 가설이 참인지 거짓인지 밝힐 수 없기 때문이다. 그러면 무엇을 일정하게 유지하고 무엇을 변화시켜야 하는지 어떻게 알 수 있는가? 그러려면 실험 결과에 영향을 줄 수 있는 모든 원인을 알아야 한다. 그러나 이 말은 그 자체로 모순이 있다. 예를 들어, 비커를 덮을 때 촛불이 꺼지는 원인을 안다면 그것을 알아보기 위해 검사할 필요가 없고, 그 원인을 모른다면 올바르게 비교하기가 어렵기 때문이다. 그렇지만 우리는 가능한 한 최선을 다해서 공정하게 하려고 해야 한다.

한편, 실험 결과를 해석할 때 증거의 타당성뿐만 아니라 **신뢰성**도 매우 중요하다. 신뢰성은 그 실험 결과를 믿을 수 있는가와 관련된 개념이다. 이것은 결과를 관찰하거나 측정하는 방안과 관련이 있고, 그 실험을 반복하여 동일한 결과를 얻을 수 있는지를 말한다. 일반적으로 학생들은 이것을 소홀히 하기 쉽다. 예를 들어, 앞에서 논의했던 비커의 크기에 따른 연소 시간 실험 결과가 단지 한 번 실험한 결과라면 우리는 그것이 어쩌다 그렇게 나온 것으로 생각하기 쉽다. 다시 여러 번 같은 실험을 반복하거나 유사한 여러 실험을 해보았는데도 같은 결과가 나온다면 우리는 그 실험 결과를 믿을 수밖에 없다. 과학에서는 그것을 본인뿐만 아니라 다른 사람이 다시 반복했을 때도 같은 결과를 얻을 수 있어야 신뢰할 수 있는 결과로 인정한다. 그러면 여기서 같은 결과라는 것은 무엇을 말하는가? 실제로 관찰과 측정에는 늘 오차가 포함되기 때문에 동일한 결과 인지 판단을 내리는 것도 그렇게 쉬운 일은 아니다. 오차라고 하는 것은 관찰이나 측정 상의 한계로 동일한 값이 다르게 측정될 수 있는 범위를 말한다. 그러한 오차는 보통 측정 도구의 선택이나 측정 방법 등과 관련되어 있다. 우리는 두 측정값의 차이가 오차 범위 내에 있어야 동일한 결과라고 취급한다.

그러면 타당하고 신뢰할 수 있는 실험 결과를 얻었을 때 우리는 실험 결과를 어떻게 해석해야 할까? 실험 결과로 가설의 진위를 판단할 때 가장 문제가 되는 것은 실험 조건이나 그와 관련된 기본 가정이다. 예를 들어, 수업 사례에서 학생들은 초의 개수가 많을수록 산소가 많이 소모될 것이라고 가정하여, 초의 개수가 많을수록 수면의 높이가 더 올라갈 것이라고 예상을 했다. 그런데 이 실험에서 눈금 실린더 속의 공기 부피는 일정하므로 초의 개수와 상관없이 소모된 산소의 양은 일정하다고 생각할 수 있다. 따라서 학생들은 잘못된 가정을 바탕으로 예상을 했으므로 그 결과가 예상과 일치하더라도 자신들의 가설을 확신할 수 없는 것이다. 가설에 따른 예상은 그에 대한 확실한 근거가 있어야 하고, 그것이 불확실할 경우 실험 조건이나 가정이 취할 수 있는 가능한 경우를 모두 생각하여 실험 결과를 해석해야 한다. 그래서 우리는 다음과 같이 두 가지 경우로 나누어 실험 결과를 고찰해 볼 수 있다.

(1) 실험 결과가 예상과 일치하는 경우

① 실험 결과가 일관성이 있어 신뢰할 수 있는지, 그 절차가 공정하고 타당한 것인 지 따져 본다.
⇨ 부정적이라면 다시 실험하여 그 결과를 얻는다.
② 가설과 관련된 기본 가정이나 기본적인 실험 조건에 문제가 있는지 따져 본다.
⇨ 부정적이라면 그런 조건이나 가정을 고려하여 다시 실험을 설계하여 그 결과 를 얻는다.
③ 다른 가설로도 동일한 실험 결과를 예상할 수 있는지 따져 본다.
⇨ 긍정적이면 얻은 실험 결과로는 가설의 진위를 가릴 수 없다. 따라서 가설을 확인할 수 있는 다른 실험 방법을 고안해야 한다.
④ 이론적으로 예측된 좀 더 정확한 실험 결과와 일치하는지 따져 본다.

⇨ 부정적이라면 다른 가설로 그러한 실험 결과를 해석할 수 있는지 따져 본다.

⑤ 앞의 4 단계를 통과한 경우 설정된 가설이 **잠정적**으로 옳다고 보고, 다른 시험명제를 통해서도 가설을 확인할 수 있는지 살펴본다.

⇨ 부정적이라면 다른 가설로 그러한 실험 결과를 해석할 수 있는지 따져 본다.

(2) 실험 결과가 예상과 일치하지 않는 경우

① 실험 결과가 일관성이 있어 신뢰할 수 있는지, 그 절차가 공정하고 타당한 것인지 따져 본다.

⇨ 부정적이라면 다시 실험하여 그 결과를 얻는다.

② 가설과 관련된 기본 가정이나 기본적인 실험 조건에 문제가 있는지 따져 본다.

⇨ 부정적이라면 그런 조건이나 가정을 고려하여 다시 실험을 설계하여 그 결과를 얻는다.

③ 실험 결과를 다르게 해석할 방안이 없다면 가설이 틀렸다고 결론을 내리고, 다른 시험 명제를 통해서도 가설을 부정할 수 있는지 살펴본다.

⇨ 다른 시험 명제로 가설이 부정되지 않는 경우 서로 다른 두 실험 결과를 어떻게 해석할 수 있는지 따져 본다.

4. 실제로 어떻게 가르칠까?

> 지식은 무조건 알려주기보다는 스스로 끌어낼 수 있을 때 산지식이 될 수 있다. 그런 의미에서 자기 생각을 성찰하고 여러 다른 가능성을 따져 보도록 지도하는 것이 중요하다. 이 절에서는 가설 검증 과정을 지도할 수 있는 다양한 방안을 논의한다.

학생들이 탐구를 통해 끌어낸 결론이 잘못되었을 때 교사는 그것을 지적하고 올바른 개념을 가르쳐야 하는지, 아니면 그것을 용납해야 하는지 망설이게 된다. 교사로서 올바른 개념을 가르치는 일은 매우 중요하다. 그것은 주변 세계를 이해하고 사고하기 위한 중요한 도구이기 때문이다. 그러나 마찬가지로 탐구를 통해 적절한 결론을 끌어내도록 하는 것도 교사의 중요한 과제이다. 그것은 세상을 이해하는 방식을 습득하게 하는 일이기 때문이다.

예를 들어, 앞서 언급한 사례에서 학생들은 양초의 개수를 늘릴수록 눈금 실린더 속의 수면이 많이 올라가는 실험 결과로 눈금 실린더 속의 산소가 없어져 수면이 올라간다고 결론을 내렸다. 이것에 대해 교사는 수면이 올라가는 현상이 산소 소모 때문이 아니라, 달구어진 공기가 식어서 일어난 것이라고 시범을 통해 설명했다. 그러나 이것을 이해하는 것은 초등학생에게 쉬운 일이 아니다. 그것을 이해하려면 연소의 3요소뿐만 아니라 밀도, 대류, 기체 분자, 확산, 기체 온도에 따른 부피 변화, 화학 반응 등 관련된 다른 개념도 알아야 하기 때문이다. 촛불과 관련된 실험은 많은 숨은 변인이 있어 통제가 쉽지 않다. 그러나 촛불 실험은 결론을 쉽게 정하기 어려우므로 학생들에게 진정한 탐구를 가르칠 수 있는 좋은 소재가 될 수 있다.

예를 들어, 앞의 사례처럼 '양초를 많이 켜면 산소가 많이 없어져 눈금 실린더의 수면이 많이 올라갈 것'이라고 학생들이 예상하는 경우, 교사는 그러한 예상이 올바른지 학생들과 토의할 수 있다. 양초가 많아지면 산소가 왜 많이 없어지는지, 눈금 실린더 속 산소의 양은 얼마나 되는지, 또는 촛불이 꺼지면 눈금 실린더 속의 산소가 모두 없어지는지 등의 이야기를 나누면서 학생들의 추론을 좀 더 명확하게 드러내게 할 수 있다. 눈금 실린더 속 산소의 양(21 %)은 정해져 있으므로, 산소가 완전히 없어진다면 양초의 개수와 상관없이 수면의 높이는 일정해야 한다. 학생이 이것을 깨닫는다면 잘못된 시험 명제로부터 결론을 이끌었다는 것을 알게 될 것이다. 일부 학생은 산소가 완전히 없어지지 않아도 촛불이 꺼질 수 있다고 주장할 수도 있다. 그럴 경우 초의 개수가 많아지면 그만큼 산소가 많이 없어져 초의 개수만큼 수위가 높아질 것이라고 주장할 수 있다. 그러나 올라간 물의 양은 눈금 실린더 부피의 21 %를 넘지 못할 것이라는 점을 끌어낼 수 있다면, 실험 결과를 학생들이 올바르게 해석하는 데 도움을 줄 수 있다.

또한, 이 실험은 양초 크기와 길이, 심지 크기, 그릇의 모양과 크기, 덮는 방법 등 다양한 변인 때문에 실험 결과에 많은 차이가 생길 수 있어 주의가 필요하다. 예를 들어, 앞에서 언급했던 길이가 다른 두 양초실험에서도 보통 긴 초가 먼저 꺼지지만, 비커를 특히 큰 것으로 사용하는 경우에는 짧은 초가 먼저 꺼지는 경우도 생길 수 있다. 따라서 공정한 검사와 변인 통제에 주의를 기울여야 한다. 그래서 실험기구나 측정 도구를 선택하는 일도 매우 중요하다. 한 예로, 교사는 물의 상승을 극적으로 보여 주기 위해 눈금 실린더를 사용했지만, 비커를 사용하면 다른 결과가 나올 수 있다. 그릇의 모양이 연소에 어떤 영향을 주는지 살펴보기 위해 다음의 사례를 살펴보자. 같은 부피의 비커와 눈금 실린더로 촛불을 덮을 때, 촛불은 어느 경우에 먼저 꺼질까? 그릇에 들어 있는 산소의 양이 같아서 촛불이 동시에 꺼질까? 아니면 이산화탄소가 그릇의 위쪽에 쌓이므로 비커 속의 촛불이 먼저 꺼질까? 여러분은 어떻게 생각하는가?

실제로 실험을 해보면 눈금 실린더 속의 촛불이 먼저 꺼지기 쉽다. 어떻게 이런 일이 일어날까? 촛불이 타기 위해서는 대류가 활발하게 일어나 촛불 주변에 생긴 뜨거운 수증기와 이산화탄소를 빨리 위쪽으로 보내고, 산소가 풍부한 아래쪽 공기를 가져와 연소

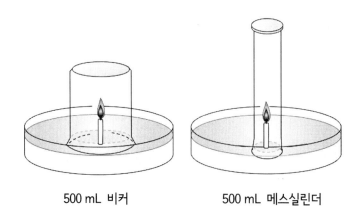

500 mL 비커   500 mL 메스실린더

반응이 많이 일어나야 열을 공급해 촛불의 발화점을 유지하고 계속 탈 수 있다. 비커는 촛불보다 상대적으로 차가워서 위로 올라간 수증기는 비커의 벽면에 물방울로 맺혀 뿌옇게 흐려진다. 공기는 많은 수증기를 기체 상태로 포함할 수 없기 때문이다. 이산화탄소는 비커의 위쪽에 쌓여 농도가 짙어지고, 위쪽에 있던 공기는 냉각되어 다음 그림과 같이 비커 아래쪽으로 내려온다. 한편, 폭이 좁은 눈금 실린더로 촛불을 덮으면 위에 있던 차가운 공기가 위로 상승하려는 촛불 주변의 뜨거운 기체에 막혀 내려올 수 없다. 따라서 촛불 주변에 생긴 이산화탄소와 수증기는 위로 올라가지 못하고 주변에 머무르며 식는다. 즉, 촛불 주변에 이산화탄소와 수증기가 상대적으로 많아져 발화점을 유지할 수 있을 정도로 충분한 연소 반응이 일어나지 못한다. 그래서 촛불에 열에너지를 공급할 수 없게 되고 촛불은 눈금 실린더를 덮자마자 곧 꺼진다. 특히, 이산화탄소와 수증기는 공기보다 촛불에 공급할 열에너지를 많이 흡수하는 역할을 한다.

실험 결과에 대한 토의를 통해서 우리는 추리나 가정이 잘못되었다는 것을 깨달을 수 있다. 그런 의미에서 앞 절에서 언급했던 두 가지 해석 절차처럼 결과에 대해 생각해 보고 토의하는 일이 중요하다. 예를 들어, 촛불을 비커로 완전히 덮지 않았을 때 산소가 공급되어 촛불이 꺼지지 않을 것이라는 실험을 생각해 보자. 학생들은 보통 촛불이 완전히 밀폐되지 않았기 때문에 공기가 계속 공급될 것이라는 가정을 하지만, 실제로 산소가 비커로 공급되지 않아 촛불은 꺼진다. 다시 말해, 뜨거운 공기가 비커 위에 쌓이면 대류가 원활하게 이루어지지 않아 산소가 풍부한 공기가 촛불에 공급되지 않는

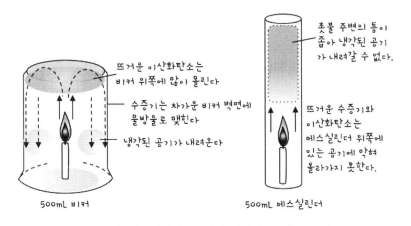

비커와 메스실린더 속에서 일어나는 대류 모형

다. 교사는 이때 실험 결과에 당황해하는 학생에게 그것을 확인할 수 있는 방법을 찾도록 안내할 수 있다. 사실 많은 경우에 학생은 경험과 지식이 부족하여 탐구 과정에서 많은 실수나 오류를 범한다. 그렇지만 그와 같은 실수나 오류를 통해서 학생은 많은 것을 배우고 깨우칠 수 있다. 학생뿐만 아니라 미지의 세계를 연구하는 과학자도 그런 과정을 겪는다. 그런 의미에서 탐구는 실험을 계획하고 수행하는 일뿐만 아니라, 얻은 실험 결과에 대해 해석하고 논의하는 일이 매우 중요하다. 또한, 어떤 지식은 한 가지 개별 실험을 통해서 결정적으로 얻어지는 것이 아니라, 이와 같은 촛불 실험에서 알 수 있는 것처럼 다양한 실험이나 시도를 통해 전체적으로 파악할 때 비로소 그 의미가 분명해진다. 그래서 교사는 학생들과 함께 그런 여러 경험을 나누고 적절한 도움을 제공하는 일이 필요하다. 비록 이때 얻은 결론은 충분하지 않더라도, 학생들이 또 다른 증거를 얻거나 새로운 지식을 쌓게 되면 그런 불충분한 결론을 수정하거나 보충하여 올바른 결론을 끌어낼 수가 있기 때문이다.

끝으로 탐구를 수행하려면 먼저 문제를 인식하고, 그에 대한 바람직한 가설을 만드는 일도 중요하다. 가설을 만들 때 중요한 점은 실험을 통해 그것을 검증할 수 있어야 한다는 것이다. 실험이나 관찰을 통해 검증할 수 없다면 가설로서 적당하지 못하다. 교사는 검증할 수 있지만, 학생은 검증할 방법이 없다면 그것은 학생에게 있어 적절한 가설이라고 볼 수 없다. 또한, 검증 가능한 가설은 그에 따른 예상을 서로 다른 관찰자가 검증할 수 있어야 한다. 예를 들어, 학생마다 실험 결과가 달라진다면 그것은 검증 가능한 것이라고 볼 수 없다. 예상과 다른 결과가 나왔다고 하더라도, 무조건 자기 생각이 잘못된 것이라고 판단 내리기 전에, 다른 원인에 의한 영향 가능성을 배제하지 말고 다시 그것을 확인해 볼 필요도 있다. 우리가 가지고 있는 이론이나 생각이 관찰 방법이나 실험 설계에 영향을 줄 수 있다는 것도 고려해야 한다.

촛불과 관련된 이러한 실험에서 초등학생의 경우 연소의 원리나 촛불이 꺼지는 이유를 정확하게 이해하지 못하더라도, 실험 결과에 대한 다양한 논의를 통해 산소가 모두 없어져서 촛불이 꺼지는 것은 아니라는 사실을 깨닫게 할 수는 있다. 그에 대한 좀 더 발전된 이해는 나중에 지식과 경험을 쌓아가면서 획득하게 될 것이다. 그런 의미에서 막연한 추측보다는 실험을 통한 증거를 가지고 합당한 결론을 끌어내게 했다면, 비록 그러한 결론이 미흡하더라도 교사로서 최선을 다한 것이라고 할 수 있다.

PART
02

실험 도구의 활용

윗접시저울로 무게 재기

일상생활에서 사용하지 않는 도구에 대해 왜 가르쳐야 할까?

초등학교 4학년 '무게 재기' 단원에서는 지구가 물체를 끌어당기는 힘의 크기가 무게임을 학습한다. 그리고 용수철저울, 윗접시저울, 양팔저울 등 저울의 원리나 사용법을 배운다. 나는 분동을 이용해 윗접시저울로 무게를 측정하는 방법을 지도하면서 일상생활에서 잘 사용하지 않는 도구의 사용법을 가르치는 것이 왜 필요한 것인지 반문하게 되었다.

1. 과학 수업 이야기

윗접시저울의 사용법은 다음과 같다.

① 윗접시저울은 먼저 평평한 곳에 놓고 영점을 맞추어야 한다. 즉 아무것도 올려놓지 않은 상황에서 수평이 되도록 영점 조절나사를 돌려 수평을 맞춘다.
② 주로 사용하는 손의 반대편 접시(대개 왼쪽 접시)에 재고자 하는 물체를 올려놓는다. 주로 사용하는 손 쪽의 접시(대개 오른쪽 접시)에 집게로 분동을 올려놓는다.
③ 분동을 올려놓으면서 저울이 수평을 이루도록 더 작은 분동을 더하거나 뺀다.
④ 저울의 수평이 잡히면(바늘이 중앙에 오면) 분동의 무게를 모두 합하여 물체의 무게를 구한다.

나는 교과서[1]에 나온 대로 먼저 학생들에게 요구르트를 하나씩 나누어 주고 요구르트의 무게를 측정해 보도록 했다. 별로 어렵지 않은 활동이지만 학생들은 이전에 윗접시저울이나 분동을 본 적이 없으므로 영점을 조절하거나 분동을 바꾸어가며 수평을 맞추는 데 시간이 꽤 소요됐다. 그리고 분동 대신 바둑돌을 이용해서 수평을 맞춰 보도록 했다. 무게의 기준이 되는 물체는 꼭 **분동**이 아니어도 되지만 분동이 물체의 무게를 정

윗접시저울   분동

---

1 2015 교육과정 이전 교과서이며 2015 교육과정에 의한 교과서에서는 분동을 이용한 윗접시저울은 다루지 않고 있다.

확하게 잴 수 있도록 만든 표준임을 설명하였다. 그리고 학생들에게 필통의 무게를 측정해 보도록 했다. 나는 실험 테이블을 순회하면서 학생들이 제대로 분동을 사용하는지 살펴보았다. 민철이가 장난기 섞인 말투로 나에게 질문했다.

"선생님, 근데 분동을 왜 핀셋으로 잡아요?"

내가 답할 새도 없이 민철이네 모둠에서 대화가 이어졌다.

"바보야, 손에 세균이 묻을까 봐 그렇지."
"그러면 바둑돌도 핀셋으로 잡아야 하지 않나?"
"에이, 시시해. 전자저울이 더 정확한데 왜 세균 옮게 분동을 써요?"

나는 분동이 기준 물체이므로 세균 때문이 아니라 땀이나 이물질이 묻지 않도록 하기 위한 것이고, 분동을 정확하게 제작하기 위해 킬로그램 원기가 이용되는데 킬로그램 원기는 국제적으로 약속해서 제작한 것이고 부식 등을 막기 위해 이중 유리 덮개 안에 보관되고 있다고 설명해주고 싶었지만, 학생들에게 잘 이해될 것 같지 않아 망설이다가 설명을 포기했다.

요구르트와 필통의 무게를 측정하여 기록한 학생들의 활동지를 보면서 나는 다시 고민에 빠졌다. 이전 차시에서 용수철저울로 무게를 잴 때는 N(뉴턴)을 무게의 단위로 소개하고 물체의 무게를 N으로 나타내도록 했다. 그런데 분동에는 g 표시가 되어 있으므로 학생들의 활동지에는 모두 g으로 물체의 무게가 기록되어 있었다.

'어떻게 하지? 무게의 단위가 N이라고 가르쳐야 하는데…'

이런 고민을 하다가 문득 지금 잰 것이 물체의 무게인지, 질량인지 나 자신이 혼란스러웠다.

'킬로그램 원기는 질량의 기준 물체이고 그러면 분동도 질량의 기준 물체일 것이다. 분동이 질량의 기준이라면 윗접시저울과 분동을 이용해서 측정한 것은 물체의 무게인가 아니면 물체의 질량인가? 물체의 무게와 질량을 구분하는 것은 나에게도 너무 어려운데 학생들에게는 어떻게 가르쳐야 하지?'

기본 과학 개념에 대해 나 자신이 혼란스럽고 자신감이 사라지자 윗접시저울 사용법을 가르치는 것에 대한 회의가 들었다. 그리고 전자저울이 더 정확하고 편리한데 왜 윗접시저울 사용법을 배워야 하냐고 묻던 학생의 질문이 머릿속을 계속 맴돌았다.

이 수업을 하고 나는 다음과 같은 의문이 들었다.

- 물체의 무게와 질량은 어떻게 다른가? 이것을 구분하는 것은 왜 중요한가?
- 학생들은 일상생활에서 윗접시저울을 사용하지 않는다. 이미 상점이나 마트에서 전자저울을 사용하는 것이 보편적이기 때문이다. 학생들이 일상생활에서 사용하지 않을 윗접시저울의 사용법을 수업 시간에 가르치는 것이 필요할까?

2. 과학적인 생각은 무엇인가?

> 무게는 물체에 작용하는 중력의 크기, 즉 힘의 크기이며 질량은 물체를 이루는 물질의 양을 말한다. 이 두 개념은 과학적으로 서로 다르며 측정 단위도 다르지만 이를 구분하기는 쉽지 않다. 아래에서는 이 두 개념의 차이와 측정 방법에 관해 설명한다. 또 전자저울의 원리에 대해서도 간략하게 설명한다.

무게와 질량

일상생활에서는 '무게'와 '질량'의 의미를 엄밀하게 구분하지 않고 똑같이 '물질의 양'이라는 뜻으로 사용하지만, 과학에서는 그 두 가지가 서로 다른 것을 의미한다. 물론 초등학교에서는 무게와 질량을 엄격하게 구분해서 가르치지는 않는다. 두 가지 개념을 구분하여 가르친다고 하더라도 단위가 다르다는 것을 언급하는 정도로 다룬다. 중학교에서 다시 무게와 질량의 차이를 배우게 되지만, 학생들이 이 두 개념의 차이를 정확하게 이해하기는 쉽지 않다. '그냥 다르다.' 정도로 이해하는 경우가 대부분일 것이다.

간단히 말하면, 무게는 중력장[2] 내에서 물체가 중력에 의해 끌어 당겨지는 힘을 의미한다. 무게는 힘의 크기이기 때문에 탄성력, 전기력, 자기력 등 힘을 측정하는 데 사용되는 N(뉴턴)을 단위로 사용해야 한다. 동일한 물체라도 지구상에서 지구에 의해 끌어 당겨지는 힘과 달에서 달에 의해 끌어 당겨지는 힘의 크기는 다르기 때문에, 지구와 달에서의 물체의 무게는 같지 않다. 즉, 같은 물체라도 지구가 물체를 끌어당기는 힘이 달이 물체를 끌어당기는 힘보다 크다. 용수철저울로 물체의 무게를 잰다면 지구에서 용수철의 길이가 더 많이 늘어날 것이다.

반면에, 질량은 지구가 물체를 끌어당기는 힘과 관계없이 물체를 이루는 물질의 양

---

2 질량을 가진 모든 물체는 중력장을 만들어 주변에 있는 사물에 중력을 작용하여 끌어당긴다. 지구 위에서 모든 물체는 지구 중력장에 의해 지구를 향해 당겨진다. 지구보다 훨씬 질량이 작은 물체의 중력장은 대개 무시할 수 있기 때문이다.

킬로그램 원기

을 말한다. 질량은 kg(킬로그램)이나 g(그램)의 단위를 사용하는데 이는 국제적으로 통일된 단위이며 정확한 1 kg은 국제 킬로그램 원기[3]의 질량으로 정의해 왔다.

　국제 킬로그램 원기는 유리관에 담겨 파리 인근 국제도량형국(BIPM) 지하 금고에 보관되어 왔다. 하지만 아무리 잘 보관하더라도 시간이 흐르며 생기는 변화를 피할 수는 없다. 100년이 훨씬 지나는 동안 이 원기도 처음 만들었을 때보다 50 μg(마이크로그램 : 100만분의 1 g) 정도 가벼워졌다고 국제도량형국은 2007년에 밝혔다. 이에 국제 사회는 2018년에 변하지 않는 물리 상수로 kg을 다시 정의하기로 했다. 그래서 기본 물리 상수 중 하나인 플랑크 상수(h)[4]를 이용해서 2019년 5월 20일부터 kg의 새로운 정의를 사용하기로 했다. 질량의 과학적 정의가 인공물을 이용하는 것에서 물리 상수를 이용하는 것으로 바뀌게 된 것이다. 플랑크 상수를 이용해 질량을 측정할 때는 '키블 저울'이라는 새로운 형태의 저울을 사용하게 된다. 키블 저울의 원리는 저울 한쪽에 측정하고자 하는 물체를 달고, 다른 한쪽에는 코일을 감아 전류를 흘린 뒤, 물체에 작용하는 전기적 일률과 기계적 일률을 비교하는 방식이다.

3　1 kg의 기준이 되는 킬로그램 원기는 1889년 국제 도량형 총회에서 정해졌었고 백금 90 %와 이리듐 10 %로 구성됐으며, 높이와 지름이 각각 39 mm인 원기둥 모양의 분동이다. 한국표준과학연구원에서는 국제킬로그램 원기와 같은 규격으로 만들어진 국가 킬로그램 원기 No.72를 관리해 왔고 이것을 기준으로 다시 여러 등급의 표준 분동을 보급해 왔다.

4　플랑크 상수: 플랑크 상수는 빛 에너지와 진동수 사이의 관계($E = hf$)를 설명하는 양자역학의 상수다.

무게의 측정

그러면 무게는 어떻게 측정할까? 물체가 얼마나 무거운지 알아보려면 손으로 들어보면 되지만, 좀 더 정확하게 측정하기 위해 저울을 사용한다. 초등학교에서는 무게 측정 방법을 크게 두 가지로 가르친다. **지레의 원리**로 수평을 만들어 측정하는 방법과 용수철의 늘어난 길이를 측정하는 방법이다. 지레의 원리를 간단히 설명하면 받침점에서 물체까지의 거리와 물체의 무게를 곱한 양이 서로 같을 때 지레가 수평이 된다는 것이다.

아래 그림과 같이 왼쪽 팔에 1 kg의 분동을 놓고, 오른쪽 팔에 물체 2 kg의 물체를 놓으면 받침점이 분동에서 40 cm, 물체에서 20 cm 되는 곳에 있을 때 지레가 수평이 된다. 따라서 받침점과 물체 사이의 거리의 비를 알면, 측정하는 물체의 무게가 기준이 되는 물체의 무게의 몇 배가 되는지 알 수 있다.

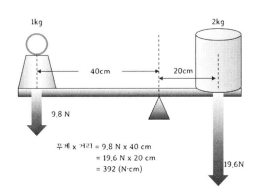

지레의 원리를 이용한 무게 측정

용수철에 물체를 매달면 용수철이 늘어나는데, 이때 늘어난 길이는 훅의 법칙에 따라 다음 그림과 같이 용수철에 매단 물체의 무게에 비례한다. 이때 비례상수 k는 용수철의 **탄성계수**로 용수철이 뻣뻣해서 잘 늘어나지 않을수록 그 값이 커진다. 그래서 질량과 무게가 알려진 기준 물체가 있다면 용수철이 얼마나 늘어났는지 측정하여 그 탄성계수를 구할 수 있다. 그러면 그 용수철에 어떤 물체를 달아 늘어난 길이를 측정하여 무게를 계산할 수 있다.

지구의 중력장에서 무게는 질량에 비례하기 때문에 위의 방법으로 질량을 측정해도 문제가 없을 것으로 생각할 수 있다. 그렇지만 무게와 질량은 차이가 있다. 예를 들어,

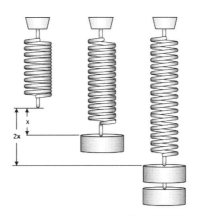

힘 = - 용수철의 탄성계수(k) x 용수철이 늘어난 거리(x)

용수철을 이용한 무게 측정

질량이 10 kg인 돌을 들어 올리는 경우 공기 중에서 들어 올리는 것보다 물속에서 들어 올리는 것이 훨씬 가볍다. 물속이나 공기 중에서 돌의 질량은 변하지 않지만, 부력의 작용으로 돌의 겉보기 무게가 달라지기 때문이다. 마찬가지로 무게는 중력에 의해 느끼는 힘이기 때문에, 무중력 상태나 우주 공간에서는 우리 자신의 몸무게도 달라질 수 있다. 따라서 지레의 원리나 용수철저울을 이용하는, 위와 같은 두 가지 방법으로는 질량을 측정하기 어렵다.

관성질량과 중력질량

앞의 사례에서 분동을 이용해서 윗접시저울로 측정한 것은 물체의 무게일까, 아니면 물체의 질량일까? 분동의 무게를 이용해서 물체의 질량을 분동의 질량과 비교하여 측정한 것은 정확하게 말하면 '중력질량'을 측정한 것이다. 즉, 중력질량은 '무게로 측정할 수 있는 물질의 고유 양으로서 질량'이다. 물체에 작용하는 중력의 크기가 물체의 질량에 비례하기 때문에[5], 분동에 작용하는 중력과 물체에 작용하는 중력의 크기를 비교해서 물체의 질량을 재는 것이라고 할 수 있다. 킬로그램 원기를 질량의 표준으로 사용해 온 것은 중력에 의해 질량을 정의해 온 것이라고 할 수 있다.

---

5 중력장에서 물체의 무게는 다음과 같다: 무게(N) = 질량(kg) × 중력 가속도(m/s^2)

이렇게 우리는 대개 물질의 양을 무거운 정도로 판단해 왔지만, 물질의 양을 판단할 수 있는 또 다른 방법은 물체에 힘을 주어보는 것이다. 보통 정지해 있는 물체는 무거울수록 힘을 주어도 잘 움직이지 않고, 운동하는 무거운 물체는 힘을 주어도 쉽게 멈추지 않는다. 그래서 물체에 힘을 주었을 때 운동 상태가 변하는 정도로 물질의 양을 정의할 수 있다. 힘을 주지 않았을 때 물체가 운동 상태를 그대로 유지하는 성질을 '관성'이라고 한다. 같은 힘을 가했을 때 속도의 변화가 작은 물체는 움직이거나 멈추기 어렵다는 것이며 다시 말하면 관성이 큰 것이다. 반대로 속도의 변화가 큰 것은 움직이기 쉬운 것이고 관성이 작다. 이렇게 물체에 힘을 주었을 때 '운동 상태의 변화로 측정된 물질의 고유한 양'을 관성질량이라고 한다. 관성질량은 뉴턴의 운동 제 2 법칙[6]에서 정의되는 것으로 운동 상태를 유지하려는 관성이라는 성질과 관련된 것이다.

앞에서 언급한 것처럼 물체가 강한 중력장에서 멀리 떨어져 있는 경우에는 무게로 물체의 질량을 측정하는 것이 가능하지 않다. 예를 들어, 국제 우주 정거장(ISS)과 같은 곳에서는 모든 물체의 겉보기 무게가 0 이기 때문이다. 그래서 우주에서 물체의 질량을 측정하려면, 질량은 중력이 아닌 다른 것에서 유도해내야 한다. 다시 말해, 관성질량을 측정해야 한다. 관성질량은 물체에 힘을 작용했을 때 생긴 가속도를 측정하여 구할 수 있다. 킬로그램 원기에 같은 힘을 작용했을 때 생긴 가속도와 비교하면 측정하려는 물체의 질량을 계산할 수 있다. 예를 들어, **국제 우주 정거장**에서 우주 비행사의 질량은 용수철을 사용하여 비행사에게 일정한 힘을 작용함으로써 측정된다. 일반적으로는 NASA의 SLAMMD[7]와 러시아의 BMMD[8]라는 두 가지 장치가 사용된다. SLAMMD는 작은 힘으로 사람을 살짝 밀고, 사진기를 사용하여 그 **가속도**를 측정하여 질량을 결정한다[9]. BMMD도 용수철을 사용하지만, 사람의 가속도를 측정하는 대신에 그 진동수를 측정한다. 용수철에 매달린 물체를 운동시키면 단진동 운동을 한다. 단진동 운동은 용수철에 매달린 물체의 상하 운동이나 진자의 흔들림과 같이 가운데를 중심으로

---

6 뉴턴의 운동 제 2 법칙은 다음과 같다: 힘(N) = 질량(kg) × 가속도(m/s^2)
7 우주 선형 가속도 질량 측정 장치(Space Linear Acceleration Mass Measurement Device)의 약자이다.
8 신체 질량 측정 장치(Body Mass Measurement Device)의 약자이다.
9 질량 = 힘/가속도 = (−용수철의 탄성계수 × 용수철의 늘어난 길이)/가속도

왕복 운동하는 것을 말한다. **단진동 운동**에서 물체는 질량이 무거울수록 더 천천히 진동하고, 따라서 진동수가 작아진다. 그래서 우주 비행사의 진동수를 측정하면 그 질량을 계산할 수 있게 된다[10].

전자저울

일상생활에서는 무게를 액정 표시판(LCD)에 숫자로 보여주는 전자저울[11]이 많이 사용되고 있다. 전자저울은 말 그대로 전기의 원리를 이용하여 무게를 측정하는 도구이다. 여러 종류의 전자저울이 있지만, 보통은 전도체인 **스트레인 게이지**(strain gauge)를 사용한다[12]. 스트레인 게이지는 장력을 받아 늘어나면 가늘어져 저항이 커지고, 압축되면 굵어져 저항이 작아진다. 물체를 저울에 올려놓으면 그 무게에 의해 저울에 부착된 막대가 휘어지면서 스트레인 게이지도 늘어나거나 줄어들고 그에 따라 저항값들이 변한다. 이 원리를 이용해서 휘트스톤 브리지의 출력 단자에서 전압 변화를 측정할 수 있는데, 그 전압값에 일정한 상수를 곱하여 질량을 계산한 다음 액정 표시판에 물체의 질량을 표시하는 것이다.

전자저울은 단순히 무게만 측정하는 것이 아니라 마이크로컴퓨터 등을 장착하여 빈 접시의 무게를 자동으로 빼서 보여주거나, 물건을 살 때 무게에 따라 가격을 출력해 주기도 한다. 전자저울의 원리를 이해하기 위해서는 최소한 전류, 전압, 저항에 대한 개념 이해가 필요하다. 따라서 초등학교의 여러 실험 활동이나 문제해결 활동 과정에서 무게를 측정하기 위한 도구로 전자저울을 사용할 수는 있지만, 초등학생이 그 원리를 이해하기는 힘들다.

---

10 진동수는 일 초 동안에 물체가 왕복한 횟수를 가리킨다. 이때 물체의 질량은 다음과 같이 구한다.: 질량 = −용수철의 탄성계수/$(4\pi^2 \times$ 진동수$^2)$

11 전자저울은 또한 디지털(digital)저울이라고도 부른다.

12 스트레인 게이지는 물체에 힘을 주었을 때 생기는 변형(strain)을 재는 장치를 말한다. 보통 얇은 금속판으로 만들어져 변형이 일어날 때 그 전기 저항이 변한다. 금속판이 늘어나면 저항이 커지고, 줄어들면 저항이 작아진다. 저항의 변화는 대개 4개의 스트레인 게이지로 구성된 휘트스톤 브리지(wheatstone bridge)를 사용하여 측정된다.

3. 교수 학습과 관련된 문제는 무엇인가?

'무게'라는 말은 일상 상황과 과학적 상황에서 그 의미가 다를 수 있고 이로 인해 학생이 과학 개념을 정확하게 이해하는 것이 더 어려워지는 일도 있다. 과학 학습은 과학적 용어나 언어를 이해하는 과정이기도 하지만 처음부터 학생의 경험과 사고를 고려하지 않고 두 의미를 구분해서 사용하도록 강요하는 것도 바람직하지 않다. 자신의 개념을 서술할 수 있는 적절한 용어를 선택하도록 하면서 과학적 개념이 함께 발달하도록 해야 한다. 또한, 일상생활에서 많이 사용하지 않는 도구일지라도 도구의 원리에 중점을 두어 지도하면 과학적 원리를 이해하고 과학적 태도를 향상하는 데 도움이 될 수 있다. 도구의 사용법에 강조점을 둘 것인지, 원리에 강조점을 둘 것인지 교사가 그 강조점을 명확하게 하는 것도 필요하다.

일상 언어와 과학 언어

학생은 과학을 학습하는 과정에서 자신의 일상생활과 다른 과학의 문화를 경험하게 된다. 일상생활과 다른 생소한 언어나 기호 및 과학 활동의 특정한 행동 양식에 적응하는 것이 필요하다. 그러한 적응을 '문화화(enculturation)'라고도 한다[13]. 서로 다른 문화에서 가장 차이가 나는 것 중의 하나는 언어이다.

예를 들어, '힘'이라는 용어는 일상생활에서도 사용되지만, 과학에서 사용되는 '힘'이라는 용어의 의미는 그와는 매우 다르다. 일상생활에서 '힘'은 주로 사람이나 동물이 근육을 사용하는 것을 의미하거나, 도움이나 의지가 되는 것, 능력이나 권력에 대한 은유적 표현으로 사용된다. 그러나 과학에서는 사람뿐 아니라 물체 사이에서도 힘이 작용하며, 힘은 물체가 갖고 있는 것이 아니라 두 물체 사이의 상호작용으로 이해되어야 한다. '일'이라는 용어도 일상생활과 과학에서의 의미가 상당히 다르다. 일상적으로는 힘을 주어 물체를 이동시키면, 예를 들어, 머리에 무언가 무거운 것을 떠받치고 한동안 걸었

---

13 Aikenhead, G. S. (1996). Science education: Border crossing into the subculture of science. Studies in Science Education, 27, 1–52.

다면 분명 '일'을 한 것이지만, 과학에서는 물체가 이동하는 방향에 수직하게 작용한 힘은 전혀 '일'을 한 것이 아니다. 그래서 과학 개념을 이해하는 일은 이러한 용어의 의미를 구분하고 적절하게 사용하는 것을 포함하며 '힘'이나 '일'에 대한 과학 개념을 이해하는 과정이 곧 '힘'이나 '일'이라는 과학 언어를 이해하는 과정이기도 하다.

그러면 초등학생에게 '무게'와 '질량'의 정의를 잘 제시하고 두 용어를 정확하게 구분하여 사용하도록 충분히 연습시키면 두 개념을 구분하여 이해할 수 있지 않을까? 학생들이 두 용어를 과학적으로 구분하지 않고 혼용하는 것을 방관하는 것은 교육적으로 문제가 있는 것은 아닐까? 학생들에게 정확한 과학 지식을 가르치고자 하는 교사는 이러한 문제로 고민할 수 있다.

우리는 일상적 맥락에서 물질의 양을 무거운 정도로 판단해 왔다. 그런 의미에서 무게를 '물질의 양'으로 다루는 것은 합리적이다. 그렇지만 앞에서 언급했던 것처럼 무중력 상태의 경우에는 무게로 물질의 양을 판단할 수 없고, 더구나 중력에 따라 무게는 변하는 값이기 때문에 '물질의 양'을 뜻하는 새로운 용어가 필요하게 되었다. 그러므로 중력에 대한 이해 없이 무게와 질량을 인위적으로 정의하고 구별하도록 연습시키는 것은 큰 효과가 없을 것이다. 학생들이 물체의 양은 변함이 없지만, 공기와 물속에서 물체의 무게가 달라지기 때문에 무거운 정도로 물질의 양을 나타내는 데 제한이 있다는 것을 이해할 수 있을 때 비로소 물질의 양과 무게를 구별하기 위한 새로운 용어의 도입을 고려할 수 있을 것이다.

많은 과학 용어도, 예를 들어 '전기'라는 말이 전하, 전류, 전압, 전기력과 같은 용어로 분화되듯이, 개념의 발달에 따라 새로운 용어로 분화되어 나타났다. 언어라는 것은 의사소통을 위한 도구이지만, 또한 생각의 틀을 잡아 주고 의미를 구성해 가는 도구이기도 하다. 그런 의미에서 학생들이 자신들의 생각을 만드는 과정에서 언어의 의미를 명확하게 하고 자기 생각을 분명하게 표현하게 하는 것은 중요한 일이다. 일상적인 언어도 실제 상황이나 문맥에 따라 다른 의미로 사용되기 때문에 다른 사람의 말이나 글을 이해하기 위해서는 그 의미를 상황과 관련지어 이해할 수 있어야 한다. 마찬가지로 과학 활동에서도 그 상황과 관련하여 학생 자신이 표현하는 언어의 의미를 분명하게 규정하는 일은 학생들의 개념과 언어 발달을 모두 촉진할 수 있을 것이다.

일상생활에서 '무게'라는 용어에만 익숙한 학생들은 '무게'와 '질량'을 구분하는 과학 언어에 바로 적응하기가 쉽지 않을 것이다. 그것을 구분해서 가르치는 것이 이후의 과학 학습에서는 필요한 일이지만, 처음부터 두 가지 개념과 용어를 명확하게 구분해서 사용하도록 하는 것은 바람직하지 못하다. 그것은 학생의 일상 문화를 버리고 과학 문화만을 급하게 받아들이도록 종용하는 것과 다르지 않을 것이다.

만약 두 가지 용어와 개념을 구분하기를 바란다면 학생의 일상생활이나 과학 활동에서 '무게'라는 용어가 어떻게 사용되는지 자세히 살펴보고 그 의미를 설명해 보도록 하는 것이 좋을 것이다. 그런 과정을 통해 학생들은 자신의 개념을 서술할 수 있는 적절한 언어를 선택할 수 있을 것이다. 예를 들어, 다음과 같은 사례를 생각해 보자.

> '요즘 살이 쪄서 몸**무게**가 늘었어.'
> '고기는 **무게**에 따라서 값을 매기지'
> '큰 수박이 당연히 **무게**가 많이 나가지.'
> '달에서는 우리의 몸**무게**가 줄어든다는데…'
> '물속에서 돌의 **무게**는 공기 중에서보다 더 가볍지.'
> '큰 돌로 누르면 **무게** 때문에 아래에 있는 것이 납작해지지'
> '**무거운** 차와 가벼운 차가 충돌하면 가벼운 차가 더 많이 찌그러질걸'

위의 예시 중에서 네 개는 과학적으로 '물질의 양'이라는 개념에 더 가깝고, 세 개는 '힘'이라는 개념에 더 가깝다. 학생들에게 위와 같은 사례에서 '무게'라는 말 대신에 다른 낱말로 그것을 표현해 보도록 하면 그 개념을 구분해야 할 필요성을 깨닫게 할 수 있을 것이다. 예를 들어, '큰 수박이 당연히 무게가 많이 나가지'라는 글도 말하는 사람의 상황에 따라 그것이 '물질의 양'을 가리킬 수도 있고, '지구가 당기는 힘'을 가리킬 수 있기 때문이다. 이렇게 의미를 명료화하는 과정에서 학생들은 자기 생각을 다듬고 새로운 의미를 구성할 수 있을 것이다.

또한, 학생들이 아직 '무게'와 '질량'을 구분하기 어려운 단계라면 일단 윗접시저울을 사용하면서 '무게'라는 용어를 사용하는 것에 대해 교사가 너무 불편해할 필요는 없을 것이다. 학생들의 경험과 지적 능력이 성숙하면서 언어 사용 능력이 발달하고, 그에 따라 개념의 분화도 가능할 것이기 때문이다.

도구의 원리와 도구의 사용법

이미 일상생활이나 학교 활동에서 전자저울이 많이 사용되기 때문에 윗접시저울 사용법을 가르치면서 정말로 학생들이 윗접시저울을 측정 도구로 활용하기를 기대하는 교사는 별로 없을 것이다. 윗접시저울은 실제 그 도구를 사용하기 위해서가 아니라 도구의 원리를 이해하도록 하는 데 중점을 두어야 한다. 일반적으로 도구는 과학 지식이 적용되어 만들어진 것이기 때문에, 그 사용법보다는 원리에 중점을 두어 다룰 수 있다. 예를 들어, 측정의 기준, 지레나 용수철의 원리, 기준 물체나 분동의 구성, 영점 조절의 원리, 저울의 원리에 대한 이해를 바탕으로 한 새로운 저울의 설계 등을 다룰 수 있다.

과학 수업에서는 또한 도구의 사용법 자체를 중요하게 가르쳐야 하는 경우가 많다. 눈금 실린더나 온도계의 눈금을 읽는 법, 스포이트 사용법, 전류계, 전압계 연결 방법 등을 학생들이 잘 알고 있지 못하다면, 학생들은 여러 실험이나 탐구 활동에서 측정 도구를 효과적으로 활용할 수 없을 것이다. 이 경우에도 스포이트, 전류계, 전압계 등은 일상생활에서는 잘 사용되지 않는다. 과학적인 현상을 측정하고 관찰하기 위해 일상생활에서 사용하지 않는 도구를 활용하는 것은 자연스러운 것이며 학생들이 이 사용법을 배우는 것은 필요한 일이다. 특히, 저울 사용에서 영점 조절의 중요성을 인식하게 함으로써, 일반적인 측정 도구에서 0점을 확인하는 태도를 갖도록 도울 수 있다. 또한, 그 사용 방법을 도구에 대한 이해와 관련지어 가르친다면 좀 더 효과적일 것이다. 예를 들어, 저울에서 0점을 조절하는 방법이 지레의 원리 즉, 받침점에서 조절 나사까지의 거리와 관련되어 있다는 것을 이해한다면 학생들은 0점을 조절하는 데 어려움을 느끼지 않을 수 있다.

그렇지만 교사는 과학 수업에서 도구를 다룰 때 그 목적이 도구의 사용법을 가르쳐서 실제 도구 사용을 잘하도록 하기 위한 것인지, 도구를 통해서 도구와 관련된 과학적 원리나 개념, 또는 태도를 가르치고자 하는 것인지 구분할 필요는 있다. 교사는 필요한 경우 적절한 질문과 도전을 통해 측정 도구와 관련된 학생들의 사고를 도와줄 수 있어야 한다.

4. 실제로 어떻게 가르칠까?

> 일상생활에서 자주 사용하지 않는 과학 도구라도 특별한 목적을 위해 의미 있는 방법으로 수업에서 활용될 수 있다. 아랫글에서는 학생들이 도구의 사용법에 익숙하도록 '기능'을 익히기보다는 도구의 원리에 대해 이해하고 '사고'하도록 하기 위한 몇 가지 방안을 제시한다.

질문을 통해 학생의 탐색 유도

학생을 가르치는 데 있어 중요한 것은 지식을 알려주는 것보다 질문을 던지고 생각해 보도록 기회를 주는 일이다. 그렇지만 학생들은 생각하는 것보다 지식이나 답을 알려주는 것이 훨씬 부담이 적고 편안하다고 느낄 것이다. 교사가 항상 만물박사처럼 지식이나 답을 척척 알려준다면, 학생들은 교사를 존경스러워할지 모르지만, 주체적으로 생각하는 태도를 갖지 못하고 누군가에게 의지해야만 하는 버릇을 갖게 될지 모른다. 사실 생각한다는 것은 아무것도 없으면 생각하기 어렵다. 무언가 우리의 생각을 열기 위해서는 눈앞에 우리의 주의를 끄는 소재가 있어야 한다. 그런 의미에서 윗접시저울은 여러 가지 탐색을 도와줄 수 있는 좋은 소재가 될 수 있다. 특히, 학생들에게 낯선, 처음 접하는 소재나 기구인 경우에는 그것에 익숙해질 수 있는 탐색 기회가 필요하다. 그래서 학생들에게 저울의 사용법을 직접 알려줄 수 있지만, 교사는 그보다 먼저 학생들 스스로 저울을 관찰하거나 작동시켜 보면서 질문을 던지거나 질문에 대한 답을 찾아보는 기회를 갖도록 할 수 있다. 분동을 활용하는 윗접시저울 사용법을 가르치는 경우 교사는 실제로 어떠한 접근을 할 수 있을까?

처음에 윗접시저울은 대체로 수평이 되지 않을 것이다. 그럴 때 어떻게 하면 저울이 수평이 되도록 할 수 있는지 알아내도록 학생들을 도전시킬 수 있다. 수평이 되는 방법을 찾는 과정에서 학생들은 **영점 조절 나사**의 기능을 배우고 익힐 수 있다. 학생들이 그것을 어려워한다면 교사는 영점 조절 나사를 받침점에서 멀리 또는 가까이 가져갈 때 어떤 일이 일어나는지 관찰하도록 할 수 있고, 필요한 경우 시소 타기의 예를 이용하여 지레의 원리를 소개할 수도 있다. 또한, 대부분 학생은 윗접시저울을 사용할 때 수평을 확인하기 위해 저울의 팔이 멈추는 것을 기다리기 쉽다. 저울의 팔이 흔들릴 때 저울이 수평을 이루었는지 어떻게 알 수 있는지, 윗접시저울에 있는 바늘과 눈금이 무엇을 위한 것인지 알아내는 것도 초등학생들에게는 의미 있는 도전이 될 수 있다. 좌우 눈금 이동을 통해 수평을 확인하는 이유는 저울의 팔이 받침점과의 마찰 때문에 수평이 되지 않고 비스듬하게 멈추어 설 수도 있기 때문이다.

일반적으로 저울에는 '첫달림'과 '끝달림'이 표시되어 있다. 저울 탐색에서 학생들이 그러한 표시를 눈여겨보고, 그것이 무엇을 의미하는 것인지 추리하고 서로 의견을 나누어 보도록 할 수 있다. 또한, 그림과 같은 분동의 구성을 살펴보고 **분동의 구성**을 그렇게 한 이유나 다르게 구성하는 방법을 생각해 보는 것도 좋은 탐색 과제가 될 수 있다. 교사는 예를 들어, '1 g짜리 분동은 1개인데, 10 g짜리 분동은 왜 2개일까?', '100 mg짜리 분동보다 더 작은 분동은 왜 만들지 않았을까?' 등과 같은 질문을 통해 학생들의 탐색을 도와줄 수 있을 것이다.

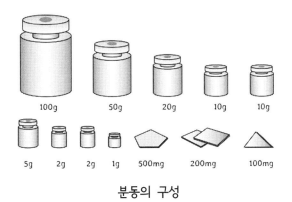

분동의 구성

게임 도입

학생들이 저울로 물체의 무게를 측정할 수 있다면, '무게 빨리 재기'와 같은 게임을 도입하여 접시에 분동을 어떤 순서로 놓는 것이 좋을지 생각해 보도록 할 수 있다. 초등학생들은 보통 무게를 짐작하여 분동을 정해진 순서 없이 이것저것 올려놓는 경우가 많고, 앞에서 언급했던 것처럼 저울의 팔이 멈추어 수평이 되기를 기다리는 경우가 많아 무게를 잴 때 시간이 오래 걸리기 쉽다. 따라서 무게를 빨리 측정하려면 어떻게 하는 것이 좋을지 모둠별로 의논해 보고, 분동을 올려놓는 방법이나 저울의 눈금을 보는 방법을 탐색하도록 격려할 수 있다.

언어 발달 기회로 활용

측정 도구에 익숙해지기 위한 이러한 탐색 활동에서 교사는 학생들이 사용하는 언어에 관심을 두고 그 의미를 서로 명확하게 하는 기회를 제공할 수 있다. 예를 들면, 두 물체가 '무게가 같다'는 의미는 무엇을 뜻하는지, **영점 조절**'이라는 것은 무엇을 뜻하는 것인지, '분동'이라는 것은 무엇인지 이야기하는 과정에서 교사는 과학적인 의미 뿐 아니라 일상적인 의미에 관해서도 이야기할 수 있고 이는 학생들의 언어 발달을 도울 수 있다. 그리고 교사는 일상적인 의미에서 더 나아가 과학적 의미를 만드는 기회를 학생들에게 제공해 줄 수 있다. 예를 들어, '영점'은 자나 전류계 등에서는 눈금이 0이 되는 곳을 의미하지만, 달리기의 출발선과 마찬가지로 측정용 도구에서는 측정의 '기준'이 되는 눈금을 의미하고, 윗접시저울에서는 저울이 수평을 이루어 눈금의 중앙을 중심으로 흔들릴 때를 의미한다는 것을 학생들이 점차 이해하도록 할 수 있다. 분동의 원래 뜻은 구리 조각이지만 녹슬거나 부식이 되는 것을 막기 위해 대개 스테인리스강이나 놋쇠로 만들어지며, 과학적으로는 물질의 양인 무게나 질량의 기준이 되는 물체를 뜻한다.

앞서 언급한 바와 같이 언어는 의사소통의 수단이기도 하지만, 생각을 자극하고 의미를 구성해 가는 중요한 도구이다. 그런 의미에서 교사는 학생이 스스로 생각하도록 도와주어야 하고, 학생이 글을 쓰거나 말을 할 수 있는 다양한 기회를 제공해 주어야 한다. 토의나 토론은 그런 의미에서 학생들의 사고를 촉진할 수 있는 중요한 방안 중의 하나이다. 또한, 자신의 말이나 행동을 반성하고 성찰하는 기회를 제공하는 것도 학생의 사고를 끌어낼 수 있는 좋은 방법이 될 수 있다.

지금까지의 논의를 간추리면 일상생활에서 실제로 사용되는 측정 도구의 사용법을 가르치는 것도 중요하지만, 자주 활용되지 않는 과학 도구, 혹은 예전에 활용되던 도구라도 특별한 목적을 위해 의미 있는 방법으로 교사가 수업에 활용할 수 있다는 것이다. 그 경우 도구의 사용법에 익숙하도록 '기능'을 익히기보다는 도구의 원리에 대해 이해하고 '사고'하도록 하는 데 중점을 둘 수 있다. 과학 도구는 의미 있는 성찰과 사고를 자극하는 좋은 소재로 활용될 수 있다는 것을 교사가 이해한다면, 과학 도구를 사용하여 학생들의 생각의 폭을 넓히고 풍성하게 할 수 있는 다양한 기회를 만들 수 있을 것이다.

현미경으로 관찰하기

과학적인 관찰이 되도록 하려면 어떻게 해야 할까?

5학년 '우리 주변의 다양한 생물 알아보기' 단원에서는 맨눈으로는 잘 관찰되지 않는 작은 생물들을 다루기 때문에 매우 작은 대상을 관찰할 때 사용할 수 있는 관찰 도구인 현미경 사용법을 가르친다. 나는 학생들이 현미경을 잘 다룰 수 있도록 돕는 수업 활동을 구성하였다. 그런데 학생들이 어렵게 표본을 만들어 초점을 맞춘 현미경을 관찰하고 활동지에 그린 그림이 모두 제각각으로 다른 것이 아닌가? 학생들은 엉뚱한 것을 관찰 대상으로 인식하기도 하였고, 같은 대상을 보고서 전혀 다른 관찰을 하였다. 학생들에게 과학적 관찰을 어떻게 가르쳐야 할까?

1. 과학 수업 이야기

　이전 수업 시간에 실체 현미경을 사용하여 곰팡이와 버섯을 관찰하는 것을 보여주었기 때문에 학생들은 돋보기나 현미경과 같은 도구를 사용하면 작은 대상도 자세히 관찰할 수 있다는 것을 알고 있었다. 나는 이번 시간에는 곰팡이보다 훨씬 더 작아서 맨눈으로는 거의 볼 수 없는 생물과 세포를 실험실에서 광학현미경으로 직접 관찰하는 실험을 하기로 하였다. 이 실험을 통해 학생들이 다양한 생물에 대한 호기심과 탐구 동기를 높일 수 있기를 기대했다.

　교과서에서는 광학현미경으로 원생생물인 짚신벌레를 관찰하도록 하고 있었다. 학교에는 짚신벌레 영구 표본이 준비되어 있지 않았고, 또 학생들이 살아있는 짚신벌레와 함께 물속에 사는 다양한 원생생물을 함께 관찰하는 것도 좋겠다는 생각이 들었다. 그래서 나는 직접 학교 연못에서 해캄과 나뭇잎이 가라앉아 있는 물을 채취하여 실험을 진행하기로 했다.

　직접 관찰하기에 앞서 나는 광학현미경 각 부위의 명칭과 기능에 대해서 설명한 다음, 시범을 보이며 현미경의 조작 방법을 안내하였다.

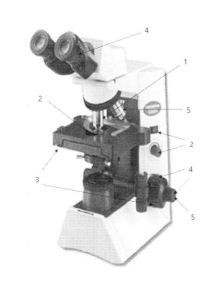

현미경 조작 방법

1. 대물렌즈의 회전판을 돌려 배율이 가장 낮은 대물렌즈가 중앙에 오도록 한다.
2. 현미경 전원을 켜고 조명 조절 나사를 사용하여 밝기를 조절한 뒤에 관찰 표본을 재물대의 클립에 고정한다.
3. 현미경을 옆에서 보면서 조동 나사로 재물대를 올려 표본과 대물렌즈의 거리를 최대한 가깝게 한다.
4. 조동 나사로 재물대를 천천히 내리면서 접안렌즈로 관찰 대상을 찾은 다음, 미동 나사로 상이 뚜렷하게 보이도록 조절한다.
5. 대물렌즈의 배율을 높이고, 미동 나사로 초점을 맞추어 관찰한 결과를 그림과 글로 기록한다.

광학현미경의 기본적인 조작 방법에 대한 안내를 마친 다음에는 받침유리 위에 연못물을 한 방울 떨어뜨리고 덮개유리를 덮어 관찰 표본을 제작하는 방법을 간략히 설명하였다. 매우 얇아 깨지기 쉬운 덮개유리에 손을 다칠 수 있으므로 안전에 유의하도록 하는 것도 잊지 않았다. 실험 과정에 대한 안내가 충분히 이루어졌다고 생각한 나는 모둠별로 관찰을 진행하고 나누어준 활동지에 관찰한 내용을 그림과 글로 표현해 보도록 하였다.

나는 현미경의 조작 방법을 시범과 함께 자세히 설명하였기 때문에 학생들이 큰 어려움 없이 다양한 원생생물을 관찰할 것이라고 기대하며 학생들의 활동 과정을 살폈다.

표본 제작과 현미경 조작 과정에서 학생들이 가능한 한 자유롭게 실험할 수 있도록 직접적인 설명을 하지 않으려고 하였다. 그런데 한 모둠에서는 학생이 현미경의 접안렌즈와 광원을 번갈아 보며 고개를 갸우뚱거리고 있었다.

"무슨 문제라도 있니?"
"아무것도 보이지 않고 깜깜해요."
"전원을 켜지 않은 것은 아니고?"
"전원은 켜져 있는데, 접안렌즈에서 빛이 안보여요."
"그럼 대물렌즈도 가장 낮은 배율로 잘 맞춘 거지?"

학생이 회전판을 만지니 조금 돌아가 있던 대물렌즈가 딸깍하고 자리를 잡았고, 그때서야 광축이 맞아 접안렌즈를 통해 표본을 관찰할 수 있게 되었다.

다음 모둠에서는 두 학생이 현미경의 밝기를 조절하는 방법에 대해 이야기를 나누고 있었다.

"밝기는 재물대 아래에 있는 조리개로 조정하면 돼."
"그런데 선생님은 광원의 스위치를 돌려서 빛의 세기를 조정하라고 하셨는데?"
"둘 다 쓰면 되지!"

두 학생의 대화를 들으면서 나는 조리개는 광원의 조절 스위치와는 다른 용도가 분명히 있을 것으로 생각했다. 하지만 교사용 지도서에서도 그에 관한 자세한 설명을 찾지 못하였고 나도 그 차이에 대한 확신이 없었기 때문에 별다른 설명을 하지 않고 다음

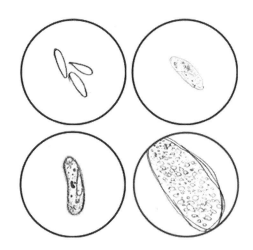

학생들이 현미경으로 짚신벌레를 관찰하고 그린 그림

모둠으로 이동하였다.

세 번째 모둠에서는 아이들이 벌써 표본을 만들고 관찰하고 있었는데 같은 표본의 모습을 보고도 아이들이 활동지에 그린 그림이 모두 제각각이었다.

학생들이 그려 놓은 짚신벌레의 그림은 현미경을 통해 보이고 있는 실제 모습과는 다르게 너무 단순화 시켜놓은 것도 있었고, 너무 작거나 크게 그려 크기도 제각각이었다. 한 학생에게 현재 현미경이 실제의 짚신벌레를 얼마나 크게 확대해서 보여주고 있는 것인지 물어보았다.

"(대물렌즈에 × 40라고 써진 것을 보고) 40배요."

"선생님, 짚신벌레가 너무 빨리 움직여서 계속 보고 그릴 수가 없어요."

"이거 그리는 거 너무 힘들고 귀찮은데, 그냥 휴대폰 사진으로 찍으면 안돼요?"

자못 당돌한 물음에는 답하지 않고, 나는 '영구 표본으로 관찰했다면 학생들이 더 잘 관찰할 수 있었을까?' 하는 생각을 하며 다음 모둠으로 이동하였다.

마지막 모둠에서는 학생들이 짚신벌레로는 보이지 않는 다른 그림을 그리고 있었다. 나는 한 학생에게 무엇을 관찰하고 있는지 물었다.

"무엇을 관찰하고 있는 거니?"

"짚신벌렌데 동글동글하게 생겼어요."

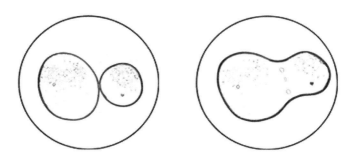

"원래 두 마리인데 하나로 합쳐졌어요."

의아하게 생각하며 학생들이 관찰하고 있는 현미경의 상을 확인해 본 나는 그만 헛웃음이 나왔다. 아이들이 현미경을 통해 보고 있었던 것은 원생생물이 아니라 표본을 만드는 과정에서 들어간 기포였던 것이다.

그다지 어렵지 않을 것으로 생각했던 현미경 관찰 실험이 내가 의도 했던 것과는 많이 다르게 진행되었다는 것을 깨달았다. 조금 당황한 나는 서둘러 교탁으로 돌아와 미리 인터넷을 검색하여 모아두었던 사진과 예비실험 과정에서 찍어 놓은 사진을 보여주며 단 한 방울의 연못 물 속에도 우리 눈에 보이지 않는 매우 다양한 생물들이 있음을 설명하였다. 그리고 다시 한번 현미경 사용법에 관해 설명하려 할 때 마침 수업의 끝을 알리는 종이 울렸고, 나는 다음 시간에 현미경 다루는 법에 대해 한 번 더 정리하기로 하고 수업을 마쳤다.

이 수업을 하고 나는 다음과 같은 의문이 들었다.

- 초등학생들이 현미경을 잘 다루는 것은 어려워 보인다. 요즘은 USB 현미경이나 디지털 현미경도 많이 사용하는데 학생들이 광학현미경 사용법을 익히는 것이 중요할까?

- 수업에서 학생들은 기포를 짚신벌레로 착각하고 열심히 관찰하였다. 현미경 실험에서 학생들에게 관찰할 대상과 무엇을 관찰해야 하는지 먼저 알려주어야 할까, 아니면 스스로 발견하도록 해야 할까?

2. 과학적인 생각은 무엇인가?

아랫글에서는 현미경의 종류와 작동원리, 그리고 올바른 사용 방법을 설명하고, 현미경을 통해 관찰 가능한 원생생물에 대해 다룬다.

현미경의 종류와 작동 원리

감각기관의 한계를 확장해주는 강력한 도구인 현미경은 과학 현장뿐만 아니라 교실에서도 매우 유용한 교육 도구로 사용될 수 있다. 과학 학습에서 직접 작은 결정이나 세포의 구조를 자세히 살펴볼 때 현미경은 과학 교실에서 사용되는 가장 기본적인 기기 중 하나이다. 특히 생명과학에 분야에서 현미경은 작은 생물과 세포를 관찰하기 위한 가장 중요한 기기이고 다양한 과학적 원리들이 적용된 장치이므로, 학생들이 현미경의 원리를 이해하고 그것을 다루는 방법을 잘 익히는 것은 중요하다.

현미경은 다양한 목적에 따라 다양한 형태가 개발되어있지만 그 원리는 대체로 같다. 기본적으로 시료를 통과하거나 반사된 빛을 본다는 공통점이 있으나, 기계적 구조와 작동 원리가 다른 다양한 종류의 현미경이 있다. 일반적으로 학교에서 과학수업 시간에 주로 사용되는 현미경은 **실체현미경**(stereo microscope)과 일반 광학현미경(light or bright-field microscope)이다.

흔히 동식물의 해부실험에서 많이 사용하기 때문에 해부현미경이라고도 불리는 실체현미경은 그 이름에서 알 수 있듯이 2개(stereo)의 대물렌즈를 사용하여 입체적인 3차원의 확대 이미지를 생성한다. 대부분의 실체현미경은 표본을 2배에서 100배까지 확대할 수 있다. 이 유형의 현미경은 곤충, 화석, 꽃 및 광물 표본과 같은 물체를 보는 데 이상적이며, 비교적 낮은 배율과 깊은 피사계 심도[1]를 제공한다.

---

1 피사계 심도(depth of field)는 사진에서 대상 물체에 초점이 맞은 것으로 인식되는 범위이다. 렌즈의 초점은 단 하나의 면에 정해지나, 실제 사진에서는 초점면의 전후에서 서서히 흐려지는 현상이 나타나는데, 이때 충분히 초점이 맞은 것으로 인식되는 범위의 한계를 피사계 심도라고 한다. 카메

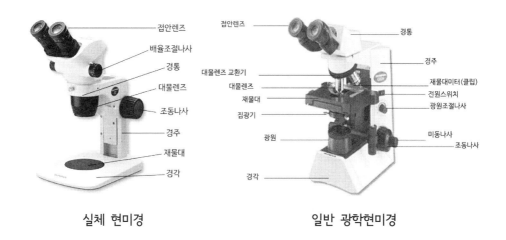

실체 현미경   일반 광학현미경

복합현미경으로도 알려진 **일반 광학현미경**(bright-field microscope)은 가장 기본적인 현미경으로 시료를 통과한 빛을 바로 보는 형태이다. 광학현미경은 실체현미경과는 달리 하나의 대물렌즈를 사용하여 재물대의 표본을 확대하고, 그 확대된 평면적인 이미지를 접안렌즈가 다시 확대한다. 확대배율은 대물렌즈가 1~100배 정도이고, 접안렌즈가 5~20배 정도로, 종합배율은 대물렌즈와 접안렌즈의 배율을 곱한 것으로 최대 2,000배 가량 된다. 광학현미경은 실체현미경에 비해 높은 해상도[2]와 배율을 제공하지만 단일 렌즈 디자인으로 인해 피사계 심도가 매우 얕다. 그래서 이러한 유형의 현미경을 '평평한 필드(flat field)' 현미경이라고도 하며, 주로 잎의 단면과 같은 하나의 층으로 된 세포 표본과 같이 매우 평평한 물체를 보는 데 적합하다. 광학현미경에는 대개 배율을 조정하기 위해 회전할 수 있는 다중 대물렌즈가 장착되어 있다.

라와 마찬가지로 현미경에서도 피사계 심도는 조리개의 영향을 받는다. 렌즈나 조리개가 작을수록 심도가 깊어 넓은 범위에서 상이 또렷하게 보인다.

2 해상도(resolution)는 배율과는 다른 개념으로 떨어져 있는 두 점을 구분할 수 있는 정도를 해상도 또는 해상력(resolving power)이라고 한다. 구분이 가능한 두 점 간의 거리가 짧을수록 해상력이 높다고 한다. 해상력과 배율은 다른 것이다. 따라서 접안렌즈를 10× 에서 20× 로 바꾼다고 해상력은 높아지지 않고, 명확하지 않은 상이 커져 보일 뿐이다.

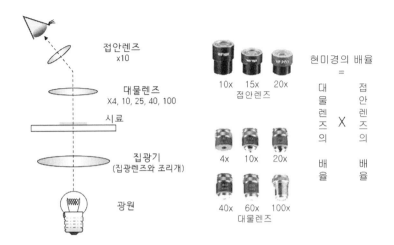

현미경에서 빛이 이동하는 경로를 보면 알 수 있는 것처럼 광원에서 나온 빛은 집광렌즈로 집속되어 시료에 비추어진다. 그 빛은 대물렌즈를 통과한 후 일차 확대상을 만들고, 접안렌즈를 통해 다시 확대된다. 그래서 우리는 최종 배율로 확대된 상을 눈으로 관찰할 수 있게 된다. 따라서 광원으로부터 접안렌즈에 이르기까지의 빛의 경로에서 광축이 비틀리거나 일치하지 않으면 우리 눈에 빛이 도달할 수 없고, 상도 관찰할 수 없다. 접안렌즈는 대개 10배의 배율을 갖고, 대물렌즈는 보통 4, 10, 25, 40, 100배 렌즈 중에서 선택을 할 수 있으므로 만일 10배의 대물렌즈로 시료를 관찰한다면 최종 관찰 배율은 $10 \times 10 = 100$ 즉 100배의 배율이 된다.

광학현미경의 조작 방법

앞서 설명한 것처럼 **현미경의 배율**은 대물렌즈의 배율과 접안렌즈의 배율을 곱하여 얻은 값이다. 현미경의 관찰에 필요한 배율은 시료의 종류에 따라 선택한다. 일반적인 현미경 관찰 방법은 저배율로 먼저 초점을 맞추고 점차 고배율의 대물렌즈로 바꾸면서 관찰하는 것이다. 현미경을 조작하는 방법은 일반적으로 다음의 과정을 따른다.

저배율(4x 또는 10x) 대물렌즈의 사용

시료를 볼 때 가장 먼저 사용하는 것이 바로 이 배율이다. 저배율이므로 시야가 넓어 시료의 많은 부분을 볼 수 있고 초점 맞추기도 쉽다. 그래서 어느 부분을 볼 것인지 먼저 확인한 다음 고배율로 관찰하는 것이 가능하다.

(1) 현미경의 재물대에 시료가 위쪽으로 향하게 하여 현미경 관찰 표본을 올려놓는다.

(2) 광원의 전원을 켠다. 이 때 전압이 높은 상태로 되어 있으면 램프의 수명이 짧아지므로 광원 조절나사를 가장 낮은 밝기 위치에 둔 상태에서 켠다. 관찰 표본을 광원의 중심에 놓도록 이동한다.

(3) 집광기(콘덴서)를 가장 높은 위치로 이동한다.

(4) 10×의 대물렌즈가 정위치에 있는지 확인한다.

(5) 조동 나사를 돌려 대물렌즈와 시료를 가장 가까운 위치에 놓는다.

(6) 재물대가 대물렌즈와 멀어지는 방향으로 조동나사를 돌려 대략적인 초점을 맞춘 다음 미동 나사를 천천히 움직여 초점을 맞추고, 재물대 미터를 움직여서 보고자 하는 부분으로 현미경 표본을 이동한다. 접안렌즈를 통해 관찰을 하고 있을 때에는 시료와 대물렌즈의 거리를 확인할 수가 없기 때문에 재물대와 대물렌즈가 가까워지는 방향으로 조동나사나 미동나사를 조작하면 자칫 렌즈에 현미경 표본이 부딪혀 흠집을 남길 수 있으므로 주의해야 한다.

(7) 초점을 맞춘 후에는 광원의 조리개와 전압, 집광기의 위치와 조리개를 조절하여 깨끗하고 명확한 상을 얻도록 한다. 조리개를 조여 광량을 줄이면 음영대비(contrast)가 명확하게 되고 심도(depth of field)가 커져 좋은 상을 얻을 수 있다. 그러나 해상력은 떨어지므로 광량을 잘 조정하여야 한다.

(8) 접안렌즈의 청결을 다시 확인하고, 현미경 표본을 움직여 가장 좋은 상을 찾는다.

(9) 배율을 높일 때에는 대물렌즈를 40×, 그 다음에 100× 렌즈로 차례로 바꾼다.

고배율(40×) 대물렌즈의 사용

일반적인 접안렌즈(10×)와 조합하면, 최종적으로 400배 확대된 상을 얻을 수 있어서 고배율을 보고자 할 때 사용한다. 이 경우에도 저배율과 마찬가지로 먼저 10×로 초점을 맞춘 후에 40×렌즈로 돌려 상을 찾는다. 대개 미동나사를 약간 움직이면 초점이 맞게 되어 있다. 따라서 조동 조절 나사는 절대로 사용하지 않아야 한다. 특히 재물대가 대물렌즈와 가깝게 놓인 상태에서 더 가까워지도록 조동 나사나 미동 나사를 돌리면 렌즈와 현미경 관찰 표본이 충돌하면서 렌즈에 흠집을 남길 수 있다.

대물렌즈들은 배율이 달라도 초점거리는 같도록(parfocal) 되어있다. 즉, 저배율로 맞춘 초점 거리는 고배율에서도 같은 위치가 된다. 배율이 높아진 만큼 렌즈로 들어오는 빛의 양은 줄어들게 되므로 광원과 집광기를 조절하여 광량을 늘려야 한다. 콘덴서의 조리개는 피사계 심도에 영향을 주므로 광량을 조절하는 용도보다는 보고자 하는 상의 초점 범위를 조절하고자 할 때 조작하도록 한다.

아주 작은 세균 등을 관찰하기 위하여 더 높은 배율이 필요할 때는 100×의 접안렌즈를 사용하게 되는데, 이때는 해상력을 높이기 위하여 이머전 오일(Immersion oil, 침지 오일)을 사용해야 한다. 100×렌즈는 이동 거리가 매우 짧기 때문에 초점을 맞출 때에 현미경 표본과 충돌할 가능성이 높아 주의가 필요하고, 사용 후에는 반드시 유기용매와 렌즈 종이로 이머전 오일을 깨끗이 제거하여야 하므로 특별한 경우가 아니라면 초중등 학교에서는 잘 사용하지 않는다.

원생생물의 관찰

학생들은 대개 생물이라고 하면 고양이와 같은 동물과 소나무와 같은 식물을 떠올릴 것이다. 하지만 지구 전체의 생물체 중에서 식물과 동물은 극히 일부에 불과하고 우리 주변에는 셀 수도 없을 만큼 다양한 생물들이 있다. 비록 눈에는 보이지 않지만, 원생생물과 같이 그 크기가 $10 \sim 300 \, \mu\text{m}$로 매우 작아서 맨눈으로는 관찰하기 어려운 작은 생물들이 우리 주변 곳곳에서 살아가고 있다.

원생생물은 핵이 없는 세균(bacteria)과는 다르게 핵과 막 구조의 세포소기관을 가지고 있는 진핵생물로 식물계, 동물계, 균계 중 어디에도 속하지 않는 생물 무리이다. 대부분 단세포 생물이지만 군체를 이루거나 다세포 생물도 있으며, 대부분 물속에서 생활한다. 원생생물에는 동물처럼 먹이를 섭취하는 원생동물류(protozoans), 식물처럼 광합성을 하는 조류(algae), 유기물을 분해하여 흡수하는 균류의 기원이 되는 점균(slime molds), 물곰팡이(water molds) 등이 있다.

원생동물은 현미경으로 관찰할 수 있는 크기로, 종속 영양 생활을 한다. 운동 기관의 종류에 따라 섬모류, 편모류, 위족류 및 포자충류 등으로 분류한다. 이 중 포자충류는 주로 동물체내에 기생하는 종류가 많고, 주변의 연못이나 냇물에서 떠온 물 속에는 섬모류, 편모류 및 위족류를 관찰할 수 있다.

조류는 엽록소가 있어 광합성을 하는 독립 영양 생물로서 수중 생태계에서 중요한 생산자 역할을 한다. 이들은 클로렐라와 같은 단세포 식물성 플랑크톤, 군체, 다세포 등의 다양한 구조를 이룬다. 미역, 다시마, 김, 파래 등과 같은 다세포 조류는 몸의 구조가 수중 생활에 적응되어 있어 식물보다 단순하고, 기관의 분화가 이루어져 있지 않다.

원생동물(protozoa)과 해캄과 같은 광합성 조류(algae)는 주변의 연못과 냇물에서 쉽게 채취 가능한 생물이고, 매우 다양한 유형이 있어서 현미경 관찰 실험을 통해 학생들의 흥미와 호기심을 키우기에 매우 좋은 실험 재료이다.

원생생물을 현미경으로 관찰할 때 유글레나나 짚신벌레와 같은 운동성이 큰 생물은 매우 빠르게 움직이기 때문에 관찰에 어려움을 겪을 수 있다. 이때는 받침 유리에 원생생물의 이동을 방해할 수 있는 탈지면을 조금 깔고 연못물을 떨어뜨린 다음 관찰하거나, 받침 유리에 이쑤시개로 점도가 높은 메틸셀룰로스 용액을 원형으로 바른 다음 그 가운데에 배양액을 떨어뜨리고 덮개 유리를 덮어 그들의 움직임을 관찰하는 것이 좋다. 그리고 조명을 너무 밝게 하면 세포의 음영을 잘 관찰할 수 없고, 열에 의해 생물체가 죽을 수 있으므로 조명을 너무 밝지 않게 하여 관찰하는 것이 좋다.

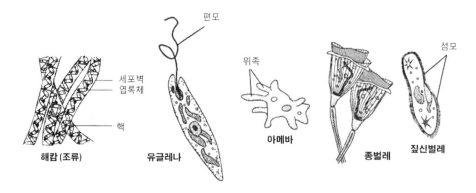

다양한 원생생물

3. 교수 학습과 관련된 문제는 무엇인가?

현미경이 과학적 경험을 확장할 수 있는 매우 유용한 도구임에도 학생들은 현미경을 사용하는 과정에서 많은 어려움을 경험하고 다양한 실수를 범한다. 이 절에서는 입체 현미경이나 광학현미경을 조작할 때 자주 발생하는 초보자의 실수에 대해 알아본다. 그리고 현미경을 이용한 관찰의 교육적 의의에 대해 고찰한 다음, 과학의 과정에서 관찰이 가지는 의미와 그 속성에 대해 알아본다.

학생의 현미경 조작에서 자주 나타나는 실수들

학생들은 현미경을 사용할 때 필요 이상의 높은 배율을 사용하려는 경향을 보인다. 실체 현미경은 표본을 2배에서 100배까지 확대 할 수 있지만, 가장 높은 배율까지 무언가를 확대해야하는 경우는 많지 않으며 일반적으로 60배 이상으로 확대하는 것은 권장되지 않는다. 광학현미경을 다룰 때도 많은 학생이 고배율 대물렌즈부터 먼저 사용하여 관찰을 시작하려는 경향을 보인다. 현미경의 관찰은 먼저 낮은 배율에서 시작해야 초점도 쉽게 맞출 수 있고, 대상 표본에서 관심 영역을 선택할 수 있다. 그런데도 많은 학생들이 최대한 빨리, 표본을 최대 크기로 확대해서 보려고 시도하고, 그 과정에서 초점을 잃거나 대상이 시야에서 벗어나면 현미경에서 아무것도 보이지 않는다고 불평한다. 현미경을 관찰할 때에는 가능한 낮은 배율에서 시작한 다음 필요에 따라 배율을 높여가는 것이 가장 좋다.

또 학생들은 관찰 대상에 따라 적절한 현미경을 사용하지 못한다. 앞에서 언급했듯이 실체현미경은 육안으로는 볼 수 없는 세포와 같은 표본을 관찰하도록 설계되지 않았음에도 불구하고 실체현미경으로 미세한 대상을 최대한 확대하려 한다거나, 광학현미경으로 두껍고 반투명한 표본을 관찰하려는 잘못된 시도를 반복한다.

학생들은 종종 광학현미경으로 표본을 관찰할 때 덮개 유리를 덮지 않고 관찰한다. 대물렌즈는 덮개 유리와 함께 사용하도록 설계되어있다. 따라서 덮개 유리를 사용하지 않거나, 시편의 아래와 위에 있는 받침유리와 덮개유리 사이가 물로 채워진 얇은 층이 되지 않는다면 초점 거리가 변경되고 이미지 품질도 나빠진다. 또 학생들은 이머젼 오일 없이 100×의 고배율 대물렌즈를 사용하기도 하는데 이렇게 하면 대물렌즈의 초점 거리가 변경되어 선명한 상을 얻을 수 없다.

많은 학생들이 40× 처럼 배율이 높은 대물렌즈 상태에서 조동나사를 움직이거나, 고배율 상태에서 미동나사를 너무 많이 움직이는 실수를 범한다. 이 경우 현미경 표본과 대물렌즈가 부딪혀 손상될 수 있다. 학생들에게 고배율에서는 조동나사를 사용하지 않도록 하고, 상이 잘 잡히지 않을 때는 다시 전 단계의 낮은 배율로 돌아가 관찰을 다시 시작하도록 안내해 줄 필요가 있다.

또 학생들은 광학현미경의 조리개를 빛의 양을 제어하는 수단으로 사용한다. 경우에 따라 낮은 조도에서 더 밝은 이미지를 얻기 위해 조리개를 조작할 수도 있겠지만, 집광기(condenser)의 조리개는 본래 심도와 대비를 조절하여 해상도를 높이기 위한 장치이다.

이처럼 학생들의 현미경 사용에서 주로 나타나는 실수들은 현미경이 작동하는 광학적 원리에 대한 충분한 이해 없이 직관적으로 기구를 조작하는 과정에서 발생하는 경우가 대부분이다. 따라서 현미경의 기본적인 작동 원리에 대한 이해를 도울 수 있는 활동과 안내가 이루어진다면 학생들은 현미경을 적절하게 사용하여 더 나은 관찰을 할 수 있을 것이고, 현미경의 수명도 연장할 수 있을 것이다.

현미경 실험에서 관찰의 의미

수업 상황에서 학생들은 엉뚱하게도 표본 제작 과정에서 우연히 만들어진 기포를 원생생물이라고 생각하며 관찰을 수행하기도 했고, 같은 대상을 관찰하고도 서로 다른 그림들을 그렸다. 관찰 대상에 대한 정보가 없는 경우, 학생들은 표본 제작 과정에서 생기는 기포나 덮개유리의 먼지만 관찰하거나 자신의 눈썹을 대상물로 오인하는 경우가 많다.

이러한 상황은 관찰 방법과 그 객관성에 대한 근본적인 물음으로 연결될 수 있다. 예를 들어, 학생들에게 눈에 보이는 것을 그대로 그리게 하거나, 단순히 짚신벌레가 있는지 확인하도록 하는 것은 교육적으로 유의미한 것일까? 학생들은 이미 교과서에 실린

사진으로 짚신벌레를 알고 있다. 그런데도 수업 사례에서 알 수 있는 것처럼 학생들은 현미경을 통해 전혀 엉뚱한 것을 관찰하는 경우가 많다. 관찰은 어떤 의미에서 눈에 보이는 것을 보는 것이 아니라, 눈에 들어오는 수많은 정보 중에서 관찰자가 보려고 하는 것을 선별하는 과정이다. 그래서 학생들은 현미경이라는 낯선 환경에서 접하는 많은 정보 중에서 먼저 생물과 생물이 아닌 것을 구별해야 한다. 그것을 깨닫지 못하면 기포나 먼지와 같이 눈에 선뜻 보이는 무생물을 그냥 자신이 찾는 원생생물이라고 생각하기 쉽다. 따라서 관찰한 것이 정말 자신이 찾는 대상인지, 예를 들어, 움직임이 있는지, 섬모 또는 편모가 있는지 등 좀 더 구체적인 정보를 찾아보도록 안내해야 할 것이다.

물리학자이자 과학철학자인 뒤앙(Pierre Duhem)은 현미경으로 관찰한 것을 그저 그대로 기록만 하는 것은 과학적이지 못하다고 하였고, 세포 이론의 창시자인 슐라이덴(Matthias Schleiden)은 어느 식물학자가 자신의 책에 쓸 삽화의 정확성을 높이려고 식물학에는 전혀 문외한인 화가를 고용한 일을 비판하면서 그 책에 있는 삽화는 작위적이고, 본질이 결여된 쓰레기라고 혹평을 하기도 하였다. 또 과학사학자 멜하도(Evan Melhado)는 과학자가 개인적으로 지닌 사적 지식과 그가 해결하는 문제가 연결된다고 주장하기도 했다[3]. 즉, 관찰은 단지 눈으로 보는 것이 아니라 어떤 문제를 해결하기 위한 목적과 의도를 갖고 필요한 정보를 끌어내는 활동인 것이다.

현미경의 대물렌즈를 뜻하는 'objective'에는 '객관적'이라는 뜻이 있다. 그런데 그것을 통해 같은 사물을 관찰하고 그린 그림들이 모두 제각각이라니 이것이 바로 관찰이 가진 아이러니가 아닐까? 현미경 관찰을 통한 정보의 포착 과정에서 나타나는 이러한 속성은 과학적 관찰의 본성과 모델링에 대한 이해를 가르치기 위한 좋은 출발점이 될 수 있을 것이다.

---

3 권오현 (역) (2017). 과학자의 생각법. R. Root-Bernstein의 Discovering. 서울: 을유문화사.

과학적 관찰의 속성과 한계

'관찰'은 감각기관과 그것을 확장하는 도구, 그리고 관련 지식을 이용하여 사물과 현상에 관한 정보와 자료를 얻는 과정이다. 초등 과학교육의 탐구 활동에서 가장 많이 쓰이는 탐구 기능인 관찰은 과학적 탐구 과정을 구성하는 근본적이고 기초적인 요소이다.

그런데 우리가 오감을 사용한 관찰을 통해 정보를 얻고 그 의미를 해석하는 과정에는 감각기관뿐만 아니라 뇌에서 일어나는 복잡한 정보처리 과정이 관련되어 있기 때문에 단순해 보이는 관찰의 과정도 사실은 매우 복합적인 과정이다. 그리고 그러한 복합적 특징으로 인해 관찰의 과정은 다음과 같은 속성과 한계를 가지게 된다.

먼저 관찰은 감각기관에 의존적인 과정이다. 따라서 인간이 지니고 있는 감각기관의 한계 때문에 관찰할 때에도 한계가 있다. 우리 눈은 가시광선 영역의 빛만 볼 수 있기 때문에 우리에게 보이는 사물은 자외선을 볼 수 있는 벌이나, 적외선을 감지할 수 있는 뱀의 감각과는 다를 수밖에 없다. 우리는 이러한 한계를 극복하기 위하여 관찰을 위한 다양한 도구들을 발달시켜 왔다. 현미경이나 망원경이 없었다면 연못물에 살고 있는 작은 생물과 멀리 떨어진 별들을 볼 수는 없었을 것이다.

또 관찰의 과정에는 감각기관뿐만 아니라 우리의 뇌에서 일어나는 정보처리의 과정도 포함되기 때문에 관찰은 감각기관 뿐만 아니라 인지구조에도 의존적이다. 즉 외부로부터 감각된 정보가 뇌의 정보처리 과정에서 변형될 가능성이 있다는 것이다. 우리의 시야 안에는 언제나 우리 신체의 일부인 코와 눈썹이 있지만, 우리는 일상적으로 이것들을 인식하지 못한다. 또 아래의 그림에서 보이는 막대의 길이가 실제로는 모두 같음에도 길이가 다르게 보이는 것처럼 관찰의 결과는 관찰되는 대상 자체의 속성에 의해서만 결정되는 것이 아니라 관찰하는 사람이 가지고 있는 어떤 특성, 즉 인지구조에 의

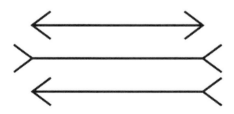

같은 길이지만 다른 것처럼 보이는 경우

해 정보가 변형되고 재해석된다. 따라서 우리가 어떤 사물이나 현상에 대하여 관찰하고 진술한 관찰 사실들은 실제와는 상당한 차이가 있을 수 있다.

관찰은 경험 또는 기존의 과학적 이론에 의해서도 영향을 받는 '이론 의존적' 속성을 가지고 있다. 관찰에 앞서 어떤 정보와 이론을 가지고 있느냐에 따라서 관찰의 결과가 달라질 수 있다는 것이다. 같은 특성의 플라나리아에 'high-twisting'와 'low-twisting' 라는 표시를 붙여 놓고 학생들에게 플라나리아가 몸을 꼬는 빈도를 세도록 한 실험에서 관찰자들은 'high-twisting'이라고 표시가 붙어진 플라나리아가 몸을 더 많은 빈도로 몸을 꼰다고 답했다는 연구 결과[4]와 물벼룩의 심장 박동 수를 측정하는 실험에서 화학물질이 동물에게 생리적인 영향을 줄 것이라는 기대로 인해 실제로는 차이가 없었음에도 차이가 있는 것으로 해석하는 경향을 보였다는 연구 결과[5]는 관찰의 이론 의존성을 잘 보여주는 예라고 할 수 있다.

따라서, 관찰 행위와 그 관찰 사실은 자연에 존재하는 것이 아니며, 우리의 감각기관, 인지구조, 그리고 과학적 이론에 의해서 달라질 수 있기 때문에 절대적으로 객관적인 관찰은 있을 수 없다. 앞의 수업 상황에서 보았던 것처럼 학생들이 현미경으로 같은 사물을 관찰하고 그린 그림이 서로 달랐던 것이나, 기포를 짚신벌레로 인식하고 관찰하였던 것처럼 학교 과학수업 상황에서도 이런 관찰의 특징으로 인한 문제는 항상 잠재되어 있다. 우리는 학교의 과학 수업을 통해 학생들이 관찰의 속성과 한계를 잘 알고 자연현상에 대한 관찰 과정에서 편향되거나 왜곡된 인식을 줄이고, 더 과학적으로 접근할 수 있도록 탐구 능력을 길러줄 필요가 있다.

---

4 Cordaro, L., & Ison, J. R. (1963). Psychology of the scientist: X. Observer bias in classical conditioning of the planarian. Psychological Reports, 13(3), 787−789.

5 McComas, W. F., & Moore, L. S. (2001). The expectancy effect in secondary school biology laboratory instruction: Issues & opportunities. The American Biology Teacher, 246−252.

4. 실제로 어떻게 가르칠까?

> 여기서는 초등학교에서 다루어지는 현미경 관찰의 의의와 효과적인 현미경 수업을 위한 아이디어를 소개한다. 그리고 현미경 관찰에 국한하지 않고, 과학 수업에서 학생들의 관찰 활동을 돕고, 탐구능력을 기르도록 할 수 있는 여러 가지 전략을 살펴보고, 그 교육적 시사점을 고찰한다.

현미경의 도입과 사용

현미경은 학생들이 맨눈으로는 볼 수 없었던 미지의 세계를 보도록 해주기 때문에 학생들의 흥미와 호기심을 자극하는 훌륭한 도구로 사용될 수 있다. 하지만 앞의 수업 사례에서도 보았듯이 한 두 번의 수업으로 현미경을 올바르게 조작하여 관찰하고자 하는 대상을 능숙하게 관찰하기는 매우 어렵다. 특히 요즘에는 직접 현미경을 조작하지 않더라도 관련된 사진 자료와 영상을 인터넷을 통해 쉽게 얻을 수 있고, USB 현미경이나 디지털 현미경과 같은 편리한 도구들이 많이 개발되어 있는 상황에서 학생들이 광학현미경의 사용법을 익히는 것이 꼭 필요한지 의문이 드는 것이 사실이다.

학교에서 이루어지는 현미경 수업의 실효성에 대한 이러한 의문에도 불구하고, 현미경은 그 구조와 사용 방법에 빛의 파장과 굴절, 염색의 원리 등 물리, 화학적 개념이 집약되어 있는 장치인 동시에 아주 작은 미생물과 세포를 직접 관찰하고 조작하는 경험을 제공할 수 있는 매우 효과적인 도구가 될 수 있다. 학생들이 현미경의 조작을 어렵다고 느끼는 가장 큰 이유는 학교의 과학 수업에서 현미경이라는 장치가 어떤 원리에 의해 사물을 확대하는가를 충분히 알려주지 않은 채, 일련의 규칙에 따라 정교한 조작을 해야만 원하는 것을 보여주는 복잡한 장치로 다루어져왔기 때문이 아닐까? 우리는 현미경을 단순히 작은 것을 보여주는 소외된 블랙박스 장치로 밀어놓기보다는 블랙박스를 열고 그것이 가지고 있는 풍부한 이야기를 학생들에게 들려줄 필요가 있다.

앞의 절에서는 교사들이 알고 있어야 할 현미경 조작의 방법에 대해 자세히 다루었다. 하지만 학교의 현미경 수업이 꼭 '장치를 다루는 기술'에 초점을 맞추거나, '정확한

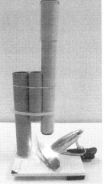

여러 가지 DIY 현미경: 왼쪽와 가운데는 두 개의 렌즈와 경통을 이용하여 만든 훅 (Hooke)의 현미경, 오른쪽은 휴대폰을 이용한 디지털 현미경

대상을 관찰하는 것'을 목표로 이루어져야 하는 것은 아니다. 처음부터 복잡한 광학현미경을 보여주는 대신 물방울 렌즈 관찰, 훅(Hooke, Robert)의 현미경 만들어보기 등 역사적 접근을 취한다거나[6], 자신의 휴대폰으로 직접 현미경을 만들어보는 것을 통해 현미경의 원리를 이해하는 활동[7]으로 현미경 수업을 시작하는 것도 좋을 것이다.

맨눈으로는 볼 수 없었던 대상을 관찰하기에 위해 사용된 도구와 과학적 원리, 그리고 그것이 발달해 온 역사에 대한 이야기들이 과학교육의 맥락에서 연결될 때 학생들은 관찰의 의미를 좀 더 깊이 이해할 수 있을 것이고, 더 이상 현미경의 조작이 어려운 것이라고 느끼지 않을 수 있을 것이다.

과학적 관찰의 지도

우리는 현미경 수업에서 학생들이 기포를 짚신벌레로 착각하고 열심히 관찰하는 것을 보았다. 아마 많은 학생들이 현미경 관찰에 앞서 교과서에 제시된 사진을 통해 짚신벌레가 어떻게 생겼는지를 먼저 알고 관찰하겠지만, 이 사례에서 짚신벌레를 처음 관찰

---

6 Tsagliotis, N. (2010). Microscope studies in primary science: following the footsteps of R. Hooke in Micrographia. Presented at 7th International Conference on Hands-on Science.

7 https://makezine.com/projects/smartphone-microscope/

하는 학생들은 무엇이 짚신벌레인지 몰랐기 때문에 현미경을 통해 눈에 보이는 공기방울이 짚신벌레라고 생각하였다. 이 사례는 '아는 만큼 보인다'라는 말처럼 관찰이 가지는 이론 의존적인 속성을 잘 보여준다. 현미경 실험에서 학생들이 관찰할 대상을 먼저 알고 현미경을 통해 확인하도록 하는 것이 좋을까, 아니면 관찰 대상을 스스로 발견하도록 해야 할까? 수업의 목표가 단순히 작은 생물을 눈으로 확인하는 데 있는 것이 아니라면, 과학의 과정을 학생들이 경험하는 데는 후자의 접근이 더 적절할 것이다. 그런 면에서 물방울을 짚신벌레라고 생각하고 있는 학생들의 상황은 오히려 과학적 관찰의 방법과 그 한계를 가르치기 위한 좋은 출발점이 될 수 있다.

꼭 현미경 관찰이 아니더라도 학교에서 이루어지는 여러 가지 과학 활동들은 개인적으로 관찰하고 기록하는 것으로 마무리되는 경우가 많다. 하지만 관찰이 이루어진 후 관찰한 내용을 학생들이 발표하고 서로 교환할 수 있는 과정을 거친다면 학생들은 처음 관찰을 통해 발견하지 못했던 많은 부분들을 더 발견하고 관찰할 수 있게 된다. 만약 기포를 관찰하고 있었던 모둠의 학생들이 다른 모둠의 관찰 내용을 듣고 한 번 더 현미경을 볼 기회가 있었다면 자신들이 엉뚱한 것을 관찰하고 있었다는 것을 스스로 깨달을 수 있었을 것이다.

또 학생들이 그린 짚신벌레의 그림이 모두 제각각인 것을 볼 수 있었는데 학생들의 관찰에 대해 교사는 추가적인 질문을 함으로써 학생들을 더 자세한 관찰로 이끌고, 더 중요한 특징들을 포착하도록 독려할 수 있다. 예를 들어 '짚신벌레는 어떻게 움직일 수 있나요?' 라는 교사의 질문은 학생들이 섬모를 발견하고 그 운동을 관심 있게 살피도록 해줄 것이다. 관찰 대상의 전체적인 특징만 관찰하고 그치지 않고 더 자세하게 대상을 관찰하는 것은 종종 더 큰 발견과 이해로 이어진다.

일례로 학생들이 배추흰나비의 애벌레를 관찰한다고 하자. 대부분의 학생들이 애벌레의 몸통에는 7쌍의 다리가 있다는 것만 관찰할 때, 어떤 학생들은 이 다리들 중 가슴에 있는 3쌍의 다리와 배와 꼬리 쪽에 있는 다리의 모양과 움직임이 차이가 있다는 것을 발견하기도 한다. 더 자세한 관찰을 한 학생들은 애벌레가 탈바꿈한 후 성체가 된 나비가 3쌍의 다리를 갖는다는 것, 그리고 곤충이 일반적으로 3쌍의 다리를 갖는다는 것을 분명히 더 잘 학습할 수 있을 것이다.

또 어린 학생에게 호랑나비를 관찰하고 그것을 사실적으로 그려보도록 하면, 아이들은 정교하게 손을 움직이거나 그림을 그리는 능력이 부족하기도 하지만 무엇보다도 관찰 대상인 나비에 관한 지식(이론)이 부족하기 때문에 나비가 가지는 중요한 특징이 무엇인지를 포착하지 못한다. 그래서 호랑나비의 사진을 보고 그대로 따라 그린다고 하는데도 실제로 그린 것은 자신의 머릿속에 있는 나비의 심상을 나타낸 아이콘 처럼 되고만다. 이러한 경향은 학생들이 현미경을 관찰하고 그린 그림에서도 자주 나타난다. 이때 우리가 거기에서 멈추지 않고, 학생에게 자신의 그림을 반성적으로 살펴볼 기회를 제공한다면 학생의 관찰을 훨씬 더 정교하고 과학적으로 변화시킬 수 있다. 관찰 대상이었던 사진과 학생이 그린 그림을 함께 붙여 놓고, 같은 반 친구들과 사진과 그림이어떻게 다른지, 그림의 어느 부분을 수정하면 더 실제에 가깝게 그릴 수 있을지 함께찾아보는 평가 활동을 진행한다면 학생들은 대상의 특징을 포착하고 그것을 모델링하는 과정을 경험할 수 있을 것이다[8].

이처럼 교사는 과학 수업 중 관찰 활동에서 학생들이 대상을 좀 더 상세하게 관찰하고, 비슷한 점과 다른 점을 찾거나, 연관된 사건의 관찰을 통해 규칙성을 찾아낼 수 있도록 도움을 제공해줄 수 있어야 한다. 교사가 학생의 관찰 기능을 발달시키기 위해 제공할 수 있는 도움들에는 다음과 같은 것들이 있다[9].

먼저 교사는 학생들이 대상을 관찰할 수 있는 충분한 시간과 자유로운 조작의 기회를 주고 아낌없는 격려를 통해 적극적으로 참여할 수 있도록 이끌어야 한다. 그리고 충분한 관찰 시간을 가진 후에는 학생들에게 '주의집중' 질문을 제공할 수도 있다. 초점질문을 할 때에는 상황에 따라 어떤 종류의 질문을 할 것인지에 대한 고려가 필요하다.초점이 넓은 질문은 학생 스스로 결정하고 관찰하는 능력을 기를 수 있는 장점이 있고,초점이 좁은 질문은 아동이 놓치기 쉬운 부분을 관찰하는 데 도움을 줄 수 있다.

또, 교사는 학생들이 관찰한 것의 특징을 기록하고 그림을 그리게 함으로써 학생들이 피상적인 특징을 넘어 세부사항을 관찰하도록 도울 수 있을 것이다. 그리고 전체 관찰 과정을 조직화하고 구조화하여 학생들이 앞으로 관찰할 내용, 또는 이미 관찰한 내

---

8 https://modelsofexcellence.eleducation.org/resources/austins-butterfly

9 장병기, 윤혜경(역) (2011). 초등 과학교육에 뛰어들기. Wynne Harlen의 Primary science: Taking the plunge. 서울: 북스힐.

용에 대해 발표하고 공유하는 기회를 제공할 수도 있다. 이러한 교사의 도움을 통해 학생들은 자신의 관찰을 반복적으로 보완하고 정교화 해 갈 수 있을 것이고, 그 과정에서 과학적 관찰과 탐구에 대한 학생의 이해는 자연스럽게 신장될 수 있을 것이다.

풍선 자동차의 속력

스마트 기기를 활용한 측정은 항상 효과적인가?

나는 교생 실습 기간 중에 5학년 '물체의 빠르기' 단원의 수업을 맡아 준비하게 되었다. 학생들은 이미 속력의 뜻과 단위를 배운 후였고 내가 맡은 차시에서는 학생들이 직접 풍선자동차가 운동하는 영상을 찍고 이를 분석하여 속력을 비교해 보는 활동을 하게 되었다. 하지만 풍선자동차가 일직선으로 움직이지 않았기 때문에 학생들은 풍선자동차의 운동을 동영상으로 어떻게 분석해야 할지 혼란스러워 했다. 이 수업을 마치고 나는 동영상을 촬영해서 물체의 속력을 구하는 것이 과학적으로 적합한 방법인지, 그리고 스마트 기기를 초등학교 과학 수업에서 꼭 활용해야 하는지에 대한 의문이 들었다.

1. 과학 수업 이야기

과학 교과서[1]에는 교실 바닥에 줄자를 놓고, 같은 간격으로 일정 거리마다 색 테이프로 표시한 후 풍선 자동차가 이동하는 모습을 스마트폰 카메라로 동영상을 찍게 되어 있다. 그리고 이 영상을 재생하면서 풍선 자동차의 속력을 구해보게 되어 있다. 풍선 자동차는 이미 만들어진 것이 갖추어 있었고, 학교에 태블릿도 20대 이상 있어서 나는 수업 준비에 별 어려움이 없을 것으로 생각했다. 그러나 교실에서 영상을 찍으려면 책상을 옮겨야 하고 공간도 좁아서 나는 강당에서 이 활동을 하기로 했다. 우선 강당에 1 m 간격으로 주차금지 표지로 쓰이는 고깔 모양의 플라스틱 칼라 콘을 5개 배치했다. 또 50 cm 간격으로 청테이프로 바닥에 표시를 해 두었다. 그리고 학생들이 고무풍선을 출발시키는 출발선도 표시하였다. 3명이 한 모둠으로 활동하도록 했고 1명은 풍선 자동차를 출발시키고, 1명은 풍선 자동차를 회수하고, 다른 1명은 측면의 정해진 위치에서 태블릿으로 동영상을 찍도록 했다. 학생들은 강당으로 가며 마냥 즐거운 표정이었다. '역시 강당에서 준비하길 잘했어!' 나도 내심 수업이 이미 성공한 것처럼 마음이 들떴다.

학생들은 풍선을 힘껏 불어 출발선에서 나의 신호를 기다렸고 나는 오른팔을 높이

풍선 자동차

---

1 2015년 발행 5학년 2학기 국정 과학교과서

들어 올리며 크게 소리쳤다.

"출발!"

그런데 이게 웬일인가? 풍선 자동차는 앞으로 똑바로 나아가지 않았다. 조금 비뚤어지는 것이 아니라 너무 많이 휘어서 아예 태블릿으로 찍을 수 있는 범위를 벗어나기도 했다. 풍선이 자동차의 중앙에 오도록 하면서 주의 깊게 여러 번 시도해 보도록 했지만 계속해서 풍선은 똑바로 가지 않았다. 차라리 줄자를 가지고 이동 거리를 재면 풍선이 똑바로 가지 않아도 처음 위치와 나중 위치 사이의 거리를 줄자를 이용해서 잴 수 있을 텐데 동영상으로 찍으니까 직선으로 움직여야만 이동 거리를 어림할 수 있었다. 나는 스마트 기기의 활용에 대해 의구심이 들기 시작했다.

'이 수업에서 왜 굳이 스마트 기기로 동영상을 찍도록 했을까?, 이것이 과연 속력을 제대로 측정하는 방법일까?, 실제 과학에서 이러한 방법으로 속력을 측정하는 경우가 있을까?'

또 처음에는 풍선 자동차가 빠르게 움직이지만, 점점 느려져서 눈으로 보기에도 빠르기가 변한다는 것이 분명했다. 나는 무언가 문제가 있다고 생각했지만 당장 무엇을 어떻게 해야 할지 몰라 그대로 수업을 진행했다. 모든 모둠의 동영상 촬영이 끝난 후 다시 학생들과 교실로 돌아왔다. 이제 동영상을 보면서 물체가 움직인 이동 거리와 걸린 시간을 가지고 속력을 구해야 한다.

풍선 자동차가 똑바로 간 것이 거의 없었기 때문에 그야말로 거리는 '대충' 학생들이 어림했고, 시간은 동영상 재생기에 나타나는 시간을 이용했다. 마침내 나의 걱정대로 학생들의 질문이 쏟아졌다.

"선생님, 처음에는 빠른데 나중에는 느려요. 어디에서 동영상을 멈추어야 하나요?"
"풍선 자동차가 어디에서 멈추었는지 동영상에 찍히지 않았어요."
"분명 눈으로 보기에는 우리 모둠의 자동차가 얘네보다 빠른데 똑바로 가지 않아서… 계산한 값은 얘네 모둠이 더 크게 나와요."

학생들은 동영상을 통해서 풍선 자동차의 이동 거리를 정확하게 측정하거나 어림하기 어려웠고, 혼란은 계속되었다.

깔끔하고 멋지게 수업을 성공시키려던 나의 계획은 무너져버렸다. 나는 학생들의 혼란을 정리해 주지 못한 채, 다시 속력은 이동한 거리를 시간으로 나누어 구한다는 것을 반복해서 강조하며 수업을 마무리했다.

이 수업을 하고 나는 다음과 같은 의문이 들었다.

- 동영상을 촬영해서 물체의 속력을 구하는 것이 과학적으로 적합한 방법일까?
- 똑바로 가지 않는 풍선 자동차 속력은 어떻게 측정할 수 있을까?
- 스마트 기기를 초등학교 과학 수업에서 꼭 활용해야 할까?

2. 과학적인 생각은 무엇인가?

> 아랫글에서는 등속 운동과 속력에 대해 시간에 따른 거리 및 속력 그래프와 관련지어 설명하고, 평균 속력과 순간 속력을 구하는 방법을 자동차의 경우를 예로 들어 설명한다.

등속 운동과 속력

어느 물체가 같은 거리를 더 짧은 시간에 이동하거나, 같은 시간 동안에 더 먼 거리를 이동한다면 이 물체가 다른 물체보다 빠르다는 것을 우리는 쉽게 알 수 있다. 하지만 이동 거리와 이동 시간이 각기 다른 여러 물체의 빠르기를 비교하기는 쉽지 않다. 예를 들어, 100 m를 10 초에 달린 사람과 25분 동안에 12 km를 이동한 자동차는 어느 것이 빠른가? 이것을 알려면 우리는 단위 시간 동안에 이동한 거리를 계산하여야 한다. 그러면 사람은 1분 동안 600 m를 이동하고, 자동차는 480 m를 이동하여 사람이 더 빠르다는 것을 알 수 있다. 이렇게 단위 시간 동안 이동한 거리를 우리는 물체의 속력이라고 한다. 속력은 시간과 거리의 단위에 따라 m/s나 km/h 등을 사용한다. 1초마다 1 m를 이동하는 물체의 빠르기는 1 m/s, 1시간마다 1 km씩 이동하는 물체의 빠르기는 1 km/h로 표현된다. 초속(m/s)은 그 값에 3.6을 곱하면 시속(km/h)이 된다. 초속 10 m/s는 시속 36 km/h와 같으며, 따라서 자동차는 제한 속력이 30 km/h인 어린이 보호 구역을 지날 때 초속이 10 m/s보다 작아야 한다.

앞의 예에서 10초 동안 100 m를 달린 사람이 실제 시간에 따라 이동한 거리와 속력을 그래프로 그렸을 때 아래와 같았다고 하자. 거리 그래프에서 알 수 있는 것처럼 원점을 지나는 직선이 아니기 때문에, 이 사람이 이동한 거리는 시간에 따라 일정한 비율로 늘어나지 않는다. 속력 그래프를 보면 처음에 멈춰 있던 이 사람의 속력은 10초 동안 0에서부터 증가하여 거의 12 m/s가 된다는 것을 알 수 있다.

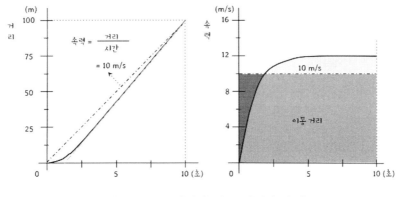

시간에 따른 사람의 이동 거리와 속력

이렇게 물체의 속력은 처음부터 일정한 경우는 드물다. 만일 이 사람이 처음부터 10초 동안 일정한 속력(즉, 10 m/s)으로 이동했다면, 그러한 등속 운동은 두 그래프에서 점선과 같은 직선이 되어야 한다. 시간에 따른 속력의 그래프에서 실제 속력 곡선 밑에 있는 회색 면적은 10초 동안 이 사람이 이동한 거리를 나타낸다. 또한, 그 면적은 처음부터 10 m/s의 속력으로 등속 운동을 했을 때 이동한 거리인 직사각형의 면적 100 m와 같다. 10초에 100 m를 달린 이 사람은 속력이 0에서 12 m/s까지 변하면서 이동했지만, 평균적으로 10초 동안 10 m/s의 속력으로 달린 것과 같다. 그러므로 이동한 거리를 걸린 시간으로 나누어 구한 속력은 평균 속력을 나타낸다.

시간에 따른 거리를 나타낸 위 그래프에서 평균 속력은 점선과 같이 출발점과 도착점을 잇는 직선의 기울기를 보여준다. 그러므로 시간에 따라 사람이 이동한 거리를 보여주는 실제 거리 곡선에서 그 곡선에 접하는 접선의 기울기는 그 곳에서 그 사람의 속력을 나타낸다. 이 그래프에서 거리 곡선에 접하는 접선의 기울기는 원점 0에서 점점 증가하여 거의 일정하게 변한다는 것을 보여준다.

평균 속력과 순간 속력

평균 속력은 물체가 등속 운동을 한다고 가정하고, 물체가 총 이동한 거리를 이동하는 데 걸린 시간으로 나눈 값이다. 그러면 물체가 운동하는 어떤 순간에 그 물체의 순간 속력은 어떻게 구할 수 있는가? 물체의 순간 속력을 알려면 앞에서 설명했던 것처럼 시간에 따라 물체가 이동한 거리를 그래프로 그린 다음에, 어떤 지점의 순간 속력을 구하려면 그 지점에서 그래프에 접하는 접선의 기울기를 구해야 한다. 그렇지만 이렇게 그래프를 그리는 일은 번거로워서, 일반적으로 순간 속력은 매우 짧은 시간 동안 물체가 이동한 거리를 그 시간으로 나누어 계산한다. 다시 말해, 순간 속력은 매우 짧은 시간 동안 등속 운동을 했다고 가정하고 물체의 평균 속력을 구하는 것과 같다.

그러면 자동차에 있는 속력계는 어떻게 자동차의 속력을 측정하는가? 자동차 바퀴에는 자석을 이용한 센서가 부착되어 있고, 그것을 이용하여 바퀴가 1초 동안 회전한 수와 바퀴의 둘레 길이를 이용해 이동한 거리를 계산한다. 또 자동차 네비게이션은 위성과의 통신을 통해 차량이 1초 동안 이동한 거리를 계산하여 속력을 표시한다. 그러면 도로에 고정된 과속 단속카메라는 어떻게 속력을 측정할까? 단속카메라는 도로 앞쪽에 유도 전류나 압전 센서를 이용한 감지선 두 개를 일정한 간격으로 깔아 놓고, 자동차가 두 개의 감지선을 밟고 지나가는 시간을 계산해서 속력을 측정한다. 이것들은 모두 매우 짧은 시간 동안 이동한 자동차의 평균 속력으로 순간 속력을 나타내는 것이다. 그에 비해 구간 단속카메라는 단속 구간이 시작되는 지점과 끝나는 지점의 시간을 측정하여, 그 구간을 이동한 자동차의 평균 속력을 계산한다.

동영상에 의한 속력 측정

스마트폰 카메라를 이용하여 움직이는 풍선 자동차의 속력을 측정하려면 어떻게 해야 할까? 앞의 수업 사례에서는 칼라 콘을 표지판으로 일정한 간격으로 세워놓고 풍선 자동차가 운동하는 모습을 옆에서 촬영하였다. 이렇게 카메라를 중앙에 놓고 촬영하는 경우에는 다음 그림 (가)에서 알 수 있는 것처럼 표지판이 자동차에서 상당히 떨어져 있으면 자동차의 위치에 따라 촬영 시선각이 달라져 정확한 자동차의 위치를 판단하기 어렵다. 또한, 자동차가 직선 운동을 하지 않고 옆으로 휘어지는 경우 수업 사례에서도 나타난 것처럼 위치 파악이 어려워 이동 거리를 정확하게 측정하기 어렵다.

자동차의 운동을 좀 더 정확하게 찍는 방법은 마룻바닥에 테이프를 일정한 간격으로 붙여 놓고, 그림 (나)와 같이 앞으로 이동해 오는 자동차를 과속 단속카메라처럼 위에서 아래로 촬영하는 것이다. 테이프는 자동차 바퀴와 붙어 있어서 촬영 시선각에 따른 왜곡을 줄일 수 있다. 또한, 세로로 붙인 테이프에 수직하게 가로 테이프를 일정한 간격으로 바둑판 모양으로 붙여 놓으면, 자동차가 휘어져 옆으로 이동하는 경우에도 동영상에서 그 위치를 확인할 수 있기 때문에 출발점에서 그곳까지의 이동 거리를 확인할 수 있다. 이렇게 촬영한 동영상을 동영상 플레이어로 재생하면서 자동차가 테이프 표시선을 지날 때의 시간을 측정하고, 그 위치를 확인하면 자동차가 옆으로 휘어져 운동하여도 마룻바닥에서 그 표시선을 확인하고 출발점과 그 지점 사이의 거리를 줄자 등으로 측정할 수 있다. 따라서 수업 사례에서는 자동차의 운동을 분석하기 위해 적절한 방법으로 자동차의 운동을 촬영하지 못했다는 것을 알 수 있다.

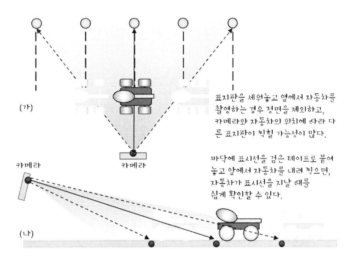

자동차의 운동을 동영상으로 찍는 방법

3. 교수 학습과 관련된 문제는 무엇인가?

아래 글에서는 먼저 전통적인 실험의 한계와 컴퓨터 바탕 과학 실험의 장점을 논의한다. 그리고 스마트 기기를 활용하는 방안의 하나로 구글의 과학 저널(Science Journal) 앱을 속력 측정 실험에 이용하는 방법을 소개한다.

전통적인 실험과 컴퓨터 바탕 과학 실험(MBL)

실험이 과학의 고유한 특징이라는 것에 이견을 가진 사람은 없을 것이다. 마찬가지로 교실 현장에서 실험 교육이 가지는 의의에 대해 반대하는 사람은 거의 없을 것이다. 직접적인 경험이 어떤 다른 방법보다 가치 있는 학습이기 때문이다. 하지만 이러한 여러 장점에도 불구하고 실험은 교실 현장에서 여러 한계가 있다. 예를 들어, 교사가 실험을 준비하거나 학생들이 실험을 수행하고 자료를 수집하는 데 대개 많은 시간과 노력이 든다. 정해진 수업 시간 내에서 자료를 분석하고 해석하거나 토의하는 데 필요한 시간이 부족한 경우가 많다. 그래서 실험 과정에서 자료를 측정하고 수집하여 표나 그래프로 표시하는 절차를 간편하게 하는 방법으로 컴퓨터를 활용한 '컴퓨터 바탕 과학 실험(MBL: microcomputer-based laboratory)'이 도입되기도 한다. MBL은 센서로 측정한 측정값을 접속장치(인터페이스)를 통해 컴퓨터로 전달하여 표나 그래프로 자동으로 변환하여 그 결과를 바로 보여준다. 그래서 MBL을 사용하면 학생들이 측정하기보다는 그 결과를 해석하고 논의하는 데 좀 더 집중하도록 할 수 있다. 또한, MBL은 보통 사람이 측정하기 어려운 매우 짧은 순간의 측정값이나 미세한 값의 변화를 보여줄 수 있다.

예를 들어, 증발에 의한 냉각 현상을 관찰하는 단순한 활동을 살펴보자. 3개의 온도 센서를 이용하여 하나는 대조군으로 책상 위에 놓고, 나머지 두 온도 센서는 알코올 속에 집어넣는다. 센서가 온도를 측정하기 시작하면, 두 온도 센서를 액체에서 꺼낸다. 그리고 한 온도 센서는 그대로 내버려 두고, 다른 온도 센서는 공중에서 계속 부드럽게 휘젓는다. 그러면 컴퓨터 프로그램은 각 온도 센서가 측정한 온도를 컴퓨터 화면에 아래의 그림과 같이 그래프 형태로 기록한다. 이렇게 컴퓨터 화면에 측정 자료를 실시간

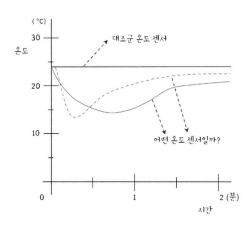

증발에 의한 알코올의 냉각

으로 제시하면 자료 분석 과정에 학생들의 주의를 집중시킬 수 있다.

만일 이런 활동을 보통 온도계로 한다면, 학생들은 활동을 하는 동안 측정값을 수집하는 일에만 전적으로 집중해야 한다. 그런 다음에 그래프를 그려야 하고, 이것을 성공적으로 수행한 집단만 그 결과를 분석할 수 있을 것이다. 이와 같은 일반적인 실험 방법과 앞에서 언급한 컴퓨터 바탕 실험 방법을 비교해 보면 다음과 같은 장점이 있다는 것을 쉽게 알 수 있다[2].

- 학생의 활동과 실험 결과를 직접 연결시켜서 학생이 그래프로 표현된 측정값을 활동 자체에 연관시키기 쉽다.
- 학생들이 측정값을 수집하는 일에 몰두하기보다는 관찰하고 생각할 수 있는 시간을 더 많이 가질 수 있다.
- 전통적인 방법으로 그래프를 그리기 위해서는 측정값을 학생이 다룰 수 있어야 하지만, 이 방법은 전체적인 그래프의 모양을 보고 기울기와 경향 등을 학생이 살펴볼 수 있어 정성적인 분석이 가능하다.
- 실험을 하면서 제시된 자료를 빠르게 살펴봄으로써 학생이 '만일 … 한다면 어떻

---

2 Barton, R. (2002). IT in practical work: assessing and increasing the value-added. In J. Wellington (Ed.), Practical work in school science: Which way now? (pp. 271-280). New York: Routledge.

게 될까?'와 같은 질문을 제기하고, 그 후속 활동을 수행하도록 격려할 수 있다.
- 컴퓨터 화면에 그래프를 제시하는 것은 교사와 학생이 그 활동을 토의하기 위한 출발점을 제공한다.

또한, 컴퓨터 바탕 과학 실험은 교사의 시범 실험에도 활용할 수 있다. 프로젝터를 사용하여 컴퓨터 화면을 전체 학급이 볼 수 있도록 할 수 있고 전체 학급이 스크린에 나타난 측정 자료를 보고 그에 대해 질문하거나, 의견을 말하고, 제안할 수 있다. 예를 들어, 온도 센서를 사용하여 앞에서 언급한 증발 실험과 같이 간단한 실험을 교사가 시범으로 보인다면 몇 분 내에 많은 효과를 보여줄 수 있다. 이것은 학생이 수집된 자료를 해석하고, 실험 조건의 변화에 대해 예상하도록 기회를 제공할 수 있도록 한다. 그래프가 어떻게 될지 학생이 예상하도록 하는 일은 학생을 활동에 몰두시키는 좋은 방법이다. 특히, 컴퓨터를 사용하면 측정값을 수집하는 시간이 짧기 때문에 예상 후에 그것을 바로 확인할 수 있어 매우 효과적이다. 예를 들어, 다음과 같은 상황을 생각해 보자. 뜨거운 물에 커피를 타고 찬 우유를 조금 붓는 순간에 전화가 왔다. 더 따뜻한 커피를 마시려면, 전화를 받기 전에 우유를 부어야 할까? 아니면 전화를 받고 나서 우유를 부어야 할까? 이것을 알아보기 위하여 뜨거운 물이 든 두 컵의 온도를 컴퓨터를 이용하여 측정할 수 있다. 한 컵은 시작할 때 찬물을 조금 붓고, 다른 컵은 같은 양의 찬물을 조금 후에 붓고 냉각 과정을 살펴보는 것이다. 시작하기 전에 학생들에게 두 컵의 온도가 시간에 따라 어떻게 변할 것인지 예상해 보도록 할 수 있고, 프로젝터를 통해 그것을 곧 바로 확인하게 할 수 있다. 학생이 이렇게 곧바로 확인할 수 있도록 하는 것은 그 활동에 학생의 참여를 증진시키는 효과적인 방법이 될 수 있다.

스마트 기기를 활용한 실험

스마트폰이나 태블릿 PC와 같은 스마트 기기의 확산을 통해 컴퓨터 바탕 과학 실험이 스마트 기기를 통해 가능해졌다. 스마트 기기에는 이미 가속도계, 기압계, 나침반, 밝기, 소리 세기, 음높이, 자기계 등과 같은 센서가 내장되어 있기 때문이다. 또한, 스마

트 기기에는 사진기나 GPS 장치도 있어, 실험 과정을 사진이나 동영상으로 촬영할 수 있고 실험자의 위치도 확인할 수 있다. 초등학교 수준에서는 구글(Google) '과학 저널 (Science Journal) [3]'이라는 앱을 과학 실험에 사용할 수 있다. 학생들은 이 앱을 위의 그림과 같이 앱 스토어나 구글 플레이에서 무료로 내려받아서 사용할 수 있다.

이 앱은 일종의 디지털 과학 노트로 사용할 수 있고, 기록한 자료들은 모두 구글 드라이브의 '**과학 저널**(Science Journal)'이라는 폴더에 저장된다. 이 앱 내에서 관찰 노트를 추가할 수도 있고, 사진이나 동영상을 촬영할 수 있으며, 자신의 기기에 있는 사진 자료를 추가할 수도 있다. 그리고 앞에서 언급한 내장된 센서를 이용하여 시간에 따른 측정값을 기록할 수 있다. 센서는 약 0.066초마다 측정값을 기록하고, 공유 기능을 통하여 원하는 곳에 '스프레드시트' 프로그램으로 읽을 수 있는 csv(comma-separated values) 파일 형식으로 데이터 파일을 내보낼 수 있다. 또한, 기록된 측정값은 기기의 화면에서 0.1초 단위로 읽을 수 있다.

예를 들어, 빛의 밝기를 측정하는 센서를 이용하여 어떤 지점에서 풍선 자동차의 속력을 구하는 방법을 살펴보자. 과학 저널 앱을 열어 ⊕ 단추를 눌러 실험을 추가한 다음에 센서 표시 아이콘을 누르면 센서 카드가 나타나 센서 창에 측정 가능한 센서들이 나타난다. 센서 창에서 전구 모양의 아이콘을 찾아 누르면 밝기 센서가 위의 그림과 같

---

3 '과학 저널' 앱에 대해 살펴보려면 다음 웹 사이트 주소를 참고한다.:
　https://sciencejournal.withgoogle.com/experiments/getting-started-with-science-journal/

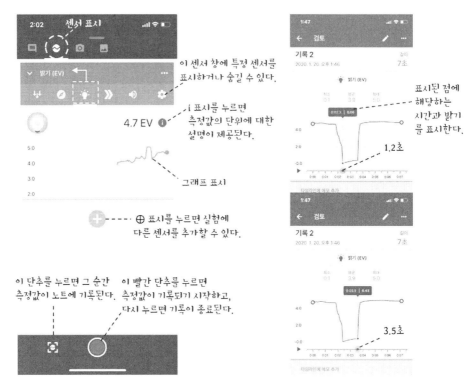

과학저널 앱의 화면

이 표시된다[4]. iOS 기기에서는 밝기가 EV(Exposure Value: 노출값) 값으로 표시되고, 안드로이드 기기에서는 룩스(lux)로 표시된다[5]. 화면 아래에 있는 빨간 단추를 누르면 측정값이 기록되고, 다시 한번 누르면 기록이 종료된다. 스마트폰 화면을 위로 향한 채 책상 위에 놓아두고, 기록 단추를 누른 다음 두꺼운 카드를 스마트폰 위로 움직이면 위 그림의 오른쪽에 표시된 것처럼 카드에 의해 빛이 차단되는 것을 기록할 수 있다. 그래 프 밑에 표시된 파란 세모(▷) 표시를 누르면 기록을 재생할 수 있다. 시간 축에 표시 된 파란 점을 원하는 곳으로 움직이면 그 지점에서의 시간과 밝기가 창에 표시된다.

---

4   밝기 센서는 보통 스마트폰의 화면 위쪽에 있는 카메라 구멍 옆에 있다. 손가락을 움직여 그 부분을 가리면 측정값이 최소값이 되는 것으로 알 수 있다.

5   EV는 면에서 반사되는 빛의 양으로 밝기(휘도)를 표시하고, 룩스(lux)는 단위 면적당 받는 빛의 양 으로 밝기(조도)를 표시한다.

그래서 스마트폰을 마룻바닥에 놓고 그 위를 풍선 자동차가 스마트폰에 부딪치지 않고 아래의 그림과 같이 지나가도록 한다. 자동차가 지나가면서 센서가 빛이 차단되는 시간을 측정하면, 측정된 자동차의 길이를 차단된 시간으로 나누어 그 지점을 지나는 자동차의 속력을 구할 수 있다. 이렇게 구한 속력은 풍선 자동차의 순간 속력이라고 할 수 있다.

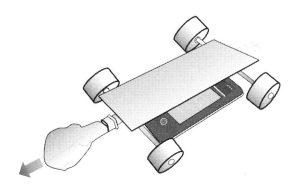

풍선 자동차의 순간 속력 측정하기

4. 실제로 어떻게 가르칠까?

> 아랫글에서는 풍선 자동차의 운동을 개선하는 방법을 소개하고, 수업 목표에 따라 풍선 자동차의 속력을 구할 수 있는 다양한 방법과 지도 방안을 논의한다.

풍선 자동차의 운동

풍선 자동차는 풍선의 공기가 빨대를 통해 빠져나갈 때 그 반작용으로 자동차를 밀어 앞으로 이동시키는 장난감이다. 공기가 풍선을 빠져나가면서 풍선의 압력이 작아져서 자동차의 속력은 보통 일정하게 유지되지 않는다. 그래서 다음 그림에서 알 수 있는 것처럼 대개 2-3초 이내에 속력이 작아지기 시작한다. 또한, 공기가 빠져나갈 때 빨대가 흔들리거나 바퀴가 요동을 치면 자동차가 직선 운동을 하지 않고 이리저리 휘어지게 된다.

풍선 자동차를 똑바로 가게 하려면 바퀴축을 나란하게 붙여야 하고, 공기가 빠져나가는 빨대는 바퀴축과 수직하여야 한다. 두 바퀴축이 서로 나란하지 않거나, 빨대가 바퀴축과 서로 수직하지 않으면 자동차는 직선으로 운동하지 않고 휘어진다. 또한, 바퀴를 축에 수직하게 연결해야 한다. 비스듬하게 붙이면 역시 자동차는 똑바로 가지 않는다.

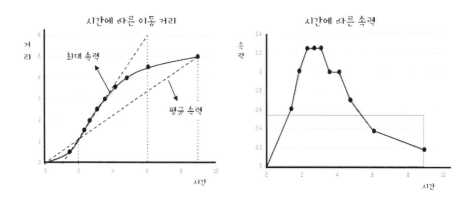

풍선 자동차의 운동(예시)

풍선 자동차의 바퀴축과 발대

초등학생에게 이런 섬세한 작업은 도전을 요구하는 것이다. 이러한 작업이 사전에 충분히 이루어진다면 좋을 것이다. 또 학생들이 만든 풍선 자동차가 똑바로 운동할 수 있는 보조 장치를 고안하는 것도 바람직하다. 예를 들어, 다음 그림과 같이 자동차가 똑바로 가도록 책 등으로 벽을 만들어 자동차가 벗어나지 않도록 트랙을 만들어 줄 수 있다. 또는 자동차 밑면에 그림과 같이 두 개의 빨대를 나란하게 붙인 다음, 빨대에 기다란 실을 통과시켜 출발점에서 결승점까지 실을 통해 움직이도록 안내할 수도 있다.

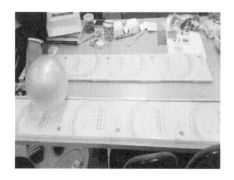

트랙(운동 경로)을 만들기　　　　　　**두 개의 빨대를 붙이기**

수업 목표의 중요성

이 수업에서 교사가 원하는 것은 무엇일까? 교사는 교실 현장에서 학생들의 요구나 흥미, 준비 상태, 또는 교육과정 목표나 학급, 학교의 지향점 그리고 자신의 교육관 등에 따라 교과서에 제시된 수업을 다양한 방식으로 바꾸어 가르칠 수 있다. 예를 들어,

속력을 구하는 실험에서 학생들이 직접 자로 거리를 재고 초시계를 사용하는 법을 익히기 바란다면, 풍선 자동차의 운동을 동영상으로 촬영하지 않고 도착점에 자동차가 도달한 시간을 직접 측정하도록 할 수 있다. 또한, 풍선 자동차의 속력은 일정하지 않고 변하기 때문에, 그것을 확인하기 위해 측정된 자료를 분석하고 토의하기 바란다면, 이동 구간을 표시하고 각 구간에 자동차가 도달하는 시간을 측정하여 표를 작성하도록 할 수 있다. 교사는 그렇게 얻은 실험 결과를 가지고 풍선 자동차의 운동이 어떻게 변하는지 학생들에게 설명을 요청할 수 있다.

　그러나 학생들이 동영상을 촬영하거나 스마트폰을 활용하는 것에 관심과 흥미가 있다면, 풍선 자동차의 운동을 동영상으로 촬영하여 동영상 플레이어[6]를 통해 분석하는 법을 지도하는 방안도 있다. 만약 학생들이 이러한 동영상 프로그램을 다루는 데 익숙하지 않으면 그것을 익히는 데 더 많은 시간을 보낼 수 있고 교사는 이 수업 전에 학생들이 동영상을 촬영하거나 프로그램을 통해 예시 자료를 분석하는 방법을 익힐 수 있는 기회를 제공해 주어야 할 것이다. 동영상 플레이어의 화면 재생 조건에서 1초씩 영상을 이동시키면서 물체의 이동 거리를 확인할 수도 있다. 특히, 앞에서 언급했던 것처럼 자동차의 운동을 분석하기 위하여 적절한 촬영 위치를 정하고, 삼각대나 테이프 등 준비해야 할 사항을 충분히 안내해야 할 것이다. 자동차의 운동을 옆에서 촬영하는 것은 이동하는 모습을 분명하게 보여줄 수 있지만, 카메라 정면을 벗어난 곳은 시선각에 따라 그 위치를 잘못 판단하기 쉽다. 따라서 달려오는 자동차를 정면에서 내려찍도록 지도하여야 할 것이다. 그렇지만 시간적인 여유가 있고, 학생들이 직접 적절한 방법을 스스로 찾도록 지도하고 싶다면, 구체적인 안내 없이 도전 과제로도 제시할 수도 있다.

　위의 수업 사례에서도 알 수 있는 것처럼 학생들은 실험을 통해 풍선 자동차의 속력이 달라지는 것을 눈으로 직접 관찰할 수 있다. 그래서 학생들은 대개 자동차가 빨리 움직일 때, 혹은 천천히 움직일 때 속력이 얼마인지 궁금해 한다. 자신들이 공부한 속력 구하는 법을 이용해 원하는 지점에서 풍선 자동차의 속력을 구할 수 있다면, 학생들은 습득한 지식을 어떻게 적용하는지 배우는 기회를 갖게 될 것이다. 특히, 빛과 관련하여 밝기 센서를 사용한 경험이 있다면 학생들에게는 더없는 기회가 될 것이다. 그렇

6　구글 플레이 스토어에서 Easy Slow Movie Player 앱을 내려 받아 사용할 수 있다.

지 않더라도 최소한 학생들은 자신들의 스마트폰을 공부하는 데 활용할 수 있다는 것을 배울 수 있다. 이를 위해서는 이 수업 전에 학생들이 '과학 저널' 앱을 사용하는 법을 익히도록 하는 것이 좋다. 풍선 자동차의 속력을 측정하기 전에 두꺼운 카드를 이용하여 손으로 카드를 카메라 앞에서 천천히 이동시키며 카드의 속력을 측정하는 방법을 미리 연습하는 것도 하나의 방안이다.

준비가 되었다면, 앞에서 언급했던 것처럼 카메라를 마룻바닥에 놓고 그 위로 풍선 자동차가 지나가도록 한다. 그렇게 하기 위해서는 풍선 자동차가 카메라에 부딪치지 않고 그 위를 무사히 통과하는지 시험해 보아야 한다. 또한, 풍선 자동차가 카메라의 밝기 센서를 완전히 차단할 수 있도록 설계해야 할 것이다. 예를 들어, 다음 왼쪽 그림과 같은 풍선 자동차는 빛이 통과할 수 있어 센서를 완전히 차단하지 못한다. 따라서 오른쪽 그림과 같이 빛이 차체를 통과할 수 없는 재료로 만들어야 한다. 또한, 풍선을 불었을 경우 풍선이 차체 밖으로 많이 나와 있는 경우에는 풍선 자체가 빛의 차단 시간에 영향을 줄 수 있다는 것에 주의해야 한다. 실제로 카메라 위로 자동차를 통과시킬 때 측정값이 어떻게 나오는지 시험해 보도록 한다. 차단 시간을 분명하게 확인하기 어려울 정도로 경계가 분명하지 않은 경우에는 카메라 위에 밝은 전구를 수직하게 내려 비치게 하여, 빛을 차단하는 효과가 분명하게 드러나도록 해야 한다.

스마트폰을 바닥에 놓지 않고 옆에 세워놓고 측정해야 할 경우에는 자동차 몸체에 빛을 차단할 수 있는 차단판을 설치해야 한다. 그리고 작은 LED 손전등을 센서에 비추어 자동차가 통과할 때 손전등 빛을 차단할 수 있어야 한다. 그렇지 않으면 주변에 있

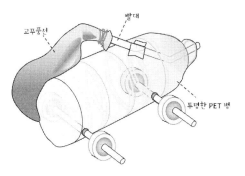

밝기 센서를 사용할 수 없는 차

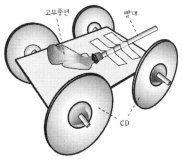

밝기 센서를 사용할 수 있는 차

는 빛의 영향을 받아 그 경계를 확인하기 어렵다. 또한, 자동차의 크기가 20 cm 정도인 경우에 차단 시간이 0.1초 내외가 될 수 있기 때문에 기기 화면에 나타난 시간으로는 부정확할 수 있다. 이 경우 사본 보내기를 통해 csv 파일로 자료를 받으면 1/1000 초 값까지 읽을 수 있다. 모든 준비가 되었다면, 다음과 같은 방법으로 풍선 자동차의 속력을 측정할 수 있다.

(1) 풍선 자동차가 지나갈 지점에 스마트폰 화면을 위로 향하도록 놓는다. 그 위에 밝은 조명을 설치한다.

(2) '과학 저널' 앱에서 밝기 센서를 열고 빨간색 기록 단추를 누른다.

(3) 풍선을 불어 빨대 끝을 손가락으로 막고 있다가 손가락을 치워, 자동차가 스마트폰 위로 통과하도록 한다.

(4) 다시 앱에서 빨간색 정지(기록) 단추를 눌러 측정을 마친다.

(5) 자를 사용하여 빛을 차단하는 자동차(또는 차단판)의 길이를 측정한다.

(6) 앱의 센서 카드에 나타난 그래프를 살펴보고, 밝기가 최소가 되는 두 점 사이의 시간 간격을 측정한다. 다음 그림과 같이 그래프 시간 축에 나타난 파란 점을 이동시키면 원하는 지점의 시간을 알 수 있다.

(7) 측정한 차단판의 길이를 차단 시간으로 나누어 자동차의 속력을 계산한다.

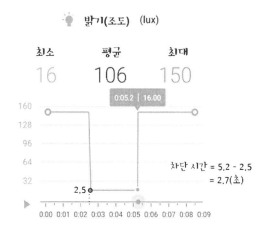

두 점 사이의 시간 간격 측정

결론적으로 요약하면 스마트 기기를 꼭 과학 수업에 활용해야 한다든지, 동영상을 촬영해서 풍선 자동차의 속력을 분석해야 좋은 수업이 되는 것은 아니다. 스마트 기기나 동영상을 활용하더라도 수업 사례에서 보여준 것처럼 잘못 사용하는 경우에는 기대했던 결과를 얻을 수 없기 때문이다. 그러나 학생들이 생활에서 쉽게 접할 수 있는 기기를 활용해서 학습한 내용을 적용할 수 있는 기회를 갖도록 하는 것은 학생들의 이해를 발달시키기 위해 바람직한 일이다. 교사는 자신이 가르치는 학생들의 능력이나 관심을 올바르게 파악하고, 그에 맞는 적절한 학습 목표를 세우고 그것을 성취할 수 있는 구체적인 활동을 고안해야 한다. 스마트 기기나 MBL 기기를 활용하는 것이 정확한 실험 결과를 제공할 수 있더라도 학생들이 거기서 의미 있는 학습을 할 수 없다면, 교사는 참다운 학습을 위한 다른 방안을 고려하는 것이 더 바람직할 것이다.

PART
03

과학 개념의 이해

딜레마 사례 10   환경에 대한 생물의 적응

학생들의 '오개념'은 어떻게 변화시킬 수 있을까?

초등학교 5학년 '생물과 환경' 단원에서는 비생물적인 환경 요소가 생물에 미치는 영향과 환경에 대한 생물의 '적응'에 대해서 배운다. 나는 학생들이 다양한 환경에 적응된 생물의 사례를 살펴보고, 그들의 겉모습과 환경이 관련이 있다는 것을 발견하도록 하는 수업을 계획하였다. 학생들은 수업에서 제시된 동물과 그들이 살고 있는 환경을 쉽게 잘 연결하였다. 그런데 수업을 마칠 즈음 동물이 환경에 적응하게 된 과정에 대해 학생들이 나눈 대화는 과학적이지 않은 생각들로 가득했다. 학생들이 오개념을 가지는 이유는 무엇이고, 또 어떻게 과학적 개념으로 변화시킬 수 있을까?

1. 과학 수업 이야기

수업을 시작하면서 나는 학생들에게 3~4학년 때 식물과 동물의 생활 단원에서 배웠던 서식지 개념을 떠올려보도록 하고, 이번 수업에서는 생물이 그들이 사는 서식지의 다양한 환경과 어떻게 상호작용하고 적응되는지를 알아볼 것임을 예고하였다.

과학 교과서에서는 눈 덮인 극지방, 사막, 마른풀과 회색의 땅이 드러난 건조한 지역의 사진이 인쇄된 서식지 카드와 몸 색깔과 모양이 다른 여우 가족 카드를 관찰하고, 각 여우가 어느 서식지에서 살아가고 있을지 연결해 보는 탐구 활동이 제시되어 있었다.

나는 학생들이 서식지와 여우의 사진을 자유롭게 관찰하고 모둠별로 관찰된 내용을 정리할 수 있는 시간을 주었다.

"자, 서식지 카드를 관찰한 결과 이 서식지는 어떤 환경일 것 같은지 발표해 볼까요?"
"첫 번째 서식지는 모래가 많은 걸로 봐서 사막일 것 같아요."
"이곳은 무척 뜨겁고 더울 것 같아요."
"2번 서식지는 온통 눈이에요. 추운 북극 같아요."
"3번은 풀이 말라 있고…. 그냥 땅이에요."

학생들은 사진에서 나타나는 각 서식지 환경의 특징들을 잘 파악하여 발표하였고, 나는 각 사진이 각각 사막과 극지방, 건조한 지역의 환경을 나타내는 것으로 지구상에

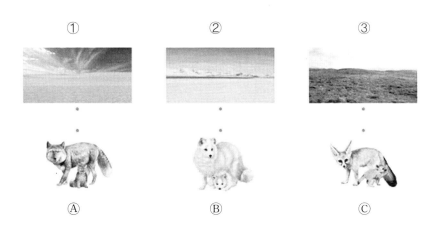

는 지역적으로 환경이 다른 다양한 서식지가 있다는 것을 설명하였다.

"그럼 이번에는 동물 가족의 사진을 봅시다. 이 사진들은 종류가 다른 여우 가족의 사진이에요. 각 여우의 사진을 관찰한 결과를 발표해 봅시다."

"강아지처럼 생겼어요. 귀여워요."
"각 여우가 어떤 모습인지 생김새에서 나타나는 특징들을 발표해주세요."
"A 여우는 등하고 배 쪽의 색깔이 달라요."
"B 여우는 온통 흰색 털로 덮여 있어요. 따뜻해 보여요. 귀가 곰처럼 뭉툭해요."
"C 여우는 A, B 여우 보다 털이 적어요. 귀가 크고 뾰족해요."

서식지와 여우 가족의 특징에 대한 탐색 활동을 마친 다음 나는 각 서식지에서 어떤 여우가 살기 유리할지 모둠별로 토의하고 발표하도록 하였다. 대부분의 모둠에서 붉은 여우, 북극여우, 사막여우를 그들이 살고 있는 서식지 카드와 잘 연결하였고, 그 이유도 잘 설명해 주었다.

"이제 세 종류의 여우들이 각각 어떤 서식지에서 살 것 같은지 얘기해 볼까요?"
"흰색 털이 많은 B 여우는 북극에 살 것 같고, 사막에서 사는 여우는 C 처럼 털이 적고 귀가 클 것 같아요."
"귀가 크면 어떤 점이 사막에서 살기 좋을까요?"
"적이 다가오는 소리를 듣거나 먹이가 움직이는 소리를 듣기에 유리해요."
"그럼 북극여우의 귀는 왜 사막여우하고는 다르게 작을까요?"
"음... 귀가 크면 추우니까요."
"맞아요. 귀가 크면 몸의 열을 많이 발산시킬 수 있어서 더운 지방에 사는 사막여우에게는 큰 귀가 유리하지만, 북극여우에게는 귀가 큰 것이 오히려 불리해요."
"여우들이 몸 색깔이 그들이 살아가는 서식지의 환경과 비슷한 것은 왜 그럴까요?"
"숨기 쉬워요. 일종의 보호색이에요."
"네. 그래요. 이처럼 동물들은 그들이 살아가고 있는 환경에서 잘 살아남기 위한 생김새와 생활방식을 오랜 시간 동안 발달시켜 왔답니다."

나는 이처럼 특정 서식지에 사는 생물이 살아남기에 유리한 특징을 나타내는 것을 생물의 적응이라고 설명해 준 다음, 교과서에 제시된 다른 생물의 적응 사례들을 관찰

하고 실험관찰에 마저 쓰도록 안내한 후 모둠을 순회하며 학생들의 정리 활동을 지도
하였다. 학생들이 이번 수업의 목표에 잘 다가가고 있다고 내심 흡족해 하던 중에 한
모둠에서 학생들의 대화를 듣게 되었다.

"내가 어제 동물원에서 사막여우를 봤는데... 그럼 걔들은 이제 털 색깔이랑 길이가
다르게 변하는 거야? 우리나라는 사막보다는 춥잖아."

"맞아. 더운 환경에서 잘 살기 위해서 커졌던 귀도 이제 클 필요가 없으니까 앞으로
작아지겠지."

"교과서에 있는 대벌레는 천적에게 잘 안 보이도록 몸을 나뭇가지랑 비슷하게 자꾸
길쭉하게 늘리다 보니 생김새가 그렇게 된 거야."

"밤도 다른 동물이 열매를 먹지 못하게 가시로 보호하는 거야."

"다람쥐가 겨울잠을 자는 건 겨울엔 먹을 게 없어서 춥고 배고프니까 그냥 잠이나
자는 거 아닐까?"

나는 학생들의 대화를 듣고 뭔가 크게 잘못되고 있다는 것을 깨달았다. 나는 이 수업
을 통해 생물의 생김새와 생활 방식을 포함하는 형질들이 그들의 환경과 상호작용하는
과정에서 적응된 것임을 가르치고자 하였다. 학생들도 생물이 각자 사는 환경에서 살아
가기에 유리한 형질들은 잘 이해한 듯하였다. 하지만, 어떻게 그러한 형질을 얻게 되었
는가에 대해서는 전혀 이해하지 못하고 있었고, 오히려 환경에 대한 생물의 적응 진화
과정에 대해 잘못된 오개념을 서로 공유하고 있었다. 많은 학생이 특정 서식 환경에 사
는 동물이 그곳에서 살아가기 '위해서' 능동적으로 그 모습이나 생활 방식을 바꾼다고
생각하고 있었다. 또 환경에 적응하는 동물의 변화가 한 세대 내에서 단시간에 일어나
는 것처럼 인식하기도 하였다. 수업 활동이 주로 어떤 생물이 적응의 결과로서 가지고
있는 현재의 생김새와 생활방식이 그들이 사는 환경에서 살아가는 데 어떤 유리한 점
이 있는지를 아는 것에 초점을 두고 있었기 때문에, 학생들이 적응의 과정에 대해서는
잘 이해하지 못한 것으로 보였다. 나 자신도 내가 가르치고자 한 것이 적응의 결과였는
지 아니면, 적응의 과정이었는지 의문이 들기 시작했다. 어디서부터 이 상황을 바로잡
아야 할지 감이 잡히지 않아 당황하고 있는 사이에 수업 종료를 알리는 종이 울렸고,
나는 생물의 생김새와 생활 방식은 그들이 사는 환경에서 잘 살아남기 유리하도록 적

응된 것이라는 것을 한 번 더 설명하고는 수업을 마무리하였다.

이 수업을 하고 나는 다음과 같은 의문이 들었다.

- 어떻게 하면 학생들이 생물이 환경에 적응한 결과만을 학습하는 데 그치지 않고, 적응 과정을 이해하도록 할 수 있을까?

- 생물의 적응과 진화에 대한 학생들의 오개념이 형성된 원인은 무엇일까?

- 쉽게 바뀌지 않는 학생들의 오개념은 어떻게 과학적 개념으로 변화시킬 수 있을까?

2. 과학적인 생각은 무엇인가?

> 여기에서는 생물학적 적응의 의미와 생물이 자연선택을 통해 수 세대에 걸쳐 환경에 적응하고 진화하는 과정에 대해 알아본다.

생물학적 적응

우리가 운동하거나 더운 곳에 가게 되면 우리 몸은 땀을 흘려 체온이 갑자기 높아지지 않도록 한다. 또 매우 자극적인 냄새가 나는 공간에 가더라도 그곳에 오래 머무르게 되면 크게 불편을 느끼지 않게 된다. 이처럼 한 사람이 새로운 상황과 환경에 서서히 익숙해지는 것을 우리는 일상적으로 '적응한다' 또는 '적응된다'라고 표현하곤 한다. 그런데 생물학, 특히 진화 생물학에서 사용하는 '적응'의 개념은 일상적인 의미와는 매우 다르다.

생물학에서 '적응'이란 주어진 환경 조건에서 수 세대에 걸친 유전과 자연선택의 과정을 통해 한 집단(개체군)에서 주로 나타나는 형태적, 생리적, 행동적 형질을 의미하는 동시에, 그 형질들이 형성된 과정을 의미하기도 한다. 즉, 적응은 과정으로서의 의미와 결과로서의 의미를 모두 내포하고 있는 개념이다. 그래서 우리는 생물학적 적응에 대해 이해할 때 과정으로서의 의미와 그 과정의 결과물인 형질로서의 의미를 구별하여 생각할 필요가 있다.

결과로서의 형질을 적응으로 본다면 어떤 생물 종이 가진 형질이 현재 또는 과거에 그 종의 생존에 이점을 제공하는가를 중요하게 본다. 반면에 과정으로서의 적응 개념은 그 결과적 형질이 성립해 온 과정, 즉 진화적 변화와 수정의 과정 전체이며 자연선택의 과정과 그 궤를 같이 한다고 볼 수 있다.

단순히 현재 보이는 형질뿐만 아니라, 다양한 형질을 가진 생물 종이 자연선택, 돌연변이, 이주 및 유전자 부동 등으로 인해 한 집단에서 유전자형의 분포가 여러 세대에 걸쳐 변화하는 과정이며 그러한 유전자 풀(pool)의 변화 과정이 생물학적인 의미의 적응인 것이다.

앞의 수업 사례에서 학생들은 서로 모습이 다른 여우가 각자의 형태적, 행동적 형질로 인해 현재 살고 있는 서식지에서 얻게 되는 생존과 번식의 이점만을 중요하게 학습하였다. 하지만 적응에 대한 이러한 관점은 현재의 환경에 생물이 적응한 결과만을 보는 것이다. 따라서 학생들이 생물의 적응에 대한 과학적 개념을 형성할 수 있도록 하기 위해서는 생물들이 어떻게 현재의 적응된 결과에 이르게 되었는지 그 과정을 함께 이해하도록 해야 한다.

자연선택을 통한 생물의 적응 과정

생명의 다양성과 통일성을 이해하는 데 핵심적인 생각인 진화 개념은 생물이 그들이 사는 환경과의 상호작용을 통해 어떻게 변화할 수 있는가를 설명해 준다. 이 생물의 진화 과정에 대한 설명에서 가장 핵심적인 설명의 틀을 제공하는 것이 **다윈**이 제시한 자연선택이라는 개념이다. 한국의 초등 과학과 교육과정에는 자연선택에 대한 내용이 명시적으로 포함되어 있지는 않지만, 자연선택은 생물의 적응, 생물 종의 특징과 환경과의 관계, 에너지의 전달과 다양한 종들 사이의 생태적 상호 작용, 인간의 활동이 환경에 미치는 영향에 관한 내용과 깊게 관련되어 있다. 때문에 자연선택을 이해하는 것은 다양한 생물학 주제에 관한 학습에 있어서 필수적이다. 생물이 환경에 적응된 형질을 가지도록 하는 메커니즘을 알려주지 않고 환경과 관련이 있다고만 가르치는 것은 학생들로 하여금 생물이 환경의 변화에 따라 스스로를 능동적으로 변화시킬 수 있다는 오개념을 형성하거나 강화시킬 수 있고, 그렇게 형성된 오개념은 이후의 학습과정을 통해서 쉽게 바뀌기 어렵다.

일찍이 다윈은 1) 개체군이 무한히 커질 수 있는 생물의 과잉 생산(번식) 능력, 2) 한정된 자원과 제한된 환경의 수용력, 3) 그런데도 안정된 개체군 크기가 유지되는 현상에 대한 생태학적 관찰, 그리고 4) 집단 내에 존재하는 다양한 형질의 변이(차이)가 5) 다음 세대의 자손에게 전달되는 유전학적 관찰에 기초한 논리적 추론을 끌어냈다(아래 그림 참조). 다윈은 마침내 환경 여건에 의한 개체들의 차별적 생존과 생식이 생물 집단의 변화로 귀결되는 과정에 대한 설명의 틀을 확립하였다. 이 5가지 관찰 사실과 3가지 추론 체계로 요약되는 자연선택의 과정은 지구상에 존재하는 다양

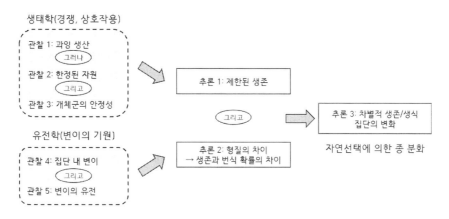

진화에 대한 다윈의 설명 : 자연선택

한 생명의 모습을 이해하는 데 근본적인 사고의 바탕을 제공한다.

생물 개체군이 환경에 적응되는 과정은 다음 그림에 표현한 것처럼 단순한 모형으로 표현할 수 있다. 다윈의 설명틀에 부합하는 과학적 설명과 비과학적인 설명은 생물의

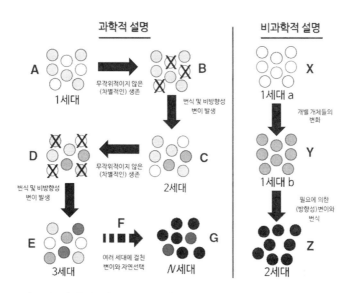

생물이 환경에 적응하는 과정에 대한 과학적, 비과학적 설명 [1]

---

1 Gregory, T. R. (2009). Understanding natural selection: Essential concepts and common mis-conceptions. Evolution: Education and Outreach, 2(2), 156-175.

적응과 진화의 과정에 대한 관점에서 매우 큰 차이를 보인다.

생물이 환경에 적응한 형질을 가지게 되는 과정에서 자연선택 자체가 적응된 새로운 형질을 만들어내는 것은 아니다. 새로운 형질은 유전자의 변화, 즉 돌연변이를 통해서만 발생한다. 자연선택은 단지 집단 내에 이미 존재하는 형질(대립유전자)의 비율을 변화시킬 뿐이다. 변이의 발생과 자연선택이라는 이 두 단계의 상호작용이 반복되어 생물 개체군이 환경에 놀랍게 적응되는 **진화**가 일어나는 것이다.

새로운 형질의 기원인 돌연변이는 환경에 대한 생물의 적합도(fitness)의 측면에서 특정 방향성 혹은 목적성을 가지고 발생하는 것이 아니라, 위 그림의 과학적 설명에서 B→C, D→E의 과정에서처럼 무작위로 발생한다. 반면에, 자연선택은 환경에 대한 적합도가 높은 생물이 선택되는 것이므로 무작위적인 과정이 아니며 A→B, C→D에서처럼 개체군을 이루는 개체들은 그 형질에 따라 차별적으로 생존하고 번식하게 된다. 따라서 생물의 적응을 전적으로 '우연히' 일어나는 사건으로 이해하는 것은 잘못된 오개념이다.

우연히 발생하는 돌연변이는 개체의 생존과 번식에 대해 중립적이거나, 해롭거나, 또는 이로운 효과를 초래할 수 있다. 보통 이로운 돌연변이는 드물고, 아주 작은 이점만을 제공하게 되지만, 그러한 작은 차이가 여러 세대에 걸친 자연선택을 통해 변이를 가진 집단의 비율을 증가시킬 수 있다. 이러한 작은 변화가 개체의 생존에 특별히 이로운 전혀 다른 형질로 나타나는 것이 거의 불가능한 것처럼 보일지도 모른다. 그렇지만, 자연선택은 서로 다른 개체의 작은 변화와 개선점들을 축적하는 데 매우 효과적어서 불가능해 보이는 것을 가능하게 한다.

비과학적 설명을 나타낸 앞의 그림은 생물이 환경에 적응하는 과정에 대해 학생들이 지니는 대표적인 비과학적 생각 중 하나이다. 그림에서 X→Y로 표현된 설명에서 알 수 있는 것처럼 많은 학생들이 집단을 구성하고 있는 개체들이 각각 새로운 환경에 적응한 형질을 획득하여, 한 세대 내에서 기존 집단이 새로운 집단으로 변화한다고 생각한다. 하지만 환경에 대한 생물의 적응은 개체군이 환경에 적응함에 따라 집단에 속한 개체의 개별적이고 직접적인 변화를 통해 이루어지는 것이 아니라, 개체들의 변화가 집단 내에서 여러 세대에 걸쳐 이로운 형질의 비율을 높임으로써 장기적으로 집단의 변화가 일어나는 것이다.

생물의 적응이 어떤 방향으로 이루어질 것인가는 환경에 따라 달라진다. 환경이 변화하면 이전에는 생존과 번식에 이로웠던 형질이 중립적 또는 해로운 형질이 될 수 있으며, 그 반대의 경우도 가능하다. 그리고 이러한 적응의 과정을 통해 생물이 환경에 대한 최적의 형질을 가지게 되는 것은 아니다. 생물의 적응은 역사적, 유전적, 발생적 한계와 여러 형질 간의 절충에 의해 결정된다[2].

다윈은 "살아 있는 생명체가 모두 그들이 사는 환경에 완벽하게 적합해야만 할 필요는 없다. 생물은 그 환경의 다른 경쟁자를 이길 정도만 적합하면 충분하다." 라고 말했다. 이는 어떤 환경에 대해 가장 '이상적인' 형질이 무엇인지는 그리 중요하지 않다는 것을 의미한다. 다음 세대가 그 형질을 가질지 결정하는 가장 중요한 요소는 어떤 변이가 다른 변이보다 상대적으로 더 많은 생존과 번식을 가능하게 하여 자손들에게 더 높은 빈도로 전달되는지에 달려있다.

이러한 관점에서 보면 '현재 극지방에서 사는 여우의 형질은 그 환경에서 생존하기에 유리하다'라는 설명보다 '현재 북극여우의 형질을 갖지 않은 여우들은 북극에서 살아남지 못하였다'는 설명이 이들의 적응 과정을 더 잘 표현하는 것이다.

이처럼 자연선택에 의한 생물의 적응은 미래 지향적인 과정이 아니며, 아무 조건 없이 미래에 언젠가는 이롭게 작용할지도 모르는 형질이 만들어질 수는 없다. 사실, 생물의 적응은 항상 과거 세대가 경험한 환경 조건에 대해 이미 일어난 것이다.

---

2 Gregory, T. R. (2009). Understanding natural selection: Essential concepts and common misconceptions. Evolution: Education and Outreach, 2(2), 156−175.

3. 교수 학습과 관련된 문제는 무엇인가?

여기서는 구성주의적 관점에서 교수−학습 과정에 지속적인 영향을 준다고 받아들여지는 학생들의 선개념에 대해 다루고, 과학교육에서 학생의 선개념을 바라보는 관점이 어떻게 변화하고 있는지 고찰한다.

학습자의 딴생각

이 수업 사례 후반부의 학생들 사이의 대화에는 생물의 적응과 진화에 대한 비과학적 설명이 많이 포함되어 있다. 학생들은 학교에서 진화를 배우기 전부터 여러 매체의 비과학적인 설명의 영향을 많이 받고 자란다. 또 우리는 어떤 상황이나 환경에 익숙해지거나 능동적으로 대응하는 것을 '적응한다'라고 표현한다. 하지만 일상적 의미와 생물학에서 환경에 대한 생물의 적응이 가지는 의미는 매우 차이가 있다.

이처럼 과학적 개념을 학습하기 전에 개인적 경험과 언어 사용 과정에서 형성된 아동의 과학에 대한 이해는 대개 과학적 개념과 다르기 때문에 흔히 **오개념**(misconception)이라고 부른다. 그리고 이러한 아동의 오개념을 지칭하는 것으로 대안 개념(alternative conception), 소박한 개념(naive conception)등 여러 용어가 사용되고 있다. 여기서는 학생들이 학습 전에 지니는 선개념, 대안 개념, 소박한 개념, 오개념 등을 과학 개념과 다르다는 뜻으로 '딴생각'으로 통칭하기로 한다.

학습자가 가지는 이러한 딴생각은 학습자의 학습 과정에서 지속적인 영향력을 행사하고, 견고한 딴생각은 정규 교육과정을 모두 마친 후에도 쉽게 과학적 개념으로 대체되지 않는 특징을 나타낸다.

예를 들어, 아동은 '식물은 물을 먹고 자란다'라거나 '식물은 뿌리를 통해 자라는 데 필요한 양분을 섭취한다'라는 오개념을 갖고 있다. 이러한 오개념은 '식물은 뿌리에서 흡수한 물과 공기 중의 이산화탄소, 그리고 빛 에너지를 이용하여 스스로 필요한 양분을 합성한다'라는 과학적 개념으로 대체되어야 한다. 이때, 발생하는 학습자의 개념 변화는 그들의 인지구조에 이미 형성되어 있는 개념 간의 관계에서 발생하는 변화를 의미한다고 할 수 있다. 중요한 것은 과학적 개념으로 대체하는 과정에서 음식, 영양분, 성장 같은 개념이 변하지 않고 아동의 딴생각으로 잔존할 수 있다는 점이다.

이러한 아동의 개념은 일상적 경험을 통하여 형성된 직관적 지식의 원형들로 구성된 사고의 집합으로 표현될 수 있다[3]. 또 과학적 개념에 대한 존재론적 범주의 분류와 배치에 있어서 아동과 전문가의 인식이 다르다고 알려져 있다[4]. 예를 들어, 아동은 힘을 물체 사이의 상호작용보다는 일상적으로 경험한 물체의 속성으로 인식하는 경향이 있다.

과학교육 연구자들은 학생의 선개념이 과학 학습에서 중요한 역할을 하는 것으로 받아들이고 있으며, 교사가 학생들의 개념과 사고에 주의를 기울이는 노력이 필요하다고 강조한다. 1970년대 말 이후 학생들의 과학 개념에 관해 활발하게 이루어진 과학교육 연구는 과학 학습에 대하여 두 가지 중요한 결과를 제공하였다. 첫째, 아동은 물론 성인에 이르기까지 다양한 비과학적 개념 체계를 갖고 있다는 점이다. 누구나 태어난 순간부터 끊임없이 자연 현상을 접하고 직관과 경험적 사고를 통해 개념과 개념체계를 형성해가기 때문이다. 하지만 자연 현상에 대한 과학적 이해는 직관과 일치하지 않는 경우가 많고, 추상적이고 논리적인 사고를 요구한다. 둘째, 한번 형성된 비과학적 개념은 과학 수업 후에도 지속되어 과학 개념으로 변화하기 어렵다는 점이다[5]. 학생들의 이와 같은 비과학적 개념의 속성은 과학 학습을 어렵게 만드는 원인으로 간주되어왔고, 많은 과학교육자가 학생들의 개념을 과학 개념으로 변화시키는 것을 중요한 연구 과제로 삼고 있다.

3 DiSessa, A. A. (1993). Toward an epistemology of physics. Cognition and Instruction, 10(2−3), 105−225.

4 Chi, M. T., Slotta, J. D., & De Leeuw, N. (1994). From things to processes: A theory of conceptual change for learning science concepts. Learning and Instruction, 4(1), 27−43.

5 Strike, K. A., & Posner, G. J. (1985). A conceptual change view of learning and understanding Cognitive Structure and Conceptual Change. Orlando, FL: LHTWest and AL Pines, Press, Academic, 189−210.

딴생각은 학습의 장애물인가? 아니면 지적 자원인가?

학문적 관점에서 오개념은 오랫동안 그 의미가 '적절치 않은 개념'을 의미해왔다. 초기 개념 변화 연구에서, 오개념은 유의미한 학습에 장애가 되는, 폐기되거나 과학적 개념으로 대체되어야 할 것으로 간주되었다. 오개념의 존재는 학습에 대한 장애물이 존재한다는 의미이고, 장애물인 오개념이 없다면 수업에서 의도하는 교수·학습 목적에 직접 더 다가갈 수 있게 된다. 이러한 관점에 따르면 오개념은 과학적 개념으로 향하는 접근을 막고, 학생들의 개념 학습을 방해하여, 학생들이 새 지식을 획득하는 방식에 부정적인 영향을 주고, 결국 학습을 어렵게 하는 원인이기 때문에 개념 변화를 위해서 제거되거나 소멸되어야 하는 대상인 것이다.

그러나 개념 변화 연구가 발전해 가면서, 오개념은 학생들이 가진 다양한 개념의 본질을 나타내기에 적절치 않은 용어로 과학교육 연구 내에서 지적되고 반성되었다. '틀린' 혹은 '잘못된'이라는 의미를 갖는 '오'대신에, 대안(대체)개념, 다른 개념, 미니 이론 등의 용어가 제안되었다. 그런 의미에서 학생의 딴생각은 과학적 기준으로 잘못된 혹은 틀린 것이라는 의미보다는 개인이 갖는 다양한 양상의 개념이라는 것을 부각한다. 따라서 개념 변화 연구 초기에 제기되었던 오개념은 잘못된 개념이라는 관점에서 해석되었지만, 현재의 개념 변화 연구에서는 딴생각을 학습 자원으로 간주해야 한다고 본다[6].

딴생각을 자원으로 보는 관점에서 자원은 물질적 자원뿐 아니라 수업 중에 접근 가능한 개인적·환경적·사회적 자원을 포함하는 것으로 확장하여 정의될 수 있고, 자원으로서 학생의 딴생각은 더 유의미한 학습을 촉진하기 위해 사용될 수 있다. 교사는 학생의 딴생각을 어떤 형식으로든 수업에 사용할 수 있다. 개념 변화를 위해 학생의 딴생각을 예상하고 명료화하여 활동 과제에 반영할 수 있다. 특히 학생이 자신의 딴생각을 인식하는 과정은 초인지 활동을 가능하게 한다. 학생이 설명을 제시하고, 논증을 구성하며, 정당화할 때, 자신의 개념을 명시적으로 다른 생각과 비교할 수 있기 때문이다. 이때 다른 생각은 교사, 동료 학생, 읽기 자료, 교재, 웹사이트 같은 전자 자료에서 기원할 수도 있고, 혹은 경험적 자료로부터 추론하여 제안된 생각일 수도 있다.

---

6 이선경 (2015). 과학학습 개념변화. 서울대학교출판문화원

학생들의 '딴생각'을 학습의 장애물로 간주해야 하는지 자원으로 간주해야 하는지에 대해서 우리는 "학습에서 가장 중요한 것은 학습자가 이미 알고 있는 것이다. 이것을 확인하고 그에 따라 가르쳐라"라고 한 오슈벨(Ausubel)의 주장을 되새겨볼 필요가 있다[7]. 교사는 학습자가 이미 알고 있는 개념들을 확인하는 것으로부터 개념들의 본질과 특징, 역할 등을 파악함으로써 학생들의 학습을 도울 수 있다.

학생의 딴생각은 일상 경험에 뿌리내린 신념과 학교 학습에서 다룬 개념들이 상호작용하며 내면화된 것이기 때문에 딴생각의 변화는 간단하거나 쉬운 일이 아니다. 개념 변화는 구조적인 개념 체계의 중심을 기반으로 전체적인 변화가 이루어져야 하기 때문이다. 따라서 효과적인 개념 변화 교수 활동을 위해서는 딴생각의 복잡성과 변화의 어려움을 인식하고, 특정 영역 개념의 본질과 특징에 관한 심층적인 이해가 필요하다. 학생의 딴생각을 이해하는 것은 "단순히 학생의 개념을 확인하는 것을 넘어서" 그 개념의 위치와 존재 이유를 이해하고, 개념 변화를 위한 교수 학습 전략의 출발점을 이해하는 것이다.

생명 현상에 관한 딴생각의 특징과 원인

어린 학생이 생물학과 관련하여 가지는 딴생각은 주로 의도적 인과성에 기인하는 목적론적인 설명으로 구성된다는 특징을 보인다. 이러한 특징들은 생명 현상에 관한 아동의 경험과 사고가 1) 사실적 지식(경험)의 부족, 2) 생명 현상에 대한 생물학적 추론의 적용 능력 부족(먹고 자라고, 활동성을 나타내는 것에 집중하는 반면에 생식이나 생태적 측면에 대해서는 중요하게 사고하지 못함) 3) 복잡하고 계층적인 생물학적 범주에 근거한 추론의 부재, 4) 기계적 인과성의 부재, 5) '진화'나 '광합성'과 같은 개념적 장치의 부재와 같은 다섯 가지의 취약점을 가지고 있기 때문에 나타난다[8]. 이 중 1, 2 와

---

7 Ausubel, D. P. (1968). Educational psychology: A cognitive view. New York: Holt, Rinehart & Winston.

8 Inagaki, K., & Hatano, G. (2006). Young children's conception of the biological world. Current Directions in Psychological Science, 15(4), 177–181.

3, 4의 한계는 초등학교의 교육과정을 통해 생명 현상에 관한 사실적 지식이 축적되고 생물학적 추론의 일관된 적용 경험이 쌓이면 어느 정도는 자연스럽게 극복되기도 한다.

하지만 복잡하고 위계적으로 구성된 생물학적 범주와 기계적 인과성을 기반으로 한 추론을 위해서는 생물학적 지식의 근본적인 재구성이 요구된다. 따라서 생물의 적응과 진화에 대한 다윈의 생각이나 광합성과 같은 추상적 개념을 교사의 도움 없이 이해하기는 거의 불가능하다. 기존에 가진 지식 체계의 재구조화를 통해서만 의미있는 통합이 일어날 수 있기 때문이다.

특히, 생물의 진화와 적응에 관한 다윈의 생각은 아이들이 이해하기 어렵다. 학생들은 생물이 비생물과 다른 점은 바로 생물이 자신들의 생태적 지위나 생활 방식을 스스로 변화시킬 수 있는 데 있다고 생각한다. 그렇기 때문에 아이들은 생물 개체가 의도, 즉 목적성을 가지고 조금씩 자신의 형질을 적응된 형태로 변화시키고, 그것이 세대에 걸쳐 점진적으로 일어나 생물이 적응된 형태를 가지게 된다는 라마르크적 설명을 쉽게 받아들이게 된다.

개념 변화의 조건과 개념 변화 학습 모형

학교 교육을 통해 과학적 개념을 접하기 전부터 어린아이들은 자신만의 경험과 지식으로 구성된 개념의 체계를 갖는다. 어린 아동이 가지고 있는 딴생각은 학교에서 교육을 통해 과학적 개념으로 바뀌어야 하지만, 그런 딴생각은 지금까지의 그들의 경험을 통해 정교화하고 공고하게 구성된 것이기 때문에 쉽게 바뀌지 않는다.

포스너(Posner) 등(1982)은 학생들이 자신의 딴생각을 과학적 생각으로 바꾸기 위해서는 다음의 특정한 조건이 충족되어야 한다고 하였다[9].

첫째, 학생은 현재 자신이 가지고 있는 딴생각에 대해 불만족해야(dissatisfaction) 한다. 이를 위해서는 학생들의 기존 개념과 일치하지 않는 많은 모순된 상황을 제시하여 인지적 갈등과 비평형을 경험하도록 할 필요가 있다. 둘째, 새롭게 학습할 과학적

---

9 Posner, G. J., Strike, K. A., Hewson, P. W., & Gertzog, W. A. (1982). Accommodation of a scientific conception: Toward a theory of conceptual change. Science Education, 66(2), 211–227.

개념은 학생의 지적 수준에서 이해할(intelligent) 수 있는 것이어야 한다. 개념의 변화는 기계적 암기와 같은 무의미 학습을 통해서는 일어날 수 없다. 따라서 학습 내용이 논리적이고 학습자의 인지구조 내에 존재하는 의미들을 통해 학습자의 언어로 이해할 수 있도록 구성되어야만 한다. 셋째, 학습할 과학적 개념은 학생이 생각하기에 그럴듯해야(plausible) 한다. 학생이 이미 가지고 있는 믿음, 경험, 생각과 연관된 것으로 학습할 내용을 구성하면 그들이 새로운 개념을 수용하는 개방적 태세를 갖도록 하는 데 도움을 줄 수 있다. 마지막으로, 학습자가 새로운 과학적 개념을 유용한(fruitful) 것으로 인식해야 한다. 과학적 개념이 자신이 가졌던 기존의 소박한 개념보다 더 많은 것을 설명하고, 예측할 수 있으며, 불만족을 주었던 변칙 사례들을 해결할 수 있어서 쓸모가 있음을 알아야만 한다.

포스너(Posner) 등이 제시한 이 개념 변화의 4가지 조건은 다양한 개념 변화 학습 모형의 이론적 기초가 되었기 때문에, 개념 변화를 위한 대부분의 학습 모형들이 먼저 학생들에게 자신의 딴생각을 충분히 인식할 수 있도록 하기 위하여 초기에 자신의 생각을 표현할 수 있는 기회를 제공하고, 인지적 갈등을 일으켜서 자신의 생각에 불만을 갖도록 한 다음, 학생들이 과학적 생각을 받아들일 수 있도록 과학 개념을 이해 가능하고, 그럴듯하고, 활용 가능성이 많다는 것을 보여주도록 제시하는 과정을 포함한다.

포스너 등(1982)의 개념 변화 모형

4. 실제로 어떻게 가르칠까?

여기서는 환경에 대한 생물의 적응 과정과 관련하여 학생들이 대표적으로 가지고 있는 목적론적 설명과 라마르크식 설명에 기초한 딴생각을 과학 개념으로 변화시키는 수업을 개념 변화 수업 모형인 드라이버 모형에 따라 구성해보고, 각 단계의 의미를 고찰한다. 아울러 초등 학생도 자연선택 개념을 쉽고 유의미하게 학습할 수 있는 게임 형식의 활동을 소개한다.

개념 변화 수업 모형을 적용한 환경에 대한 생물의 적응 수업

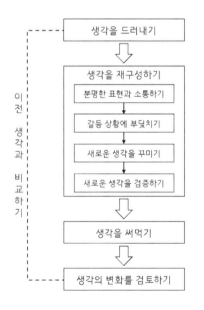

구성주의 수업 방안(Driver, 1988, 1989)

드라이버(Driver)의 **개념 변화 수업**[10,11]은 왼쪽의 그림과 같은 단계와 흐름을 갖는다.

첫 번째 단계는 생각의 표현 단계로 학생들이 학습할 내용과 관련해 각자 가지고 있는 딴생각을 표현하는 단계이다. 이 단계에서 교사는 생물의 적응과 진화에 대해 학생들이 가지고 있는 딴생각이 드러날 수 있는 질문이나 토의 또는 실제적 활동을 제공한다. 예를 들어, 환경의 변화로 나방의 몸 색깔이 변하는, 잘 알려진 현상에 대해 소개하고, 이러한 현상이 어떻게 일어날 수 있는지 학생들에게 그 과정을 써보게 할 수 있을 것이다. 아마 나방의 색깔이 어둡게 변하는 과정에 대해 학생들이 쓴 설명에는 "나방이 살아남기 위하여 몸의 색깔을 검은

10 Driver, R. (1988). Changing conceptions. Journal of Research in Education, 6(3), 161–198.

11 Driver, R. (1989). Students' conceptions and the learning of science. International Journal of Science Education, 11(5), 481–490.

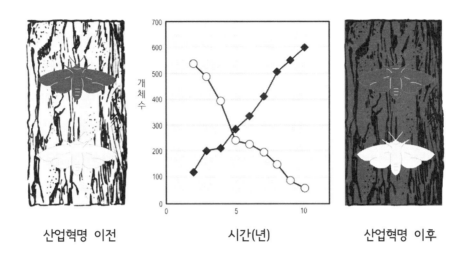

| 산업혁명 이전 | 시간(년) | 산업혁명 이후 |

색으로 바꾼다."와 같은 목적론적 설명이나, "나방이 자신의 몸 색깔을 조금씩 어둡게 변화시키고 그러한 변화가 다음 세대에 전달된다."와 같은 **라마르크식 설명**이 들어 있을 것이다.

　두 번째, 생각의 재구성 단계는 여러 하위 과정으로 구성된다. 학생들은 학급이나 집단 토의에서 앞서 자신들이 표현한 생각의 의미를 명료화하고 소통하는 과정을 갖는다. 이 과정에서 교사는 학생들이 가지고 있는 생각이 라마르크식 설명과 일치한다는 것을 스스로 분명하게 인식하도록 해주어야 한다. 즉, 학생의 생각에 '목적론적 사고'나 의도적 인과성(intentional causality), 또는 획득 형질의 유전이라는 요소가 포함된다는 것을 깨닫게 해야 한다. 그 다음의 갈등 상황의 노출 단계에서는 학생들의 딴생각과 모순되는 현상이나 사건을 제시하여 자신의 원래 생각에 의문을 갖도록 한다. 즉, 인지갈등을 유발하여 불만족스러운(dissatisfaction) 자신의 딴생각을 해결하려는 동기를 유도할 수 있다. 여기서 교사는 학생들에게 나방이 자신의 의지에 따라 점진적으로 몸 색깔을 바꾸는 것이라면, 흰색과 검은색의 중간 단계의 나방들이 많이 관찰이 되어야 한다는 점을 지적한다. 그리고 실제로는 그렇지 않은 이유가 무엇인지 등을 물어 라마르크의 개념으로는 설명이 안되는 현상을 인식할 수 있도록 해야한다.

　학생이 자신의 딴생각으로는 설명할 수 없는 현상이 있다는 것을 알고, 그것을 불만족스럽게 생각한다면, 딴생각을 대체할 수 있는 과학 개념이 학생들이 이해할 수 있는 수준에서 도입되어야 한다. 그리고 학생 스스로 그러한 생각을 재구성하는 경험을 제공할 필요가 있다. 오랜 시간에 걸쳐 천천히 진행되는 자연선택을 통한 생물의 적응 과정을 어린 학생이 효과적으로 경험하도록 하기 위해서 컴퓨터 게임과 같은 가상 경험을 제공하는 시뮬레이션을 활용하는 것도 좋은 방법이다.

자연선택 학습을 위한 게임 [12]

여기서는 초등학생이 쉽게 수행할 수 있는 게임 형식의 활동을 자세히 소개한다. 이 '자연선택 게임' 활동의 목표는 자연선택의 메커니즘과 환경에 대한 생물의 적응 과정, 그리고 궁극적으로 종의 분화가 일어나는 원리를 이해하는 데 있다. 이 활동에서 학생들은 직접 포식자 역할을 하고, 그 수행의 결과로 자연스럽게 진화가 일어나는 과정을 경험한다. 즉, 학생들은 포식자 역할을 통해 자연선택을 시늉냄으로써 환경에 적응한 특정 형질을 가진 생물이 선택되는 과정을 체험한다. 이 활동에 앞서 학생들은 같은 종이라 하더라도 집단을 구성하는 개체는 모두 조금씩 다르다는 것, 즉 집단 내 변이와 형질의 다양성이 있다는 점, 그리고 그러한 형질들이 유전을 통해 부모로부터 자손에게 전달된다는 개념을 먼저 알고 있어야 한다(intelligent).

이 활동을 위해서 주변에서 구할 수 있는 캔디, 구슬, 바구니와 같은 손쉬운 재료를 사용한다. 예를 들어, 5가지 색깔의 캔디, 다양한 색상의 플라스틱 구슬(캔디의 색상 중 2개 이상의 색상을 포함), 그리고 바구니 2개가 필요하다. 다음 그림처럼 한 바구니에는 캔디의 색깔 중 하나와 일치하는 색깔의 플라스틱 구슬로만 채우고, 다른 바구니에는 다양한 색의 구슬을 모두 섞어서 채워준다.

활동을 시작하면서 학생들에게 바구니, 구슬, 캔디의 의미를 설명한다. 바구니는 일종의 자연이고, 구슬은 자연을 이루는 요소이며, 캔디는 한 종의 개체를 상징한다. 예를 들어, 다양한 색깔의 구슬이 담긴 바구니는 매우 잘 보존된 숲을 나타내는 것이다. 이러한 숲은 생명의 다양성이 높은 환경을 의미하고, 우리는 이 숲에서 아직도 새로운 종

---

12 Campos, R., & Sá-Pinto, A. (2013). Early evolution of evolutionary thinking: Teaching biological evolution in elementary schools. Evolution: Education and Outreach, 6(1), 25.

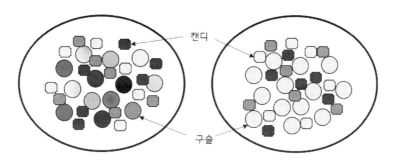

다양한 색깔의 구슬 바구니와 캔디   한 색깔의 구슬 바구니와 캔디

을 찾을 수 있다고 알려준다. 여러 색깔의 캔디는 몸 색깔이 다양하게 나타나는 한 종의 개체를 의미한다고 설명한다. 이때 학생들에게 이처럼 개체의 몸 색깔이 다양하게 나타나는 동물의 예를 들어보게 하고, 모든 색깔의 캔디가 동일한 종에 속한다는 사실을 강조한다. 그런 다음 학생에게 다른 많은 생물과 마찬가지로 이 캔디에게는 포식자가 있으며, 학생이 캔디의 포식자 역할을 수행한다는 것을 설명한다.

자연에서 포식자는 먹이를 최대한 많이 사냥해야 하고, 불필요한 에너지 소모를 최소화해야 하므로, 이 게임에서 학생이 살아남아 게임을 계속하기 위해서는 제한된 시간 동안에 먹이를 최소 3마리 이상 사냥해야 하고, 캔디가 아닌 구슬을 집어서는 안 된다는 규칙을 설명한다.

학생들에게 색상별로 캔디(먹이) 6개씩을 골라, 다양한 색깔의 구슬이 담긴 바구니에 넣고, 캔디와 구슬을 잘 섞게 한 다음 게임을 시작한다. 3~4명으로 이루어진 모둠에서 각 학생(포식자)이 차례로 한 번에 5초씩 사냥을 수행한다. 모든 학생이 사냥을 끝내면 사냥한 먹이(바구니에서 꺼낸 캔디)의 수와 살아남은 것(바구니에 있는 캔디)의 수를 색깔별로 기록한다. 다음으로 자연에서는 살아남은 개체만 번식을 통해 자신과 닮은 자손을 남길 수 있다는 것을 설명한다. 생식과 유전 개념을 적용하여 살아남은 캔디만 자신과 같은 색깔의 자손을 2개 남기고 죽는다는 규칙이 있다는 것을 설명한다. 이 규칙에 따라 학생들이 다음 세대의 캔디 집단(개체군)을 구성하는 색상별 개체의 수를 계산하고, 그에 맞추어 바구니 안에 캔디를 넣어주도록 한다. 이러한 사냥 과정(포식)과 다음 세대 형성 과정을 여러 세대에 걸쳐 진행한다. 그후 사냥된 색깔과 살아남은 색깔을 비교한 결과에서 더 사냥되거나 덜 사냥된 색깔이 있는지에 대해 학생들이 조사하도록 한다. 그리고 왜 그러한 결과가 나왔다고 생각하는지 의견을 나누어 보도록 한다. 이 활동에서는 바구니 안에 담긴 구슬의 색깔이 다양하였기 때문에 학생들은 캔디의 색상과 상관없이 무작위로 서로 다른 색의 먹이를 사냥하였을 것이다. 이 첫 번째 활동은 자연에서 개체군의 생식 과정에서 유전자의 무작위 표집으로 나타날 수 있는 대립형질의 발현 빈도 변화를 의미하는 유전자 부동(genetic drift) 현상을 보여주는 것이다. 그러나, 여기서는 다음에 이루어질 자연선택의 과정의 설명 구성을 돕기 위한 사전 도입 활동으로 다룬다.

여러 가지 색깔의 구슬로 채워져 있었던 '자연의 숲'에서의 사냥과 그 결과에 대해 토론을 마친 후에는 두 번째 활동을 진행한다. 두 번째 활동에서는 학생들에게 화전 농업을 위한 화재 등을 예로 들면서 환경에 변화가 발생하는 상황을 설명한 후에, 한 가지 색깔의 구슬만 담긴 바구니가 바로 그러한 환경을 나타낸 것이라고 안내한다.

이 단색의 구슬 바구니에 캔디(먹이)를 색깔별로 6개씩 잘 섞어 넣은 후 게임을 다시 시작한다. 학생들에게 몇 세대 후에 캔디 집단에는 어떤 일이 일어날지 예측해 보고 모둠별로 의견을 나누어 보도록 한다. 모둠 토의 후 구슬의 색깔과 비슷한 색깔의 보호색을 가진 캔디의 개체 수가 확연하게 증가할 때까지 포식과 번식의 주기를 반복하도록 한다. 첫 번째의 '자연의 숲'과 비교할 때 이 변화된 환경의 '교란된 숲'에서의 사냥의 결과에 관해 사냥된 먹이의 총수와 그 색깔에서 어떤 차이가 있는지를 중심으로 모둠 토의를 진행한다. 그 과정에서 학생들은 자연스럽게 단색 구슬이 담긴 바구니 환경에서는 캔디 색깔에 따라 생존에 차이가 생기고, 그로 인해서 자손 세대에서 나타나는 색깔의 빈도도 달라지며, 이러한 여러 세대에 걸친 집단 구성의 변화가 자연선택에 의한 진화 과정이라는 것을 이해하게 될 것이다.

학생들이 자연선택의 원리에 대해 잘 이해하였는지 알아보기 위해서 두 번째에서 사용한 색깔과는 다른 색깔의 단색 구슬로 채워진 바구니를 보여주면서, 그런 환경 변화가 발생하면 두 번째 실험에서 살아남은 캔디 집단이 어떻게 될지 예측해 보도록 한다. 그리고 그것을 바탕으로 새로운 질병의 출현이나 기후의 변화와 같은 다른 유형의 서식지 변화가 장기적으로 생물의 생존 확률에 어떤 영향을 미치게 되는지에 대한 논의를 확장할 수 있다.

학생들은 게임 활동과 평가를 통해 개체의 의지에 따른 능동적 변화와 같은 목적론적 설명이나, 라마르크식 설명이 자연선택에 의한 집단 구성의 변화라는 과학적 설명으로 대체될 수 있다는 것을 인식할 수 있어야 한다(plausible). 즉, 살아남기 위한 개별 개체의 의도적 노력이나 획득 형질의 유전을 통해 생물의 적응이 일어나는 것이 아니다. 집단 내에서 나타나는 다양한 형질 중 생존과 번식에 유리하거나 불리한 영향을 줄 수 있는 특정 형질은 환경의 조건에 따라 여러 세대에 걸쳐 선택되거나 배재될 수 있다. 그리고 그 과정에서 개체는 점진적으로 특정 환경에 적응한 형질을 가진 집단이 된다. 교사는 이것을 게임 결과와 연결지어 학생들이 이해할 수 있도록 적절한 안내를 제공해줄 수 있다.

다시 개념 변화 수업 모형의 세 번째 단계인 적용 단계에서는 학습한 과학 개념을 써먹도록 한다. 즉, 게임 활동을 통해 재구성된 과학적 생각을 사용하여 다양한 현상을 설명해보도록 한다. 앞서 자신이 지닌 딴생각으로는 설명할 수 없었던 다양한 현상을 학습한 과학 개념으로 설명할 수 있어서 과학 개념이 유용하다(fruitful)는 것을 학생들이 인식할 수 있도록, 추가적인 활동을 제시하면 좋다. 예를 들어, 날개가 짧아 날 수 없는 새와 긴 날개를 가져 날 수 있는 두 종류의 새가 함께 번성하여 살고 있었던 섬에 우연히 방문한 사람들이 실수로 고양이를 풀어놓았다면, 100년 후에 사람들이 다시 그 섬으로 돌아 왔을 때 무엇을 발견하게 될 것인지 예상해보고, 왜 그렇게 예상했는지 설명해보도록 할 수 있을 것이다.

마지막으로 생각의 변화를 검토하는 네 번째 단계에서는 학생들이 생각의 재구성과 평가, 적용의 과정을 거쳐 받아들인 과학 개념을 수업 전에 가지고 있었던 자신의 딴생각과 비교해 봄으로써, 자기 생각이 얼마나 변화하였는지를 검토하도록 한다. 이 과정을 통해 학생들이 한번 더 자신의 인지구조에서 일어난 변화를 점검하고, 관련 개념들의 관계를 재구성하도록 한다.

앞서 언급하였듯이 학생들의 딴생각은 오랜 일상 경험을 바탕으로 견고하게 형성되어서 한 두 번의 수업을 통해 간단히 바꾸기는 어렵다. 따라서 교사는 지속적으로 학생들의 개념이 무엇에 기인하는지 분석하고 규명하여야 한다. 그리고 그 원인을 제거하거나 학습을 위한 자원으로 활용할 수 있는 다양한 아이디어의 모색과 공유가 필요할 것이다.

보이지 않는 기체의 성질

어떻게 기체를 입자로 생각하도록 가르칠 수 있을까?

초등학교 3학년 '물질의 상태' 단원에서는 '공기의 부피'와 '공기의 무게'에 관한 탐구활동을 통해 기체의 성질을 다루고 있다. 기체는 눈에 보이지 않기 때문에 어린 학생들이 그 존재를 알아채기도 어렵고, 부피와 무게를 가지고 있다는 것을 직관적으로 헤아리기도 어렵다. 나는 기체의 부피와 무게를 보여주는 실험으로 연 차시 수업을 진행했지만, 학생들은 기체가 왜 부피와 무게를 가지는지 잘 이해하지 못했다. 실험 관찰 결과로부터 입자로서의 기체를 상상하는 일은 쉽지 않은 것이다. 기체가 부피와 무게를 갖는 아주 작은 입자라는 것을 이해하도록 하는 방법은 없는 걸까?

1. 과학 수업 이야기

나는 교과서에 나온 실험을 통해 학생들이 기체를 잘 이해할 수 있을 것으로 여기고 수업을 시작하였다. 수업 전반부는 '공기가 공간을 차지하는지 알아보기'를 다루었다. 수조에 물을 반 정도 담은 뒤 유성 펜으로 물의 높이를 표시하고 물 위에 페트병 뚜껑을 띄운다. 바닥에 구멍이 뚫리지 않은 투명한 플라스틱 컵 혹은 구멍이 뚫린 플라스틱 컵을 뒤집어 페트병 뚜껑을 덮은 뒤 수조 바닥까지 밀어 넣으면 페트병 뚜껑의 위치와 수조 안의 물의 높이에 어떤 변화가 일어날지 직접 실험하면서 관찰하는 것이다. 그 다음, 바닥까지 넣었던 플라스틱 컵을 천천히 위로 올리면서 페트병 뚜껑의 위치와 수조 안의 물의 높이 변화를 관찰하게 한다.

나는 수조 안의 물의 높이, 물 위의 페트병 뚜껑과 플라스틱 컵을 주의깊게 보도록 하고 학생들에게 질문했다.

"이 컵을 꾹 누르면 어떤 변화가 일어날까요?"

학생들은 이구동성으로 물이 컵 안으로 들어간다고 외쳤다. 다시 구멍이 뚫린 컵을 보여 주며 질문을 던졌다. 역시 물이 들어간다는 반응이었다. 나는 학생들 앞에서 시범 실험을 보여주었다. 구멍 뚫린 컵과 그렇지 않은 컵을 물에 잠길 때까지 눌러서 그 결과를 보여 주자, 학생들은 놀랍다는 반응, 신기하다는 반응을 보이면서 그 이유를 궁금

페트병 뚜껑   물의 높이

기체의 부피를 알아보는 실험

해 했다.

　시범 실험을 마친 후, 나는 학생들에게 같은 방식으로 실험을 해 보도록 안내했다. 학생들은 하나 둘씩 시범 실험을 재현해내고 신기해했다. 학생들이 실험을 충분히 했다고 파악했을 때, 나는 전체 학생들에게 질문했다.

　"구멍이 없는 컵에는 무슨 일이 일어난 거지요?"

　학생들은 다양한 응답을 쏟아냈다.
　"누르는 게 힘들어요. 페트병 뚜껑이 바닥으로 내려갔어요."
　"수조의 물이 올라갔어요."
　"페트병 뚜껑이 슝 내려갔어요."

　내가 다시 물었다.
　"구멍이 뚫린 컵에는 무슨 일이 일어난 거지요?"

　학생들은 관찰한 내용을 잘 말해 주었다.
　"공기가 빠져 나갔어요."
　"바람이 구멍으로 슝!"

　질문을 통해 학생들에게 컵 안에 공기가 있다는 대답을 얻을 수 있었지만, 학생들은 공기의 성질보다는 수면 혹은 페트병 뚜껑의 위치 변화에 더 흥미를 느끼는 것 같았다.
　연이은 다음 차시 수업에서는 '공기에 무게가 있는지 알아보기'에 대한 탐구 활동을 진행했다. 페트병에 압축 마개를 끼우고 전자저울로 무게를 측정하고, 압축 마개로 공기를 채워 페트병을 빵빵하게 만든 다음, 다시 전자저울로 무게를 측정해 보는 활동이다. 공기를 압축해서 넣기 전과 후의 무게를 비교하여 공기의 무게가 있다는 것을 확인하는 것이다.
　'공기의 무게'에 관한 실험도 '공기의 부피' 실험과 동일한 방식으로 학생들에게 안내했다. 나는 시범 실험을 했고 약 0.6 g 정도의 무게 변화를 관찰했다. 뒤이어, 학생들에게 시범 실험을 따라하도록 했다. 간혹 학생들이 압축 마개를 사용하는 데 어려움을 겪기도 했지만, 곧잘 해냈다. 학생들은 공기로 꽉 찬 페트병의 무게를 확인하고 "헐!",

"어, 무거워졌어." 등의 반응을 보이며 놀라워했다.

　나의 시범 실험과 뒤따른 학생들의 실험에서 공기의 무게 변화는 잘 드러났다. 나는 실험이 성공적으로 이루어진 것에 대해 내심 뿌듯해하며 실험을 통해 우리가 알아본 것에 대해 정리해 보도록 했다.

　"여러분, 공기는 부피가 있나요?"
　"예, 있어요."
　"아마 있을 거 같아요."

　"그럼, 공기는 무게가 있나요?"
　"예, 있어요."
　"아니, 없어요."

　학생들은 분명 실험을 통해 확인했음에도 불구하고 공기의 부피와 무게에 대해 잘 이해하지 못하고 있었다. 나는 공기의 무게가 없다는 학생에게 다시 물었다.

　"아까 실험에서 페트병에 공기를 넣었을 때 무게가 증가한 것을 보았나요?"
　"예"
　"그런데, 왜 공기가 무게가 없다고 생각해요?"
　"그건 바람을 넣은 거고요. 공기는 무게가 없어요. 산소, 뭐, 이런, 공기에 무게가 있으면 우리가 숨을 쉴 수 없잖아요."

　수업 종이 쳐서 대화는 더는 전개되지 않았다. 수업을 정리하면서 나는 기체인 공기는 부피가 있고 무게가 있다는 것을 실험을 통해 알 수 있었다고 학생들에게 말해주었다. 공기에 무게가 없다고 말한 학생에게는 다음에 자세히 이야기하자고 말하고 수업을 마무리했다. 교실을 나오면서, 나는 혼란스러웠다. 실험은 깔끔하게 이루어졌고 학생들은 즐겁게 열심히 참여했는데 왜 기체가 부피와 무게가 있다는 것을 이해하지 못한 것일까?

　기체의 부피와 무게를 이해시키려면 감각적인 관찰만으로는 부족하고 기체가 눈에 보이지는 않지만, 알갱이(입자)로 되어있다는 것을 가르쳐야 할 것 같았다.

 2009 개정 교육과정에서는 기체의 입자적 관점을 다루었으나 2015 개정 교육과정에서는 구체적 조작기에 해당하는 어린 학생들이 이해하기 어렵다고 판단하여 입자 개념을 도입하지 않고 있다. 현 교육과정에서는 다루지 않지만, 과학에서 가장 기초적이고 중요한 개념 중 하나인 기체의 입자 개념을 도입하여 학생들이 기체의 성질을 처음 학습할 때 과학적 이해를 생성하도록 하는 것은 어떨지 고민이 되었다.

이 수업을 하고 나는 다음과 같은 의문이 들었다.

- 위 실험은 학생들이 보이지 않는 기체의 성질, 이를테면 기체가 부피가 있다는 것, 기체가 무게가 있다는 것들을 이해하는 데 도움을 주는가?
- 기체가 실체를 가진 입자라는 것을 어떻게 가르칠 수 있을까? 기체를 입자로 설명하는 것은 초등학생에게 너무 어려운 것일까?

2. 과학적인 생각은 무엇인가?

> 다음 글에서는 입자의 운동과 배열로 물질의 상태를 설명하고 또 물질의 상태 변화가 어떻게 일어나는지 설명한다. 또한, 기체의 성질을 입자 모형으로 설명하고, 물질 개념의 역사적 변화를 고찰한다.

입자론

과학의 진수는 '모든 것이 작은 알갱이(원자)로 만들어졌다'라는 것이라는 리처드 파인먼의 말처럼, 입자론은 과학의 기본 바탕을 이룬다. **입자론**은 모든 물질이 원자, 분자 및 이온과 같은 작은 입자로 구성되어 있다고 보고, 물질의 성질 또는 상태 변화나 화학 변화 등을 모두 이러한 입자들의 운동과 배열로 설명한다. 이 개념은 같은 물질로 이루어졌지만, 고체, 액체 및 기체가 왜 다른 특성을 갖는지, 원소, 화합물 및 혼합물이 어떻게 차이가 나는지 알려준다. 입자론의 기본적인 생각은 다음과 같다.

- 모든 물질은 너무 작아서 보이지 않는 작은 입자로 구성되어 있다.
- 물질을 이루는 입자 사이의 공간은 텅 비어 있다.
- 입자는 항상 제멋대로 운동을 한다.
- 입자는 물질의 성질을 공유하지 않는다.

다시 말해, 물질을 이루고 있는 입자들 사이에는 빈 공간(진공)이 있고, 입자들은 온도에 따라 속력이 변하면서 끊임없이 움직이고 있다는 것이다. 고체와 액체 속의 입자들은 서로 매우 가까이 붙어 있고, 기체 속의 입자들은 아주 멀리 떨어져 있다. 예를 들어, 상온의 기온과 압력에서 헬륨 원자 사이의 거리는 헬륨 원자의 지름보다 50배 이상 떨어져 있다. 그래서 고체나 액체에서 기체로 바뀌면, 부피가 대개 1,000배 이상 증가한다. 보통 학생들은 입자 자체가 물질처럼 팽창하거나, 수축하며, 녹을 수 있다고 믿기도 하지만, 입자는 그런 물질의 성질을 갖고 있지 않다. 이런 입자 모형으로 물질의 3가지 상태, 고체, 액체 및 기체를 표현하면 다음 그림과 같다.

물질의 3가지 상태와 상태 변화

일반적으로 **고체**는 입자들이 규칙적으로 배열되어 고정된 위치에서 진동하기 때문에, 부피와 모양이 일정하고 유동성이 없다. 또한, 입자들이 매우 가까이 붙어 있어 쉽게 압축되지 않는다. 반면에 액체는 입자들이 느슨하게 배열되어 있어 서로 움직일 수 있어서, 부피는 일정하지만, 모양은 정해져 있지 않고 유동성이 있어 그릇 모양에 따라 달라진다. **액체** 입자들도 가까이 붙어 있어 쉽게 압축되기가 어렵다. 기체는 입자들이 서로 멀리 떨어져 제멋대로 빠르게 움직이고 있어서, 부피나 모양은 일정하지 않고 어떤 그릇이나 채울 수 있다. 또 **기체**는 입자들이 매우 멀리 떨어져 틈이 많아서 쉽게 압축될 수 있다. 물질의 3가지 상태에 따른 입자들의 모습은 다음과 같이 요약할 수 있다.

물질의 3가지 상태에 따른 입자의 모습

상태	고체	액체	기체
입자 사이의 거리	매우 가깝다.	가깝다.	아주 멀리 떨어져 있다.
입자의 배열	규칙적 배열	제멋대로 배열	제멋대로 배열
입자의 운동	고정된 위치에서 떨린다.	서로 움직이며 돌아다닌다.	모든 방향으로 빠르게 움직인다.
입자의 에너지	작다.	크다.	가장 크다.

고체나 액체 상태의 물질은 열을 받으면 입자들이 에너지를 얻어 입자들 사이의 인력을 벗어나서 배열이 흐트러진다. 이때 고체는 **융해**되어 액체가 되고, 액체는 끓는점에서 **기화**되어 기체가 된다. 그래서 기체 입자들 사이에는 인력이 거의 작용하지 않는다. 또한, 액체는 끓지 않더라도 주변으로부터 에너지를 얻어 입자들이 액체를 벗어날 수 있는데, 그것을 **증발**이라고 한다. 젖은 옷이 빨랫줄에서 마르는 이유는 바로 증발 때문이다. 반대로 입자들이 에너지를 주변 환경으로 잃어버리면, 기체는 **응결**하여 액체가 되고, 액체는 **응고**되어 고체가 된다. 이와 같은 **상태 변화**는 단지 입자들의 운동 상태

가 변하는 **물리적 변화**이다.

그러나 화학 변화에서는 물질을 이루고 있는 입자들이 서로 분리되고 예전과 다른 방식으로 결합하여 새로운 물질을 만든다. 예를 들어, 다음 그림은 철과 황이 반응하여 황화철이 만들어지는 것을 보여 준다. 이때 철 입자와 황 입자들은 서로 분리되어 입자들의 배열이 바뀌면서 새로운 물질 황화철이 만들어진다. 즉, 철 입자와 황 입자가 그림과 같이 서로 교대로 달라붙어 황화철이 생긴다. 이와 같은 화학 반응에서 전체 입자들의 개수는 반응 전이나 후에 변하지 않으므로 질량이 보존된다는 것을 알 수 있다. 이러한 입자들은 물질의 유형에 따라 원자나 분자 또는 이온이 될 수 있다.

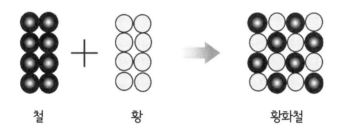

철   황   황화철

기체의 성질

염소나 브로민과 같은 기체는 색을 가지고 있지만, **기체**는 대체로 공기와 같이 색이 없어 눈에 보이지 않는다. 공기는 주로 질소(78 %)와 산소(21 %)로 이루어진 혼합물로, 이외에도 아르곤, 이산화탄소, 수증기 등이 포함되어 있다. 기체는 물질이므로 공간을 채울 수 있고 질량이 있다. 기체를 이루고 있는 입자는 서로 멀리 떨어져 있어서 압축하여 부피를 줄일 수 있다. 기체의 부피가 줄어들면 기체 입자들의 충돌이 많아져서 기체의 압력이 커진다. 기체의 압력은 기체 입자들의 운동으로 나타나는 거시적 현상이다. 또한, 기체는 가열되어 온도가 올라가면 기체 입자의 운동이 활발해지고 그에 따라 압력이 커지거나 부피가 커진다. 기체의 온도가 높아질수록 기체 입자들의 평균 운동에너지도 커진다. 이렇게 기체의 부피, 압력 및 온도와 같은 거시적인 양은 기체를 제멋대로 운동하는 작은 입자들의 모임으로 생각하는 **분자 운동론**에 의해 모두 설명될 수 있다. 다음은 입자 모형으로 설명되는 기체의 성질을 요약한 것이다.

입자 모형으로 설명되는 기체의 성질

기체의 성질	분자 운동론 가설
기체는 부피와 질량을 가지고 있다	기체는 질량이 있는 작은 입자들로 구성된다.
기체는 용기를 채운다.	기체 입자들은 서로서로 그리고 용기와 탄성 충돌을 한다.
기체는 압축할 수 있다	기체는 상당히 거리가 멀리 떨어져 있는 입자들로 구성된다.
기체는 매우 빠르게 운동한다.	기체 입자들은 서로 인력을 작용하지 않고, 제멋대로 빠르게 운동을 한다.
기체는 **압력**이 있다.	
기체의 압력은 온도에 따라 달라진다.	온도가 높을수록 기체 입자의 운동 에너지가 커진다.

물질 개념의 역사적 변화: 연속적 관점과 입자적 관점

물질의 입자적 개념은 고대 그리스 철학자인 데모크리토스의 원자론에서 찾아볼 수 있다. 원자론은 물질을 쪼개고 쪼개면 더는 쪼개지지 않는 입자가 되며, 입자들이 조합하여 질량을 갖는 물질이 된다는 이론이다. 데모크리토스의 원자론은 입자가 움직이려면 빈 공간 즉, **'진공'**이 있어야 한다고 보았다. 그래서 입자는 진공 내에서 자유롭고 무질서하게, 끊임없이 운동하며 상호작용한다고 생각했다. 진공 개념은 입자들의 상호작용과 변화를 허용한다는 점에서 최소한 입자 개념 그 자체만큼 중요하다.

반면에, 아리스토텔레스는 입자의 존재보다는 진공의 존재 가능성에 대해 부정적 견해를 보였다. 아리스토텔레스는 "자연은 진공을 싫어한다."는 원리를 세웠고, 진공은 불가능한 것으로 간주했다. 그래서 이들은 물질을 연속적인 관점으로 생각했다. 연속적인 관점에서는 물질은 계속 더 작은 것으로 쪼갤 수 있고, 세상은 그런 물질로 가득 차 있다고 생각했다. 그리스 원자론은 약 500년 동안 유지되었으나, 중세에 이르러서는 아리스토텔레스의 반-원자론적 입장이 우세하였다. 아리스토텔레스의 추종자들은 진공이 물질을 끌어당겨서 '빈 공간'을 채우기 때문에 진공이 불가능하다고 생각했다. 아무것도 없는 '진공'이 힘을 쓸 수 있다는 이런 관점은 반-기계론적이다. 기계론적 관점에서는 물질만이 힘을 작용할 수 있다.

그러나 17세기 초에 원자론은 실험으로 다시 부활했다. 갈릴레이는 원자론으로 되돌아가기 위한 출발점으로 기체를 가지고 실험했다. 원자론은 기체에 적용될 때 가장 그럴듯하게 보인다는 점에서 이것은 멋진 출발이었다. 갈릴레이의 학생이었던 토리첼리가 행한 대기압 실험은 진공이 자연적으로 만들어진다는 것을 보여 주었을 뿐 아니라, 아리스토텔레스의 "자연은 진공을 싫어한다."는 주장도 맞지 않음을 보였다. 파스칼은 토리첼리의 실험을 계속했고, 이들의 연구 전통을 이어받은 보일이 기체 입자의 운동모형을 수립하게 되었다.

간단하게 살펴본 것처럼, 물질에 대한 입자적 관점은 철학자에 따라서 자연적이기도 하고 반–자연적이기도 했다. 특히, 기체의 입자적 관점은 진공 개념이 있어야 했기 때문에, 오랫동안 반–자연적인 관점으로 취급되었다. 진공 개념은 직관적이거나 경험적이지 않아서 받아들이기 어렵기 때문이다. 그래서 그들은 진공 대신에 '**에테르**'라고 하는 가상적 물질이 가득 차 있는 것으로 이 세상을 모델링 했고, 그 에테르를 찾기 위해 노력했지만 끝내 찾지 못했다. 17세기에 들어서면서 기체에 대한 실험으로 진공이 실제로 존재한다는 것을 알게 됨으로써, 물질을 입자 모형으로 설명하는 데 성공하게 되었다. 기체를 포함하여 자연계의 물질은 연속적으로 존재하는 것이 아니라, 불연속적인 입자로 존재한다는 것, 그것은 과학사에서 오랜 기간의 변화를 겪은 물질에 대한 관점이다.

3. 교수 학습과 관련된 문제는 무엇인가?

> 여기에서는 기체와 관련된 과학 교육과정의 내용을 간략하게 살펴보고, 기체에 대한 학생의 생각, 입자적 관점 이해의 어려움에 대해 설명한다.

교육과정의 '기체' 관련 내용

과학 교과에서 공기는 3학년 '물질의 상태' 단원에서 기체의 전형적인 예로써 등장한다. 이 단원은 '눈에 보이지 않지만, 우리 주위를 둘러싸고 있는 물질'로서, 공기를 풍선에 넣어 다양한 모양을 만들어보면서 공기의 성질을 탐색하도록 한다. 또 '기체의 부피와 무게' 단원에서는 기체가 공간을 차지하며 무게가 있다는 것을 탐구 활동을 통해 확인하도록 한다. 4학년의 '물과 수증기' 단원에서 물의 증발이나 가열을 통해 액체인 물이 기체인 수증기로 변화하는 과정을 다룬다. 그리고 기체인 수증기가 응결하여 액체인 물이 되는 탐구 활동을 통해 물의 상태 변화를 다룬다. 마지막으로 6학년의 '여러 가지 기체' 단원에서는 산소와 이산화탄소를 집기 장치로 포집하고 그 특징을 알아보는 내용이 포함되어 있다.

2009 개정 과학과 교육과정에서는 초등학교 과학에서 물질의 입자 개념을 도입하도록 되어있었다. 그러나 2015 개정 교육과정에서는 입자 개념이 초등학교 학생에게 이해하기 어렵고 추상적이라는 이유로 '입자'라는 용어를 사용하지 않도록 정했다. '기체'는 물질의 한 가지 상태로서 기체의 성질을 이해하는 것은 교육과정의 주요한 성취 기준 중 하나이다.

요컨대 현재 과학 교육과정에는 초등학교에서 여러 가지 기체의 성질을 학습하도록 되어 있으나 기체의 성질을 입자적 관점에서 다루지 않도록 하고 있다. 그러나 기체를 포함한 여러 가지 물질의 성질을 제대로 이해하려면 입자 모형을 그 바탕으로 매우 중요하다. 기체에 대한 입자적 관점을 어느 학년 수준에서 도입할지는 교육과정 개발 주체의 합의에 의해 결정된다. 그러나 학생들이 입자적 관점을 가지지 않고 기체의 성질을 잘 이해하기는 쉽지 않다.

기체에 관한 학생의 생각

굵은 소금이나 모래를 더 작게 쪼개도 그것은 여전히 가루처럼 더 작은 조각으로 쪼갤 수 있는 것으로 보인다. 더 쪼갤 수 없는 것을 경험하지 못한 학생들은 이렇게 나누는 과정을 통해 계속 더욱더 작은 것으로 갈 수 없다고 생각할 이유가 없다. 이런 생각은 물질을 연속적인 것으로 보는 입장이다. 학생들에게 물질이 입자로 되어있다고 설명하더라도, 예를 들어, 유리잔에 들어 있는 물을 따라 내어 비우더라도 여전히 공기가 빈 유리잔을 채우는 것처럼, 대부분 학생은 입자들 사이에는 여전히 무언가 있어서 공기와 같은 것이 빈 공간을 채운다고 생각하기 쉽다.

기체를 확인하는 지각적 단서가 액체나 고체보다 감각적으로 어려워서 학생들이 기체를 개념화하는 데에는 여러 어려움이 있다. 5~7세 아동의 약 30 %는 주위에 공기가 존재한다고 생각하며, 이런 생각은 8~9세 이후로 급격히 증가한다. 11세 아동은 공기의 속성을 움직임으로 본다. 학생들은 움직임의 원인과 결과를 자주 혼동하지만, 움직임은 공기를 지각하는 매우 중요한 요소이다[1]. 예를 들어, 운동장에서 달릴 때 학생들은 바람이 부는 것을 느끼고 공기를 지각하게 된다. 또한, 학생들은 공기의 흐름을 연속적인 물에 비유하고, 뜨거운 공기는 올라간다고 생각한다. 반면에 차가운 공기가 내려가는 것은 잘 알지 못하는 경우가 많다. 또 공기와 기체를 별개로 인식하고 공기는 가열하면 기체로 변한다고 생각하기도 한다. 또 어린 아동은 공기는 기체가 아니며, 기체는 위험하고 타는 것으로 생각하는 경향이 있다. 12세의 약 8 % 정도가 공기는 기체라고 생각하며, 이후 점차로 기체라는 일반적 개념을 형성해가는 것으로 보인다[2].

또 어떤 학생들은 기체를 비물질적인 것으로 파악하려는 경향이 있다. 예를 들면, 학생들은 공기는 무게가 없고, 공기는 보이지 않고 잡을 수도 없는 것으로 생각한다. 학생들은 공기를 포함해서 기체는 연속적이고 정적인 물질이어서 기체 사이에는 공간이 없다고 생각하기 쉽다. 그래서 기체에 압력을 가하거나 팽창시킬 때 기체의 행동을 그

1　Russell, T., Longden, K., & McGuigan, L. (1991). Materials: Primary SPACE project research report.

2　Krnel, D., Watson, R., & Glažar, S. A. (1998). Survey of research related to the development of the concept of 'matter'. International Journal of Science Education, 20(3), 257−289.

것으로 설명한다. 예를 들어, 11~12세 아동은 용기 안의 기체에 힘을 주어 누르면, 바닥에 기체가 더 많이 있다고 생각하여 기체가 고르게 퍼져있지 않은 것으로 생각한다[3]. 많은 학생은 입자들의 끊임없는 운동을 이해하지 못하기 때문에 기체가 가열되거나 냉각될 때 일어나는 일을 설명하기 어려워한다[4]. 그래서 기체를 가열하면 기체 입자들이 반발력으로 떨어지거나, 입자들이 부풀어서 부피가 커진다고 말하기 쉽다. 특히, 기체의 냉각은 더 어려워하여 입자들이 '줄어' 들거나, '응결'하여, 또는 '가라앉아서' 부피가 줄어드는 것으로 생각한다.

입자적 관점 이해의 어려움

물질의 입자 개념은 단순히 기체에 한정되지 않는다. 기체를 포함한 액체, 고체의 입자적 본질은 과학에서 가장 기본이 되는 개념이다. 그러나 이런 물질의 입자 개념은 모든 나이에 걸친 학습자에게 어려움을 초래하여 대안 개념으로 발전하기 쉽다. 학생들은 물질이 불연속적인 입자로 구성된다는 것을 이해하기 어려워하며 물질이 입자라는 것을 이해하더라도, 많은 학생은 자신의 순박한 생각을 포기하지 않고, 입자 자체에 물질의 특성을 부여한다. 그래서 입자들이 팽창하거나 타버릴 수도 있고, 모양이나 색깔을 바꿀 수 있다고 생각한다. 또한, 수증기 속의 물 입자가 얼음 속의 물 입자보다 크다거나, 돌 입자가 고무 입자보다 더 단단하다고 생각하기도 한다.

학생들은 또한 입자 개념 자체를 받아들이더라도, 입자 사이의 공간은 비어 있다고 보기보다는 무언가 채워져 있다고 생각하기 쉽다. 예를 들어, 입자 사이에 먼지나 다른 알갱이, 또는 산소나 질소 같은 기체나 공기, 세균, 오염 물질, 물(액체) 등이 채워져 있다고 생각한다[5].

---

3 Lee, O., Eichinger, D. C., Anderson, C. W., Berkheimer, G. D., & Blakeslee, T. D. (1993). Changing middle school students' conceptions of matter and molecules. Journal of Research in Science Teaching, 30(3), 249-270.

4 Novick, S., & Nussbaum, J. (1981). Pupils' understanding of the particulate nature of matter: A cross age study. Science Education, 65(2), 187-196.

5 Novick, S., & Nussbaum, J. (1981). Pupils' understanding of the particulate nature of matter: A cross age study. Science Education, 65(2), 187-196.

학생들이 가장 어려워하는 개념은 입자들이 끊임없이 운동한다는 것이다. 그래서 특히 기체의 행동을 설명할 때 학생들은 정적인 것으로 해석한다. 예를 들어, 공기를 빼낸 플라스크 속에 공기를 그림으로 표현하도록 했을 때, 많은 13~14세 학생들은 공기가 플라스크 옆면이나 바닥 주변에 모여 있는 것으로 그린다. 입자들이 서로 잡아당겨서 그 자리에 모여 있다는 것이다. 또한, 입자의 운동을 인식하더라도, 종종 그것은 외부의 힘이 작용해서 일어난다고 생각하기 쉽다.

학생들은 공기, 기체, 수증기 등의 용어에 익숙하지만, 그것들을 개별적인 것으로 보기 때문에 기체를 "하나의 실체"로 이해하기 어렵다. 더구나 기체가 진공 내에서 끊임없이 움직이는, 보이지 않는 입자로 구성된다는 것은 감각적으로 알 수 없기 때문이다. 그러나 기체를 이해하려면 입자 개념에 대한 도입이 절실히 필요하다. 물론 과학자들도 이것을 받아들이기까지 거의 이천 년 동안 씨름을 해왔다. 그래서 학생들이 하룻밤 사이에 생각을 바꿀 것이라고 기대할 수는 없다. 비록 이것을 이해하는 데 오랜 시간이 걸리더라도, 학생들이 이 입자 모형에 일찍 부딪힐 기회를 제공하는 것은 의미가 있을 것이다. 이 모형의 의미를 동화하고 제 생각을 조절할 수 있는 다양한 경험과 긴 시간이 필요하기 때문이다.

우리는 학생들의 경험을 바탕으로 그들이 관찰했던 현상에 관해 설명하도록 해야 할 것이다. 어떤 현상은 연속 모형으로 설명될 수도 있지만, 어떤 현상은 설명될 수 없다. 이 과정에서 교사는 입자 모형을 제시하고, 그에 대한 탐색적 토의를 유도할 수 있다. 자신들의 경험에서 얻은 물질에 대한 일련의 생각들을 입자 모형을 통해 도전시킬 때 학생들의 생각은 점진적으로 발달하게 될 것이다. 물론 그 과정에서 다양한 대안 개념이 표출될 수 있지만, 인지적 비평형이 일어나도록 하면 학생들은 그것을 해결하려고 노력할 것이다. 특히, 입자 모형은 다양한 현상을 일관성 있게 설명할 수 있게 한다. 그래서 학생들은 일관성 있는 설명의 중요성을 배울 수 있고, 그 과정에서 학생들은 관찰과 추론 능력을 발달시킬 수 있다. 학생의 발달 수준에 맞추어 학생들을 가르치기보다는, 교육을 통해 학생의 발달이 일어날 수 있도록 한다면 그것은 교사로서 보람이 있는 일이 아니겠는가?

4. 실제로 어떻게 가르칠까?

여기서는 기체의 부피와 무게를 이해하기 위한 몇 가지 활동을 예시하고자 한다. 첫째, POE를 통한 토의 과제를 소개하고, 둘째, 입자 모형을 위한 첫발로 알갱이 개념을 도입하기 위한 두 가지 시범 과제와 페트병 속 그리기 활동을 설명한다. 마지막으로 입자를 상상하고 몸으로 표현하는 역할놀이와 모형구성 활동을 제안한다.

POE를 통해 논의를 활성화하기

제시된 수업 사례에서 교사는 먼저 학생들에게 교과서의 실험을 시범으로 보여 주고, 학생들에게 실험을 따라 해보도록 하였다. 학생들은 그대로 실험을 해보겠지만, 정작 교사나 교과서의 의도를 모른다면 수업에서 보여 준 것처럼 수면이나 페트병 뚜껑 위치에 더 관심을 갖고 다른 생각을 하기 쉽다. 이 나이의 학생에게 중요한 것은 먼저 물질이 공간을 차지한다는 것을 깨닫는 것이다. 그래서 어떤 물질이 공간을 차지하고 있으면, 다른 물질이 그 공간을 함께 공유할 수 없다는 것을 분명하게 인식시켜야 한다. 따라서 실험에 앞서 먼저 다음과 같은 토의 과제를 통해 학생들의 생각을 분명히 드러내게 하는 것이 필요하다.

그림과 같이 투명한 컵 속에 물을 반쯤 넣은 다음 컵 속에 무엇이 있는지, 물을 부으면 어떻게 되는지, 왜 그렇게 되는지 교사는 학생들에게 질문을 던지고 시범을 보여 준

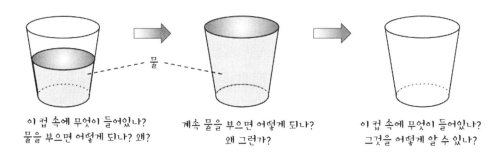

토의과제 : 컵 속에 무엇이 있는가?(POE 활용)

다. 계속해서 컵에 물이 가득 찬 경우에도 질문을 던져서 물이 공간을 차지한다는 것을 일깨운다. 이번엔 빈 컵을 보여 주고 컵 속에 무엇이 들어있는지 질문을 던진다. 많은 학생은 컵이 비어 있다고 말하기 쉽다. 또 어떤 학생은 공기가 들어있다고 말할 수도 있다.

이때 교사는 학생들에게 어떻게 자기 생각이 맞는지 확인하는 방법을 발표해 보도록 한다. 대개 학생들은 컵 속에 물을 부어 본다고 말하기 쉽다. 학생들의 반응을 살펴보고 교사는 만일 컵을 뒤집어 물속에 넣으면 어떻게 될지 물어본다. 교사는 실제로 시범을 보여 주고 컵 속에 물이 들어가지 않는다는 것을 확인시키고, 학생들에게 어떻게 그럴 수가 있는지 설명해 보도록 한다. 학생들이 이 과정에서 컵 속에 무언가 있다는 것을 알게 될 것이다. 교사는 학생들이 자기 생각을 분명하게 할 수 있도록 구멍이 뚫린 컵을 물속에 거꾸로 넣을 때는 어떻게 될지 예상하고 그 이유를 설명하도록 한다. 아울러 컵에 물을 따를 때 물이 컵에 들어가는 이유도 구멍이 뚫린 컵과 비교하여 설명하도록 한다. 이처럼 사전 토의 과제를 수행한 후 교사는 학생들에게 페트병 뚜껑의 용도를 설명하고 교과서 실험을 실제로 수행해 보도록 한다.

실험 활동이 끝난 후 학생들이 관찰한 사실들에 관해 설명하고 토의하는 과정에서 교사는 컵을 거꾸로 물속에 집어넣을 때 컵이 살짝 기울어지면 공기 방울이 빠져나오는 것을 보았는지 질문한다. 학생들에게 다음 그림과 같이 구멍이 없는 컵을 거꾸로 물속에 넣으면서 컵에 물이 반쯤 들어가도록 해보게 한다. 이 활동과 관련하여 관찰한 현상을 설명하고, 주둥이가 좁은 병에 물을 따르려고 할 때 물이 병 속에 잘 들어가지 않는 현상과 같이 일상생활에서 공기 때문에 일어나는 일에 대해 모둠별로 토의하게 한다.

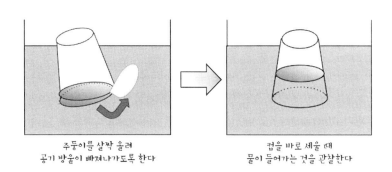

주둥이를 살짝 울려   컵을 바로 세울 때
공기 방울이 빠져나가도록 한다   물이 들어가는 것을 관찰한다

컵 속에 물을 채우는 방법

교사는 추가 실험으로 투명한 플라스틱 병 입구에 그림과 같이 풍선을 주의 깊게 끼우고, 플라스틱 병을 손으로 세게 누르면 어떤 일이 일어날 것으로 예상하는지 물어보고, 그 이유를 서로 토의하도록 한다. 실제로 시범을 보여 준 다음에 병과 풍선 속의 모습을 그림을 그려 설명해 보도록 한다.

거시적 현상에서 미시적 입자로 나아가기

학생들에게 물 50 mL와 물 50 mL를 합하면 부피가 얼마가 되는지 묻고, 다음과 같은 시범 실험을 POE[6] 절차를 사용하여 수행하고, 그 결과에 대해 학급 토의를 하도록 한다. 이 과정에서 모래나 소금이, 또는 물이 알갱이로 되어있다고 상상하여 실험 과정을 그림으로 표현하도록 한다. 주변에서 알갱이로 되어있는 물질들의 사례를 살펴보게 한다. 마찬가지로 공기도 알갱이로 되어있다면, 어떤 일이 일어날 수 있는지 토의하고 자신들의 생각을 발표해 보도록 한다.

모래와 물 시범

교사는 눈금 실린더에 100 mL의 모래를 채우고, 다른 눈금 실린더에 100 mL의 물을 채운다. 눈금 실린더의 물을 모래가 든 눈금 실린더에 부으면 부피가 얼마가 될 것인지 질문한다. 실제로 그 결과를 보여 주고, 관찰한 결과와 그렇게 된 이유를 학생들에게 묻는다. 이 과정에서 공기 방울(기포)이 표면으로 올라오는 것을 가리키며 "이게 뭘까?" 물어본다.

소금과 물 시범

눈금 실린더에 25 mL의 소금을 부은 다음, 다시 물을 부어서 전체 부피가 100 mL에 도달하도록 한다. 눈금 실린더를 흔든 다음에 부피를 재면 얼마가 될 것인지 질문한다. 실제로 눈금 실린더 입구를 손으로 막고 1 분 동안 흔들고, 흔들면서 그것을 거꾸로 뒤집는다. 그 결과를 보여 주면서 학생들에게 관찰한 결과와 그렇게 된 이유를 묻는다. 왜 혼합물의 부피가 100 mL보다 작아졌는지 가능한 이유를 토의하도록 한다.

---

6 이 책의 '딜레마 사례 16 : 두 고무풍선의 연결'에 자세히 설명되어 있음.

공기의 무게에 대한 수업도 직접 실험을 진행하기 전에 먼저 학생들의 생각을 토의해 보는 것이 바람직하다. 예를 들어, 빈 고무풍선과 공기를 넣은 고무풍선을 보여 주고 어떤 것이 더 무거운지 질문을 던진다. 학생들은 보통 공기가 들어가면 가벼워진다고 생각하기 때문에, 실제로 전자저울에 놓았을 때 어느 것이 더 무게가 많이 나가는지 확인하여 보여 준다. 교과서에 제시된 실험을 수행해도 좋지만, 학생들의 관심을 끌려면 공기가 빠져 찌그러진 축구공이나 농구공의 무게를 측정하고, 펌프로 공에 공기를 주입했을 때 무게가 어떻게 되는지 확인해 보도록 한다.

페트병 실험에서 압축 마개의 용도를 설명해 주고, 실험을 통해 관찰한 내용과 그 결과에 대해 토의하도록 한다. 교사는 이 과정에서 학생들에게 공기가 들어 있는 페트병에 어떻게 공기를 더 넣을 수 있는지 설명해 보도록 한다. 이때 학생들에게 앞에서 언급했던 두 시범 실험과 관련지어 보도록 실마리를 제공할 수 있다. 적절한 학생들의 반응이 없는 경우 공기가 모래나 소금 알갱이처럼 알갱이 모양으로 되어있다고 상상해 보도록 하고, 페트병 속에 공기를 더 넣기 전, 후에 페트병 속의 모습을 그림으로 그려보고 설명해 보도록 한다. 또는 축구공에 바람을 넣으면 왜 공이 팽팽해지는지 그림을 그려서 설명해 보게 할 수 있다. 교사는 전체 학급에서 학생들이 탐색적 토의를 통해 자신의 생각을 자유롭게 이야기하고, 서로 의견을 나눌 수 있도록 지도한다. 또한, 다른 예시로 빈 페트병과 물이 가득 든 페트병을 각각 마개로 막은 다음에 손으로 페트병을 세게 누르면 어떤 차이가 있는지 물어보고, 그 이유를 설명하도록 할 수 있다. 교사는 마무리 단계에서 이와 같은 활동을 통해 학생들이 공기에 대해 알게 된 것을 진술하고, 그렇게 말하는 근거를 대보도록 한다. 이 과정에서 교사는 학생들의 생각을 점검하고 미흡한 부분을 확인할 수 있다.

결론적으로 말하면 사실 입자 모형을 '증명'하기는 어렵다. 더구나 그에 대한 실마리도 주지 않고 학생들이 실험을 통해 스스로 입자 개념을 발달시키는 것은 거의 불가능하다. 따라서 학생들이 여러 물질의 상태나 성질을 다양하게 경험하도록 하고, 그것을 설명하기 위한 모형으로서 입자 개념을 도입하도록 하는 것은 바람직하다. 그렇지만 학생들이 처음으로 이해하는 알갱이나 입자는 앞 절에서 언급했던 것처럼 진정한 입자 개념은 아닐 것이다. 그래서 학생들이 스스로 생각하는 바를 자세히 규명하고, 반복적인 과정에서 그것을 다듬는 기회를 제공하는 것이 매우 중요하다. 예를 들어, 6학년 과정에서 액체와 기체의 압축 정도가 왜 차이가 나는지 입자 모형으로 설명해 보도록 할 수 있다. 그 전에 3학년 과정에서는 공기가 알맹이처럼 되어있다면 어떤 일이 일어날 수 있는지 그것을 상상해 보고, 설명하는 활동을 통해 입자 개념을 처음으로 소개하는 기회를 가질 수 있다. 이렇게 교사는 학생의 생각이나 설명을 확인하고, 계속되는 교육과정에서 입자 개념이 요구되는 흥미로운 경험을 제공해야 할 것이다. 그래서 그런 경험을 설명할 수 있는 입자 모형이 여러 상황에서 사리에 맞고, 그럴듯하며, 쓸모 있다는 것을 보여 주어야 한다. 이를 위해 교사는 학생들이 서로 의견 교환을 통해 의미를 협상하는 과정에서 자신들의 생각을 조절하고, 여러 생각들을 비교하도록 도전시켜야 할 것이다.

기체에 대한 학습을 '입자' 관점으로 시작하기

학생들이 기체를 처음 접할 때 입자로 생각할 수 있도록 지도하는 것도 한 가지 방법이다. 입자로서 기체의 성질과 행동을 경험해 보도록 하면 학생들은 입자 관점을 더 쉽게 이것을 받아들일 수 있을지도 모른다. 앞의 수업 사례에서 이루어졌던 실험은 기체의 성질을 한 측면씩 확인해 보는 방식으로 이루어졌다. 컵을 물이 담긴 수조에 넣어 물이 들어가지 않는 현상을 보고 공기의 부피를 이해하고, 페트병에 공기를 채운 뒤 무게를 재보고 공기의 무게를 이해하는 방식이다. 즉, 한 실험이 공기의 한 측면을 증명하는 방식으로 실험이 구성되어 있다. 이러한 실험은 간단하게 하나의 현상을 통해 하나의 과학적 개념을 예시하는 강점이 있는 반면, 전체를 통합적으로 다루지 못한다는 약점도 있을 수 있다.

지각할 수 없는 입자가 공간을 차지하고 무게가 나가는지를 추상적으로 토론하는 논리적인 접근보다는 입자를 몸으로 이해하는 방식으로 접근해 볼 수 있다. 기체를 입자로 보는 관점에서 제일 중요한 것은 물질이 입자(알갱이)로 되어 있다는 것을 알고, 또 이것이 움직인다는 것을 이해하는 것이다. 기체의 무게와 부피는 기체를 입자로 이해하면 저절로 따라오는 개념이 될 수 있다. 기체는 눈에 보이지 않아서 학생들이 감각적, 경험적으로 알 수 없기 때문에, 의인화와 상상력이 요구되는 활동을 도입하는 것이 유용할 수 있다.

앞에 나온 수업 사례의 연장선상에서 2개의 연계 활동을 제안하고자 한다. 연계 활동1은 기체를 입자로 이해할 수 있도록 기체가 되어보는 경험을 하는 것이다. 연계 활동2는 앞서의 수업 사례(구멍 뚫린 컵과 그렇지 않은 컵을 물이 담긴 수조 안에 누르는 활동) 상황과 연결하여 '기체를 볼 수 있다면 어떻게 활동하고 있는지'를 그려보는 과정을 통해 기체를 입자로 표현할 수 있도록 하는 것이다.

연계 활동1 : 기체가 되어보는 역할 놀이

수업에서 했던 실험에 연계하여 역할 놀이를 고안해 볼 수 있다. 비커 안에 있던 공기는 눈에 보이지 않지만 아주 많은 기체 입자들이 있다고 가정하고 직접 기체가 되어보는 활동을 할 수 있다. 학생들에게 자신을 '산소' 혹은 '질소' 입자 하나라고 생각하도록 하고, 여러 기체들이 어떻게 공간을 차지하고 행동하는지 역할 놀이를 하도록 한다. 학생들이 각자 기체 입자가 되어 공간 내에서 움직이는 활동은 기체 입자에 대한 언어적 설명이 아니라 이미지를 활용하는 것이며 몸으로 체득하는 이해에 도달하도록 도와준다. 또한, 입자들 사이의 공간을 빈 공간인 '진공'으로 함께 이해하도록 한다면 더욱 좋을 것이다. 이 과정에서 기체는 자유롭게 움직이며 공간을 차지하고 무게도 가지고 있는 존재라는 것을 학생들이 스스로 이야기할 수 있도록 유도한다.

역할 놀이를 하면서 학생들이 기체의 무게, 부피, 움직임, 빈 공간 등의 용어를 연결하며 사용할 수 있도록 교사가 적절한 질문과 응답을 이어간다. 이를 테면, 기체가 너무 작고 무게가 너무 가벼워서 기체 입자 하나가 아니라 많은 수의 기체 입자가 있어야 부피와 무게를 만들어낼 수 있다는 것을 단계적으로 접근할 수 있다.

- 단계 1 : 학생 한 명이 기체 입자 하나의 역할을 한다. 산소, 수소 등 학생들이 알고 있는 이름을 붙일 수 있다.
- 단계 2 : 기체가 된 학생들이 교실 공간을 자유롭게 돌아다닌다. (공간을 차지하는 것을 기체의 부피와 연관시킨다.)
- 단계 3 : 기체가 된 학생들이 공간을 이리저리 움직이고 때로 부딪치기도 한다. (기체들 사이에 아무것도 없다. 즉, '빈 공간'이 있다는 것을 이야기 한다.)
- 단계 4 : 기체가 된 학생들이 많이 모이면 무게를 측정하는 것이 가능하다. (기체

하나하나도 무게가 있지만 너무 가벼워서 느껴지지 않을 뿐이라는 것을 이야기 한다.)

연계 활동2 : 기체의 부피와 무게를 모형으로 설명하기

- 단계 1 : 모둠별로 실험 속 수조와 컵 속의 기체를 종이 위에 모형으로 그려보게 한다.
- 단계 2 : 직접 기체가 되어 수조와 컵 속에서 어떤 일이 벌어졌는지 설명해 본다. 그리고 이 내용을 단계 1의 그림에 표현해 본다.
- 단계 3 : 활동을 마무리하면서, 학생들이 학습한 용어들을 최대한 많이 사용하여 기체에 대해 설명해보도록 한다. 예를 들면 기체가 없는 행성에서 온 외계인에게 기체에 대해 설명하도록 하는 것도 좋다.

딜레마 사례 **12** 연소에 관한 논쟁

과학사를 어떻게 효과적으로 수업에 활용할 수 있을까?

초등학교 6학년 '연소와 소화' 단원에서는 초가 탈 때의 현상을 관찰하고, 초가 연소할 때 만들어지는 물질을 실험으로 확인한다. 또 실생활에서 연소와 소화의 예를 찾고, 연소의 조건과 소화를 관련지어 생각할 수 있도록 한다. 나는 '촛불의 연소'에 초점을 맞추어 수업을 진행하던 도중 연소에 대한 학생들의 생각이 플로지스톤설과 유사하다는 것을 알게 되었다. 나는 오랫동안 논쟁이 되었던 과학사의 개념변화 과정을 수업에 담아내고 싶었지만 구체적으로 어떻게 해야 할지 막막하였다.

1. 과학 수업 이야기

나는 학생들을 모둠별로 자리하게 하고 촛불을 관찰하게 하는 두 개 활동을 차례로 안내했다.

첫째, 촛불이 타는 과정을 시각적으로 관찰하여 묘사한다.

둘째, 두 개의 촛불에 큰 집기병과 작은 집기병을 각각 씌워놓고 감각을 이용해서 다양한 관찰을 한다.

각 활동에서 나는 학생들에게 자유롭게 관찰하고 관찰한 내용에 대해 서로 이야기를 나누도록 하였다. 수업은 별 차질 없이 흘러갔다. 학생들은 촛불 관찰 활동에 열심히 참여했고, 관찰 내용도 내가 예상한 것에서 크게 벗어나지 않았다. 촛불 관찰 활동은 모둠별로 진행되었는데, 관찰만으로 이루어지는 비교적 간단한 활동이어서 지루해하지 않을까 걱정했는데 학생들은 촛불이 타는 것을 보는 것만으로도 신기해했다.

첫 번째 활동에서 나는 모둠을 돌아다니며 학생들이 잘 관찰을 하고 있는지 점검하였다. 학생들은 서로 관찰한 내용을 이야기하고 있었으며, 나는 돌아다니며 학생들의 이야기를 듣는 것이 즐거웠다.

"초가 녹아 흘러내려!"
"불꽃색이 좀 다르지 않아?"
"위는 노란색, 아래는 푸른색, 안은 검은색이다"
"따뜻해졌다."

그런데 두 번째 활동인 촛불에 집기병을 씌워놓고 관찰하는 과정에서 한 모둠의 학생들이 약간 혼란스러운 논쟁을 벌이고 있었다.

"촛불에서 뭐가 막 나오는 거 같아."
"시커먼 거, 연기가 난다."
"열이 나는 거야"
"연기도 나고, 열도 나네."

"촛불이 꺼지고 병 안에 연기가 꽉 찬 거 같아."
"촛불에서 뭐가 나온 거지? 산소가 나온 건가?"
"산소가 없어진 거 아니야?"

나는 학생들에게 다가가 집기병을 씌운 초가 왜 꺼졌는지를 물어보았다.

"(집기병에) 산소가 없어서요."
"(집기병이) 연기로 꽉 차서요."

나는 연기가 꽉 차서 촛불이 꺼졌다는 대답에 살짝 당황했지만, 집기병이 연기로 꽉 차서 촛불이 꺼졌을 거라는 학생의 이야기는 뒤로 한 채, 산소가 다 소모되어 촛불이 꺼졌다는 주장에 힘을 실어주고 질문을 계속 이어갔다.

"초가 타려면 뭐가 필요하죠?"
"산소요"
"그렇지요. 산소가 없으면 초가 어떻게 될까요?"
"꺼져요."

학생들은 활동지에 관찰한 내용을 기록하고 활동이 끝난 후 알게 된 점을 적었다. 학생들은 전체 토의 시간에 모둠별로 기록한 내용을 발표하면서 활동의 의미를 정리하는 시간을 가졌다. 학생들은 관찰 사항에 관한 이야기를 위주로 발표하였고 자연스럽게 산소에 관해 이야기했다.

"초가 타다가 꺼졌어요."
"초가 타다가 촛불이 약해지고 조금 있다가 꺼졌어요. 산소를 다 쓴 거 같아요."
"초가 타면서 열이 났어요."
"초가 빨갛게 타다가 꺼지면서 까만 연기가 났어요."

나는 학생들에게 '물질이 탄다는 것'은 그 물질이 산소와 결합하는 것이며, '연소'라고 말한다고 설명해 주었다.

"촛불의 경우, 초의 물질이 공기 중의 산소와 결합하여 연소합니다."

산소의 성질을 알려주기 위해 추가로 학생들에게 **산소** 포집 실험이 담긴 동영상을 보여 주었다. 그리고 수업 전에 준비해두었던 산소가 들어 있는 집기병에 향불을 집어 넣고 불꽃이 커지는 시범 실험을 보여 주었다. 그리고 산소의 성질에 대해 덧붙여 설명 하였다.

"보다시피 산소는 색도 없고 냄새도 없고, 물질을 잘 타게 해주는 성질이 있지요. 그 외에, 금속을 녹슬게도 합니다."

수업은 이렇게 마무리되었다. 수업은 계획한 대로 진행되었고 대체로 만족스러웠으나 뭔가 아쉽다는 생각이 마음에 남았다. 특히, 집기병을 씌운 촛불이 꺼진 이유에 대해 "초가 타면서 나온 연기로 집기병이 꽉 차서 촛불이 꺼졌다."라는 학생의 대답이 마음에 남았다. 수업을 마치고 생각해 보니 그 학생에게 그렇게 생각하는 이유와 논거를 펼칠 기회를 주어야 하지 않았을까 하는 아쉬움이 남았다. 그 학생의 생각은 예전의 플로지스톤 이론과 유사하다고 생각되었다. 플로지스톤 이론은 지금의 과학적 주장과는 다르지만, 과학사적으로 중요하게 거론되는 이론이다. 과학자들이 연소에 대한 이론을 발전시켜 왔듯이 학생도 자신의 이론을 발전시키는 기회를 제공했어야 할 것 같다. 과학사를 잘 활용하면, 연소에 대한 학생의 여러 가지 생각을 근거 있게 따져볼 기회를 가질 수 있지 않을까 하는 생각이 들었지만, 구체적으로 어떻게 해야 할지 막막했다.

이 수업을 하고 나는 다음과 같은 의문이 들었다.

- 연소에 관한 학생의 생각은 플로지스톤 이론과 어떤 면에서 유사한가?
- 학생의 생각이 과학사의 옛 생각과 유사할 때, 과학사를 소개하면 학생의 개념 이해에 도움이 될까? 구체적으로 어떤 방법으로 소개하는 것이 좋을까?

2. 과학적인 생각은 무엇인가?

> 다음 글에서는 연소 현상을 설명하는 플로지스톤 이론과 그 이론의 문제점을 살펴보고, 라부아지에의 산소 이론과 연소에 대한 현대적 의미를 설명한다.

인간이 불을 사용하는 법을 알고 난 이후로 타는 현상은 사람들에게 매우 중요했다. 그렇지만 탄다는 것은 무엇을 뜻하는가? 이것을 이해하는 데 우리는 몇 세기가 필요했다. 그러면 17세기의 과학자들은 이것을 어떻게 생각했을까? 그들도 연료의 연소나 공기 중에서 금속의 반응, 그리고 동물의 호흡이 연소라는 현상과 공통점이 있다는 것을 알고 있었다. 이것을 설명하기 위하여 그들은 플로지스톤 이론을 제시하였고, 그것은 거의 100년 동안 연소에 대한 설명으로 자리 잡았다.

플로지스톤 이론

고대 그리스인들은 만물이 불, 물, 공기, 흙 등 4가지 원소로 이루어졌고, 타는 현상은 불이 방출되면서 물과 공기도 빠져나오고 그 뒤에 흙(또는 재)이 남는 것으로 생각했다. 그러나 1669년에 독일의 의사이자 연금술사인 요한 베커(Johann Becher)는 물질이 4원소 대신에 세 가지 형태의 흙 원소로, 즉 테라 라피디아(돌투성이 흙), 테라 플루이다(질척한 흙), 테라 핀귀스(기름진 흙)로 이루어졌다고 제안했다. 베커의 이론에서 테라 플루이다와 테라 핀귀스는 각각 4원소의 물과 불에 해당한다. 그래서 베커는 타는 물질은 테라 핀귀스를 갖고 있는데, 타면서 이것이 불꽃과 함께 공기로 방출된다고 생각했다.

옛날 사람은 나무나 짚이 타면서 불꽃과 연기가 나는 것을 보고 무언가 빠져나간다고 생각했다. 실제로 타고 남은 재는 푸석푸석하고 무게가 가벼워지기 때문이다. 보통 이런 재는 예전에 비누 대신에 물에 녹여 빨래하는 데 사용하였다. 잿물은 알칼리(alkali)[1]성이나 염기성(base)을 띠고 있기 때문이다. 그래서 사람들은 타는 물질이 바탕이 되는 재에 기름 같은 것이 포함되어 있다고 보았다. 1703년 독일의 의사이고, 화학자인 게오르크 슈탈(Georg Stahl)은 베커의 이론을 확장한 이론을 발표했다. 그는 '테라 핀귀스' 대신에 불꽃이라는 뜻의 그리스 말에서 나온 '플로지스톤(phlogiston)'을 사용했다. 그리고 플로지스톤을 다음과 같이 설명했다.

- 모든 가연성 물질은 **플로지스톤**을 포함하며, 플로지스톤이 많을수록 더 잘 타기 쉽다.
- 타는 동안 플로지스톤은 공기로 빠져나가고, 불꽃은 그것이 탈출하는 것을 보여 준다.
- 물질이 타서 플로지스톤이 빠져나가고 남은 잔류물이나 재를 회(calx)라고 부른다.

물질 = 회(재) + 플로지스톤

- 물질이 타려면 공기가 필요하다. 공기는 탈출하는 플로지스톤을 흡수하기 때문이다. 밀폐된 용기에서 연소가 오래가지 못하는 이유는 공기가 플로지스톤으로 포화되어 더는 플로지스톤을 흡수할 수 없기 때문이다.
- 호흡은 몸에서 플로지스톤을 빼내는 것으로, 호흡하려면 마찬가지로 공기가 필요하다. 밀폐된 용기에 넣은 동물이 죽는 이유는 공기가 플로지스톤으로 포화되어 더는 몸속의 플로지스톤을 흡수할 수 없기 때문이다.
- 공기 중에서 금속을 세게 가열하면, 금속은 플로지스톤을 방출하고 금속회가 남는다.

금속 $\xrightarrow{\text{열}}$ 금속회 + 플로지스톤

- 제련 과정에서 금속회(또는 광석)를 숯이나 코크스와 함께 가열하면 금속을 얻을 수 있다. 금속회가 플로지스톤이 풍부한 숯이나 코크스에서 플로지스톤을 흡수하기 때문이다.
- 알칼리를 만들기 위해 석회석을 높은 온도로 가열하면 그것은 불에서 플로지스톤을 얻어 알칼리성의 생석회(산화칼슘)가 생긴다.
- 플로지스톤을 잃어버린 재나 회(calx)는 타는 물질이나 금속보다 가볍다.

---

1 재를 뜻하는 아랍어에서 나왔다.

플로지스톤 이론의 문제점

플로지스톤 이론은 연소의 많은 특징을 잘 설명했지만 몇 가지 문제가 발생하였다. 첫째로 금속을 공기 중에서 가열할 때 무게가 줄어들기보다는 오히려 늘어나는 것이다. 이것은 이미 장 레이(Jean Rey)와 로버트 보일(Robert Boyle)이 납과 주석을 통해 알게 된 것이었다. 베커와 슈탈도 금속을 가열해서 생긴 금속회가 밀도는 가벼울 수 있지만, 실제로 무게는 원래 금속보다 무거워진다는 것을 알고 있었다. 금속에 포함되었던 플로지스톤이 빠져나갔다면 당연히 무게가 감소해야 하지만, 마그네슘을 태웠을 때 그 재의 무게가 증가하는 것을 어떻게 설명할 수 있을까? 이 문제를 해결하기 위해 플로지스톤 지지자들은 기발한 설명을 생각해 냈다. 예를 들어, 금속은 음의 질량을 갖는 플로지스톤을 가졌지만, 나무와 같은 다른 물질은 양의 질량을 갖는 플로지스톤을 갖고 있다고 가정했다. 따라서 금속은 탈 때 음의 질량을 잃어 무게가 증가하고, 반면에 나무와 같은 물질은 양의 질량을 잃어 무게가 감소한다는 것이다. 또는 어떤 물질은 질량이 없는 플로지스톤을 가지고 있다고 주장했다.

프랑스 과학자 피에르 바이엔(Pierre Bayen)은 수은의 붉은 재를 다음 그림과 같이 유리종 속에서 가열했다[2]. 바이엔은 렌즈를 사용하여 수은의 붉은 재에 햇빛을 집중시켜 가열했더니 재는 수은 액체로 바뀌었다. 이때 유리종 속에 있는 수면은 내려갔고, 바깥의 수면은 올라갔다. 이것을 설명하기 위해 바이엔은 가열된 재에서 기체가 방출되

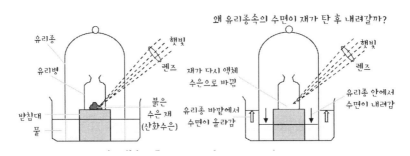

수은의 붉은 재를 가열하기 위한 바이엔의 실험 장치

---

2 Lawson, A. E. (2010). Teaching inquiry science in middle and secondary schools. Sage.

었을 것으로 추측했지만, 그 기체가 무엇인지 그 성질을 조사하지 않았다. 그 당시 성직자이면서 과학에 관심이 많았던 조지프 **프리스틀리**(Joseph Priestley)도 비슷한 실험을 했지만, 그는 방출된 기체의 성질을 조사했다. 예를 들어, 그는 양초를 그 기체 속에서 태웠더니 촛불이 더 활발하게 타고, 생쥐는 보통 공기보다 밀폐된 그 기체 속에서 더 오래 산다는 것을 발견했다.

그래서 프리스틀리는 그 기체가 보통 공기보다 플로지스톤을 많이 흡수한다고 생각하고, 그 기체를 플로지스톤이 없는 공기라는 뜻으로 '탈–플로지스톤 공기'라고 불렀다. 그러나 붉은 수은의 재가 공기 중의 플로지스톤을 흡수했다면, 유리종 속의 수면은 내려가지 않고 올라가야 하지 않을까? 프리스틀리는 그 점을 무시하였다.

또한, 산화물인 금속회를 숯과 함께 넣고 가열하면 금속으로 환원되는데 그 과정에서 새로운 기체가 나오고, 석회석을 가열하는 때도 '고정된 공기(이산화탄소)'라는 새로운 기체가 발생하는데 플로지스톤 이론은 그것을 설명하기 어려웠다.

라부아지에와 새로운 연소 이론

프랑스의 화학자 라부아지에(Lavoisier)는 '탈–플로지스톤 공기'를 만드는 프리스틀리의 실험에 대해 듣고, 그것이 공기의 성분이라는 것을 보여 주는 실험을 고안하였다. 액체 수은을 밀봉하여 그림과 같이 가열하면, 수은의 붉은 재가 생기는데 이때 거꾸로 덮은 비커 속의 공기가 줄어 비커 속의 수면이 올라가는 것이었다. 또한, 이 재의 무게를 측정했더니 원래 수은보다 무게가 무겁다는 것을 알았다. 그리고 이 붉은 재를 프리스틀리의 실험처럼 햇빛을 이용하여 가열했더니 유리종의 수면이 이번엔 내려간다는 것을 보여 주었다. 또한, 붉은 재에서 변한 액체 수은의 무게는 재보다 작았다. 이와 같은 실험 결과를 라부아지에는 다음과 같이 설명했다. 공기 중에 있던 보이지 않는 어떤 기체가 수은과 결합하여 수은의 붉은 재는 무게가 더 커졌고, 비커 속의 공기는 그 기체만큼 줄어 수면이 올라간 것이다. 또한, 수은의 붉은 재를 가열하면 이번엔 수은과 결합했던 그 기체가 빠져나와 유리종 속의 수면이 내려간다는 것이다. 프리스틀리가 '탈–플로지스톤 공기'라고 불렀던 기체를 그는 '산소'라고 불렀다. 그는 그 기체가 예를 들어, 숯과 같은 다른 물질과 결합하면 시큼한 산을 만든다고 생각했기 때문이다. 그래

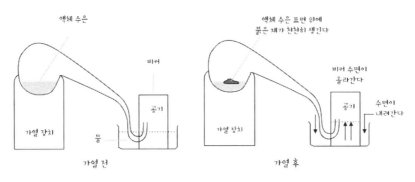

라부아지에의 실험

서 그는 금속회를 숯과 함께 가열하면 금속회에 있던 그 기체와 숯이 반응하여 이산화 탄소가 생기고, 금속회는 금속으로 변한다고 해석했다.

결론적으로 라부아지에는 플로지스톤 이론을 비판하고, 연소 과정에서 플로지스톤이 공기로 방출되는 것이 아니라 공기 중에서 산소가 제거되는 것이라고 해석을 했다. 그리고 금속을 공기 중에서 가열하여 금속회가 만들어질 때 무게가 증가하는 현상을 금속과 산소가 결합하는 것으로 설명할 수 있었다. 또한, 금속회와 숯을 함께 가열하면 금속으로 환원되면서 이산화탄소라는 기체가 생기는 것도 설명할 수 있었다. 그래서 물질이 공기 중에서 탈 때 그것은 산소와 결합하여 산화물을 만든다는 이론을 발달시켰다. 그는 생물의 호흡, 철이 녹스는 것, 물질이 타는 것 등이 모두 같은 유형의 화학 반응인 **연소**라는 것을 인식했다. 라부아지에는 당시 유력했던 플로지스톤 이론을 이렇게 자세한 관찰과 정확한 측정을 통한 실험 증거로 반박하면서 많은 과학자에게 인정을 받게 되었다.

실제로 연소는 물질이 공기 중의 산소와 결합하는 현상이지만, 물질이 계속 타려면 산소 이외에도 **발화점**을 유지해야 한다. 일반적으로 화학 반응이 일어나려면 어느 정도 이상의 온도가 필요하다. 발화점은 어떤 물질이 타는 데 필요한 온도로 그 온도보다 낮으면 그 물질은 산소가 있어도 타지 못한다. 그래서 석탄이나 장작은 성냥개비로 발화점 이상으로 온도를 높일 수 없어 불을 붙이기가 어렵다. 그래서 연소가 일어나려면 탈 물질, **산소**, 발화점 등 세 조건을 충족해야 한다. 이 수업에서 교사와 일부 학생은 촛불을 유리병으로 덮었을 때 병 속의 산소가 없어져 촛불이 꺼졌다고 생각했지만, 실제로 산소가 모두 없어져서 꺼진 것이 아니라 촛불이 계속 타기 위한 발화점을 유지하지 못했기 때문이다. 대체로 병 속의 산소가 5~6 %가 없어지면 양초의 파라핀과 결합할 수 있는 산소 분자의 수가 적어진다. 촛불 근처에 이산화탄소와 수증기가 생기면서 화학 반응이 적어지고 그에 따라 충분한 열에너지를 촛불에 공급하지 못한다. 따라서 촛불은 발화점보다 낮은 온도가 되면서 꺼지게 된다[3]. 마찬가지로 우리가 호흡할 때도 허파 속에서 공기 중 산소 21 %가 모두 흡수되는 것은 아니다. 호흡 과정에서 공기 중의 산소는 5~8 %가 줄어들고 이산화탄소는 4~5 % 정도로 늘어난다.

　이상에서 살펴본 것처럼, 연소는 일상에서 늘 접하는 현상이지만 과학적으로 설명하는 것은 간단하지 않다. 과학의 역사를 통해서 보아도 플로지스톤 이론에서 산소 이론으로의 혁명적인 변화를 겪어왔다. 또한 연소 실험 결과를 예측하고, 해석하고, 설명하는 일도 다양한 변인들의 작용을 고려해야 하는 복잡한 활동이라는 것을 알 수 있다.

3　좀 더 자세한 내용은 이 책의 '딜레마 사례 06: 촛불 연소와 수면 상승'을 참고한다.

3. 교수학습과 관련된 문제는 무엇인가?

> 다음 글에서는 과학사를 과학교육에 도입하는 의미를 4가지 수준에서 살펴보고, 실제로 과학 수업에 과학사를 도입할 수 있는 다양한 방법을 제시하고 설명한다.

과학교육에서 과학사 도입의 의미

예전에 이루어졌던 과학적 사건과 과학자에 관한 이야기로서 과학사는 그 자체로 많은 흥미와 관심을 불러일으키지만, 과학교육자들에게 과학사는 과학교육의 도구로서 주목을 받아왔다. 과학사는 세상에 대한 우리의 이해가 어떻게 달라졌는지 보여 주고, 시대를 뛰어넘은 새로운 사고방식과 관습에 저항했던 사람들을 보여 준다. 그래서 과학의 본성을 이해시키기 위한 **과학사**의 도입은 학생들이 지식 체계와 그 지식을 발견하는 과정으로서 과학의 개념적, 절차적, 상황적 측면을 이해할 수 있도록 한다[4]. 과학사를 과학 수업에 도입하는 방안은 크게 과학적 사건이나 과학자의 삶과 관련된 흥미 수준, 과학과 사회적 상호작용과 관련된 상황적 수준, 과학적 개념의 발달을 조망하는 개념적 수준, 그리고 과학의 연구 방법을 파헤치는 탐구적 수준에서 살펴볼 수 있다.

예를 들어, 라부아지에나 갈릴레오가 정확한 측정값을 얻기 위해 어떻게 실험을 고안하고, 어떻게 변인을 통제했는지 조사하고 실험을 재현해 보도록 함으로써 학생들이 과학적 방법을 학습하도록 할 수 있다. 또한, 앞 절에서 살펴본 것처럼 연소 개념이 어떻게 발전하고 변해 왔는지, 플로지스톤 이론과 산소 이론 사이의 논쟁 등을 따져 봄으로써 과학 개념에 대한 학생들의 이해를 증진시킬 수 있다. 그리고 과학과 사회의 여러 상호작용이나 기술적 영향을 헤아리도록 할 수 있다. 예를 들어, 산소 기체의 발견과 관련하여 바이엔, 프리스틀리, 라부아지에 사이의 관계나 영향, 금속 제련 기술의 영향,

---

4 Wang, H. A., & Marsh, D. D. (2002). Science instruction with a humanistic twist: teachers' perception and practice in using the history of science in their classrooms. Science & Education, 11(2), 169–189.

탄산음료의 발명 등 과학의 사회적 맥락에 대한 통찰을 얻도록 할 수 있다. 아울러 뉴턴이나 아인슈타인의 어린 시절 일화나 벤젠의 고리를 발견한 케쿨러(Friedrich August Kekulé)의 일화 등을 통하여 과학자의 연구에 영향을 주는 개인적 삶에 관심과 흥미를 유발하고, 인간 활동의 하나로 과학을 조명함으로써 인간에 대한 이해를 고취하도록 학생들을 도와줄 수 있다. 과학 수업에 과학사의 다양한 측면을 도입하는 방법은 단지 관련된 자료를 제시하고 학생들에게 읽히는 것만으로는 효과적이지 않다. 그보다는 학생들이 적극적으로 참여할 수 있도록 다양한 학생 중심의 활동에 초점을 맞추어야 할 것이다.

과학사를 과학 수업에 통합하는 방법

과학사를 과학 수업에 통합하는 다양한 방법의 하나는 '이야기 줄거리(story-line)'를 활용하는 것이다[5]. 보통 이야기는 학생들의 관심을 집중시킬 수 있는 강력한 도구로 학생들의 학습과 기억에 촉매 역할을 할 수 있다. 예를 들어, 짧은 역사적 일화는 학습 내용과 관련하여 학생들의 흥미를 증진시키는 방법으로 사용될 수 있다. 또 과학사의 일화를 독해자료(DARTs)[6]로 개발하여 학생들의 적극적이고 비판적인 참여를 도와줄 수 있다. 이야기를 활용하는 또 다른 방법은 사례 연구(case study)이다. 예를 들어, 창의성이나 가설이 과학에서 어떤 역할을 하는지 사례 연구를 통해 드러내어 학생들이 과학 활동의 다양한 측면을 이해하도록 도와줄 수 있다. 논증하기(argumentation)나 반박하기도 과학사 이야기를 활용할 수 있는 방안이다. 예를 들어, 플로지스톤 이론과 라부아지에의 이야기를 통해 서로 대립하는 두 이론의 지지 증거나 반박 증거를 찾아보도록 학생들을 자극할 수 있다. 또는 대립하는 두 이론의 논쟁에 학생이 평가자로서

---

5 Höttecke, D., Henke, A., & Riess, F. (2012). Implementing history and philosophy in science teaching: strategies, methods, results and experiences from the European HIPST project. Science & Education, 21(9), 1233-1261.

6 DART는 Directed Activities Related to Texts의 약자로 글이나 교재와 관련된 지시 활동이라는 뜻으로 학생들의 독해력을 증진시키기 위해 글과의 상호작용을 고무하는 활동을 말한다. 크게 재구성 독해자료와 분석 독해자료로 구분된다.

적극적으로 참여하도록 할 수 있다. '산소'7와 같은 과학 연극이나 역할 놀이, 대담, 기자회견과 같은 극 형식의 활동도 이야기와 학생들의 연기를 통해 과학의 정서적, 사회-문화적 측면을 부각하고 그에 대한 이해를 증진시킬 수 있는 방법이다. 예를 들어, 산소 발견에 대한 논쟁을 학생들이 연극 대본으로 직접 써보게 하거나 준비된 대본 자료로 활동하도록 할 수 있다.

　과학사를 과학 수업에 도입하는 또 한 가지 방법은 창의적 글쓰기(creative writing)를 통해서이다. 예를 들어, 역사적이거나 가상적인 과학자의 관점에서 관련 업적이나 사건과 연관된 편지, 일지 또는 자신의 짧은 전기를 쓰도록 할 수 있다. 과학자에 대한 글쓰기는 학생들이 과학자와 공감하고, 과학의 본성과 내용에 대한 자신의 이해를 분석할 기회를 제공할 수 있다. 교사는 이러한 글쓰기 과제에 깊은 성찰을 요구하는 질문을 제시하여 학생들이 주어진 상황을 잘 분석하도록 도울 수 있다.

　과학사를 활용하는 또 다른 방법은 과거의 실험이나 실험 장치를 재현하고 그것을 탐구해 보는 것이다. 예를 들어, 중력의 효과를 측정하기 위한 갈릴레이의 빗면 실험이나 산화수은에 대한 프리스틀리의 실험을 재현해 봄으로써 그 당시 실험 도구나 측정 과정을 경험하고 분석하도록 할 수 있다. 이것은 그 당시 이용 가능한 기술의 중요성을 헤아릴 수 있게 한다. 또한, 과학자가 왜, 어떻게 그 실험을 설계하고, 어떻게 결론을 얻었는지 평가해 봄으로써 과학적 방법이나 이론에 대한 성찰을 북돋을 수 있다.

　과학사에서 얻을 수 있는 다양한 사례들은 과학의 본성에 대한 다양한 측면을 조망할 수 있는 훌륭한 자료를 제공할 수 있다. 예를 들어, 공기의 개념이 어떻게 나타나고 분화하는지 살펴봄으로써 개념의 발달 과정이나 변화 과정을 이해하고 과학 지식의 잠정성을 헤아리도록 할 수 있다. 또 과학적 발견의 우연성/필연성 문제, 이론에 따른 증거의 해석 문제나 관찰 불가능한 실재에 대한 증거를 해석하는 법 등과 같이 과학 활동의 다양한 측면과 과정을 살피기 위해 과학사의 풍성한 사례들이 논의될 수 있다. 과학사는 과학의 발전과 사회 문화적인 요인이 어떻게 밀접하게 관련되어 있는지 많은 사

---

7 Carl Djerassi와 Roald Hoffman (2001)이 쓴 과학 연극으로 노벨상 위원회에서 라부아지에, 프리스틀리, 셸레가 서로 산소의 발견자라고 주장하는 2막의 연극을 말한다.

례를 제공하고 교사는 학생들에게 특정한 과학 개념이 나타나고 발전하는 시기와 장소의 사회 문화적 배경을 제공하거나 조사하고 토의하도록 할 수 있다. 이것은 서로 다른 문화가 과학에 어떻게 영향을 미치는지 이해하도록 한다. 또는 과학자라는 인물에게 초점을 맞추어 과학자의 다양한 성격이나 연구 방법을 비교하고 토의하도록 하여 과학의 인간적 차원을 보여 줄 수도 있다. 과학자 전기를 통해 과학자 개인의 성격과 운명이나 우연의 결합이 어떻게 그런 업적을 성취할 수 있게 했는지 보여 줄 수도 있고, 과학자의 올바른 행동 양식이나 윤리 문제를 다룰 수도 있다.

과학사는 학교 교육이나 교과서가 담아내지 못하는 과학의 풍부한 이야기를 드러내 준다. 과학의 위대한 발견은 벤젠 고리나 전자기파, 원자 모형과 같이 과학자들의 직관적 사고와 비유나 은유를 통해 이루어진다는 것을 보여 줄 수도 있다. 과학을 하기 위해서는 논리적이고 합리적인 특성뿐 아니라, 예술가의 활동과 같이 아름다움에 대한 감각이나 창의적 특성이 필요하다는 것을 드러낼 수도 있다.

과학 수업에서 과학사를 활용하기 위한 접근 방식은 단순히 과학사 내용을 전달하거나 실험을 재현하는 것보다는, 가설이나 생각, 또는 절차의 정당성, 자료의 신뢰성과 타당성, 증거 해석의 합리성 등과 같이 인식론적인 준거를 가지고 학생들이 그것을 평가하는 활동을 제공하는 것이 바람직하다. 예를 들어, 과학의 개념 발달과 관련하여 특정한 어떤 개념을 각각 그 당시 과학자들이 어떻게 발달시켜 나갔는지 평가하기 위해 학생들에게 평가 기준을 작성하도록 할 수 있다. 이때, 과학자들이 어떤 과학적 질문을 하였고, 이론적 정합성을 위해 당시의 지식과 어떻게 연관시켰으며, 어떤 경우에 정합성이 확보되지 못하고 유보되거나 폐기되었는지, 과학자들의 논쟁 초점은 무엇이었는지, 과학자들의 판단에 영향을 미친 사회-경제적인 요인이나 문화적 상황은 어떠했는지 등을 고려할 수 있도록 해야 한다. 이를 위해서 교사가 과학사에 대한 풍부한 지식뿐 아니라, 과학의 본성을 비롯하여 이론 평가나 탐구 방법에 대한 적절한 이해를 갖추는 것이 필요하다.

4. 실제로 어떻게 가르칠까?

> 아랫글에서는 수업 목적에 따라 연소와 관련된 과학사를 수업에 도입하는 방법의 몇 가지 예를 제시하였다. 그리고 연소에 관한 과학사 독해자료의 예를 중심으로 똑같은 실험 결과를 서로 다르게 해석할 수 있다는 것을 보여 주는 수업 방안을 한 가지 사례로 서술하였다.

단순히 학생들의 흥미를 유발하기 위해 수업에 과학사 이야기를 제시할 수도 있지만, 과학사는 과학의 본성이나 내용에 대한 이해를 증진하기 위해 사용될 수 있다. 또한, 과학사는 학생들의 비판적 사고 능력을 키우거나, 과학 개념에 대한 이해를 깊게 하며, 과거 과학자가 가졌던 생각과 유사한 학생들의 선개념을 드러나게 할 수도 있다[8]. 특히, 연소에 관한 두 이론의 논쟁은 똑같은 실험에서 얻은 결과를 가지고 서로 다른 결론을 끌어낼 수 있다는 것을 보여 줄 좋은 소재이다. 흔히 사람들은 실험에서 얻은 결과가 명확하게 한 가지 의미를 제공한다고 생각하기 쉽지만, 실제로는 관점에 따라 그 결과가 다르게 해석될 수 있기 때문이다.

연소와 관련된 수업에서 과학사를 활용하려고 할 때, 교사는 먼저 무엇을 수업 목표로 할 것인지 분명하게 정해야 할 것이다. 과학사의 여러 측면 중 어디에 중점을 둘 것인지에 따라 수업의 접근 방식은 상당히 달라질 것이기 때문이다. 이것은 또한 학생의 배경지식과 학급 상황에 따라 달라질 수 있다. 예를 들어, 학생들이 연소 현상을 산소와 결합하는 것으로 피상적으로 알고 있다면, 교사는 학생들이 자기 생각에 대한 증거를 댈 수 있기를 원할지 모른다. 이때 교사는 연소 현상을 플로지스톤 이론으로 설명하면서 학생들의 생각이 잘못된 것이라고 주장할 수 있다. 그리고 교사의 플로지스톤 이론이 틀렸다는 것을 입증하도록 학생들에게 요구할 수 있다. 또는 학생들이 도서나 인터넷을 통해 자료를 조사하는 데 중점을 둔다면, 시대에 따라 연소에 관한 생각이 어떻

---

8 Matthews, R. (1994). Science teaching: The role of history and philosophy of science. Routledge NY.

게 변했는지, 플로지스톤 이론이 무엇인지 설명하는 PPT 자료나, 이야기, 기자회견, 또는 역할 놀이 대본 등을 만들도록 할 수 있다.

수업 목표와 우선순위가 정해졌다면, 그 다음에 교사는 과학사의 어떤 사건이나 에피소드를 사용할지 결정해야 한다. 예를 들어, 산소 기체 발견의 영예를 누구에게 줄 것인지 토의하는 과제라면 라부아지에, 프리스틀리, 바이엔, 셸레 등의 이야기에 초점을 맞추어야 할 것이다. 또한, 플로지스톤 이론의 발달 과정에 초점을 맞출 것인지, 아니면 산소 이론의 출현에 초점을 맞출 것인지에 따라 선택할 수 있는 과학사의 사건이나 에피소드는 달라질 수 있다.

수업을 위해 필요한 과학사 에피소드가 정해졌다면, 교사는 필요한 관련 자료를 미리 준비해야 할 것이다. 연소와 관련된 아동용 도서나 인터넷의 URL을 안내하거나, 학급 학생들에게 배부할 읽기 자료를 준비할 수 있다. 예를 들어, 이 글의 끝에 제시된 '물질이 탈 때 어떤 일이 일어날까?'라는 독해자료(DART)는 연소에 대한 과학자들의 생각이 변하는 과정을 보여 준다. 교사는 자신의 학급 상황에 따라 적절하지 않은 에피소드를 빼거나 다른 과학자의 에피소드를 삽입할 수 있고, 질문 내용을 적절하게 수정할 수 있다.

실제 수업에서 교사는 2차시 분량의 활동을 계획하고, 독해자료에 대한 집단 토의 활동을 수행하도록 할 수 있다. 교사는 독해자료 토의에 앞서 종이가 타는 모양을 시범으로 보여 줄 수 있다. 얇은 한지를 오려 긴 원통 모양으로 만들어 다음 그림과 같이 샬레 위에 세워 놓는다. 학생들에게 점화기로 한지에 불을 붙이면 어떤 일이 일어날지 예상해 보도록 한다.

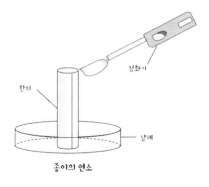

종이의 연소

종이의 연소

한지는 불이 붙어 타들어 가다가 재가 되어 위로 떠 올랐다가 가라앉을 것이다. 종이의 종류에 따라 재가 위로 떠 오르지 않는 일도 있다. 미리 알맞은 종이를 구해야 한다. 학생들에게 종이가 탈 때 어떤 일이 일어났는지 이야기해 보도록 한다. 학생들의 이야기를 들은 후에 교사는 종이로부터 무언가 빠져나가서 재가 가벼워졌다는 것에 주목하게 한 다음, 종이가 타는 현상을 플로지스톤 이론으로 설명해 준다. 이야기하는 과정에서 학생들이 연소는 산소가 종이와 결합하는 것이라고 주장하면 어떻게 그걸 알 수 있는지 물어본다. 추가로 두꺼운 골판지에 불을 붙이면 어떻게 될지 물어보고, 앞의 시범과 마찬가지로 골판지 윗부분에 점화기로 불을 붙여 보여 준다. 대체로 골판지는 조금 타다가 얼마 후 꺼질 것이다. 어떻게 골판지는 한지보다 잘 타지 않는지 학생들에게 물어본다. 학생들의 설명을 들은 후에 교사는 골판지는 한지보다 플로지스톤이 적어서 잘 타지 않는 것이라고 설명을 해 준다. 이 경우에 공기 중에 산소가 있어 종이가 타는 것이라면 골판지가 왜 더는 타지 않는지 물어볼 수 있다.

또한, 앞의 수업 사례와 마찬가지로 타고 있는 촛불에 비커를 덮으면 어떤 일이 일어날지 예상해 보고, 모둠별로 실제로 실험을 수행하고 관찰한 결과를 설명해 보도록 한다. 모둠별 토의 결과를 발표하게 한 다음, 교사는 비커를 덮을 때 촛불이 꺼지는 현상을 플로지스톤 이론으로 설명해 준다. 교사는 비커 속의 공기에 플로지스톤이 가득 차면, 양초로부터 플로지스톤이 빠져나가지 못해서 촛불은 더는 타지 않는 것이라고 이야기한다. 학생들이 산소를 언급하면 산소 때문인지, 플로지스톤 때문인지 어떻게 그것을 알 수 있는지 물어본다. 교사는 과거에 과학자들도 비슷한 문제로 고민했다고 말하고, 학생들에게 독해자료를 배부하고 모둠별로 관련 질문에 대해 토의해 보도록 한다. 학생들이 어려워한다면 6~7번은 생략할 수 있다. 모둠별 활동이 마무리되면 전체 학급에서 9번 문제에 대한 토의를 진행할 수 있다. 토의를 진행하기에 앞서 교사는 학생들에게 플로지스톤 이론과 산소 이론의 핵심 개념을 분명하게 확인하도록 한다. 이론에 따른 예상과 실험 결과를 비교하고 주어진 실험 결과를 어떻게 해석할 것인지 정하도록 한다. 많은 경우 실험 결과 자체보다는 그와 관련된 기본 전제나 가정을 살펴보아야 적절한 해석을 내릴 수 있다. 해석을 내리기 어려운 경우 그 이유나 근거를 제시하도록 한다. 그럴 때 주어진 실험 결과를 이론과 맞출 수 있는 조건이나 가정을 생각해 보도록 한다.

실험 증거가 이론과 일치하지 않는 경우 과학자들은 다른 이론을 찾기도 하지만, 자신의 이론을 증거에 맞추기 위해 보조 가설을 도입하기도 한다. 일반적으로 물질은 빠져나가면 그만큼 양이 준다. 예를 들어, 6번의 경우 공기 속에 있던 플로지스톤이 빠져나가 붉은 재에 흡수되면 공기의 부피는 줄어들어야 한다. 그런데 실험 결과는 공기의 부피가 늘어났다. 이것을 설명하기 위한 가정으로 공기는 플로지스톤을 많이 갖고 있으면 부피가 줄어들고, 플로지스톤이 적거나 없어지면 부피가 늘어난다고 말할 수 있다. 예를 들어, 보통 솜은 부피가 크지만 물을 흡수하여 젖게 되면 부피가 작아지는 것처럼, 플로지스톤이 물처럼 공기의 부피를 줄이는 효과가 있다고 말할 수 있다.

또한, 7번의 경우에도 수은에서 플로지스톤이 빠져나가 생긴 수은의 붉은 재가 수은보다 더 무거운 이유도 보조 가설을 이용하여 설명할 수 있다. 예를 들어, 플로지스톤은 공기보다 더 가벼워서 플로지스톤을 포함하고 있는 수은이 플로지스톤이 없는 붉은 재보다 더 가볍다거나, 금속 플로지스톤의 무게는 음의 값이어서 플로지스톤이 포함된 수은의 무게가 작아진다고 설명할 수도 있다.

전체 학급 토의에서 실험을 해석한 결과에 대해 토의하고, 어떤 이론이 더 바람직한지 자신들의 생각을 이야기하도록 한다. 그 과정에서 교사는 같은 실험 결과를 다른 관점에서 해석할 수 있다는 것을 학생들이 이해할 수 있도록 안내한다.

마무리 활동으로 교사는 두꺼운 골판지에 불을 붙이는 시범을 학생들에게 다시 보여준다. 이번엔 점화기로 골판지 아랫부분에 불을 붙인다. 골판지에 붙은 불은 앞의 시범과는 달리 금방 꺼지지 않고 더 오래 타게 될 것이다. 이와 같은 현상은 플로지스톤 이론이나 산소 이론 중 어느 것이 더 잘 설명할 수 있는지 물어본다.

시간적 여유가 있다면 추가 과제로 학생들에게 독해자료와 토의를 바탕으로 프리스틀리와 라부아지에의 사망을 알리는 짧은 사망 기사(500~800자)를 각각 쓰도록 한다. 기사에는 적절한 제목과 함께 그 과학자의 이론이나 업적이 무엇인지, 어떻게 연구에 성공할 수 있었는지 등을 예시와 함께 설명하도록 한다. 사진이나 그림을 첨가하도록 하여 A4 용지에 작성하여 학급 게시판에 전시하도록 할 수도 있고, 글쓰기를 싫어하는 학생에게는 사망 기사 대신에 프리스틀리와 라부아지에의 연구 성과를 알리는 만화나 포스터를 작성하도록 할 수도 있다.

물질이 탈 때 어떤 일이 일어날까?

(가) 1600년대 과학자들은 타는 현상이 공기와 매우 관련이 있다는 것을 알았다. 밀폐된 그릇 속에서 물질을 태우면 그것은 계속 타지 않고 얼마 후 꺼지기 때문이다. 이 당시 과학자들은 공기는 한 종류의 물질이라고 생각했다. 영국의 과학자 로버트 보일(1627~1691)은 밀폐된 플라스크 속에서 주석이라는 금속을 가열했는데, 가열 후 주석의 무게가 전보다 커졌다는 것을 발견했다. 보일은 불의 알갱이가 주석 알갱이들 틈 속에 자리를 잡아 무게가 늘어났다고 생각했다.

(나) 기원전 400여 년 전 고대 그리스인들은 모든 물질은 흙, 물, 공기, 불과 같은 4가지 성분으로 이루어졌다고 생각했다. 흙은 차갑고 건조한 성질을, 물은 차갑고 습한 성질을, 공기는 따뜻하고 습한 성질을, 불은 따뜻하고 건조한 성질을 갖는 물질이라고 보았다. 그래서 나무와 같은 어떤 물질이 타면 거기에 있던 물이나 공기 성분은 빠져나오고, 불 성분이 위로 방출되면서 뒤에 재(다시 말해, 흙 성분)가 남는다고 생각했다.

(다) 프랑스 과학자 앙투안 라부아지에(1743~1794)도 타는 현상에 관심이 많았다. 그는 황이나 인을 태우면 무게가 늘어난다는 것을 알았다. 그는 공기가 황이나 인과 결합한다고 생각했다. 라부아지에는 1774년 파리를 방문한 프리스틀리를 통해 '탈-플로지스톤 공기'에 대해 알게 되었고, 그것이 자신이 생각하고 있는 연소와 관련된 공기라고 생각하고 추가 실험을 진행하였다. 밀폐된 그릇 속에서 수은을 가열하면 그때 생긴 붉은 재가 수은보다 무겁다는 것과 그릇 속의 공기가 줄어든다는 것을 알았다. 그래서 라부아지에는 플로지스톤 이론을 반박하고, 연소와 관련된 그 공기를 '산소'라고 부르고 산소 이론을 주장하게 되었다.

(라) 독일의 과학자 게오르크 슈탈(1660~1734)은 타는 물질이 재와 플로지스톤이라는 두 성분으로 이루어졌다고 생각했다. 그래서 나무나 종이처럼 물질이 타면 플로지스톤은 빠져나가고, 뒤에 재만 남는다는 것이었다. (이 재는 알칼리로 물에 녹여 빨래에 사용되었다) 이때 빠져나간 성분 '플로지스톤'은 불꽃이라는 뜻의 '플록스'라는 그리스 말에서 나왔다. 그는 자신의 플로지스톤 이론을 사용하여 금속을 가열하여 금속회를 만들거나, 금속회를 숯과 함께 가열하여 다시 금속을 만드는 것, 물질이 탈 때나 호흡을 할 때 공기가 필요한 것 등을 설명했다. 예를 들어, 물질이 탈 때나 호흡을 할 때 물질이나 몸에서 빠져나가는 플로지스톤을 공기가 흡수해야 하는데, 밀폐된 공간 속에서는 공기가 플로지스톤으로 포화되어 더는 연소나 호흡이 일어나기 어렵다는 것이다.

(마) 과학을 좋아했던 영국의 성직자 조지프 프리스틀리(1733~1804)는 공기 중에서 수은을 가열하여 수은의 붉은 재를 만들었다. 그리고 그 붉은 재를 밀폐된 그릇 속에서 다시 가열했을 때 새로운 공기가 생긴다는 것을 발견했다. 그는 물질을 그 새로운 공기 속에서 태우면 보통 공기 중에서보다 훨씬 잘 탄다는 것을 알았다. 그래서 그는 그 새로운 공기를 플로지스톤이 거의 없는 공기로 생각하여 '탈-플로지스톤 공기'라고 이름을 붙였다.

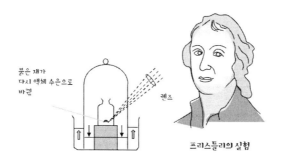

프리스틀리의 실험

*** 위에 제시된 글을 바탕으로 다음 물음에 답한다.**

① 위의 글은 물질이 탈 때 일어나는 현상을 설명한 글이다. 이 글을 시대 순서대로 나열
 하려면 어떻게 배열해야 할까?

② 플로지스톤 이론에 의하면 금속은 어떤 성분으로 이루어졌다고 생각하는가?

$$금속 = (\qquad\qquad\qquad) + (\qquad\qquad\qquad)$$

③ 금속을 가열하여 금속회(재)가 생기는 현상을 보일과 슈탈은 각각 어떻게 생각했는가?

④ 금속회를 숯과 함께 가열하면 다시 금속을 얻는다. 이것을 플로지스톤 이론으로 설명
 해 보자.

⑤ 프리스틀리는 밀폐된 그릇 속에서 수은의 붉은 재를 햇빛으로 가열하면 액체 수은이
 된다는 것을 알았다. 가열 후에 그릇 속에 있던 공기는 어떤 상태가 되었다고 생각했
 는가?

⑥ 수은의 붉은 재 실험에서 프리스틀리는 밀폐된 그릇 속에 있던 공기의 부피가 늘었다
 는 것을 발견했다. 플로지스톤 이론을 믿었던 과학자들은 이것을 어떻게 설명할 수 있
 을까?

⑦ 수은의 붉은 재가 수은보다 무겁다는 것을 보여 주는 라부아지에의 실험 결과를 플로
 지스톤 이론을 믿었던 과학자들은 어떻게 설명할 수 있을까?

⑧ 타고 있는 촛불에 유리병을 덮으면 얼마 후에 촛불은 꺼진다. 이 촛불이 꺼지는 이유
 를 프리스틀리와 라부아지에는 각각 어떻게 설명했을까?

⑨ 위에 제시된 여러 실험 결과를 바탕으로 플로지스톤 이론과 산소 이론의 입장에서 각
 각 다음의 표를 완성한다.

(1) 플로지스톤 이론에 의한 해석

실험	이론을 이용한 예상	실험 결과	이론의 지지 여부
보일: 주석 가열 실험			
라부아지에: 황 가열 실험			
라부아지에: 수은 가열 실험			
프리스틀리: 붉은 수은 재 실험			
유리병 속의 촛불			

(2) 산소 이론에 의한 해석

실험	이론을 이용한 예상	실험 결과	이론의 지지 여부
보일: 주석 가열 실험			
라부아지에: 황 가열 실험			
라부아지에: 수은 가열 실험			
프리스틀리: 붉은 수은 재 실험			
유리병 속의 촛불			

PART
04

과학적 추론

어떻게 과학적으로 추론하도록 지도할 수 있을까?

초등학교 4학년 '지층과 화석' 단원에서는 화석의 정의를 알아보고 여러 가지 동물 화석과 식물 화석을 관찰하여 본다. 또 화석이 된 생물이 살아 있었을 때의 모습을 상상하여 그림으로 나타내어 본다. 나는 학생들이 화석을 보고 다양한 추론을 해 보도록 했지만 대부분 화석의 이름과 특징을 말하는 것에 그쳤다. 화석은 귀추적 추론이 생생하게 작동하는 과학 연구의 대상인데, 학생들도 이러한 과학적 추론을 경험하도록 하려면 어떻게 해야 할까?

1. 과학 수업 이야기

수업의 시작은 두 편의 짤막한 동영상으로 출발했다. 하나는 영화 '쥐라기 공원'의 앞부분을 발췌한 동영상이고, 다른 하나는 여러 유형의 화석이 어떻게 생기는지 설명하는 동영상 이었다 1. 이 두 가지 동영상을 보여 준 이유는 공룡과 같이 화석으로 남아 우리에게 그 모습을 생생하게 보여 주는 생물의 이야기가 그 출발로 적절하다고 판단했기 때문이다.

공룡에 친숙한 학생들은 동영상을 보면서 "와", "워" 등의 감탄사를 연발하였고, 과학자들이 화석을 찾아내어 섬세하게 다루는 모습을 볼 때는 숨을 죽이면서 지켜보았다. 동영상 시청 후에 나는 학생들에게 오늘 수업이 동영상과 관련이 있다고 이야기를 시작하였다.

"여러분, 살아 있는 공룡을 직접 본 적이 있나요?"
"아니요. 본 적 없어요."
"그런데 공룡이 저렇게 생겼는지 어떻게 알았을까요?"
"화석을 보고요. (영상에서 본 것처럼) 뼈를 막 맞춰봐야 해요."
"그래요. 우리는 실제로 공룡을 본 적이 없지만, 화석을 통해서 공룡이라는 동물에 대해 많은 것을 알게 되었어요. 그러면 화석은 어떻게 만들어진 걸까요?"
"동물이 죽어서요. 흙에 눌려서요. 굳은 게 화석이에요."
"예, 그래요. 옛날에 살았던 생물의 몸이나 그 흔적이 암석이나 지층 속에 남아 있는 것을 화석이라고 해요. 그럼 여러 가지 화석을 좀 살펴볼까요?"

수업의 본 활동은 화석을 관찰하는 것으로 구성되었다. 나는 학생들에게 동물 화석과 **식물 화석**을 다섯 종씩 모둠별로 나눠주고, 학생들에게 직접 화석을 만져보고 돋보기로 자세히 들여다보라고 안내했다. 그리고 어떤 생물의 화석인지도 예상해보라고 했다.

학생들은 화석을 관찰하면서 "물고기다", "나뭇잎이다", "알이다", "조개네" 등 생

---

1 예시: 'Fossils 101 | National Geographic' https://www.youtube.com/watch?v=bRuSmxJo_iA&

물의 종류나 이름을 말했고, "줄무늬가 있네.", "뼈다", "잎의 줄이 보인다." 등의 특징을 이야기했다. 그러면서 "동물이야?", "식물이야?" 등의 질문과 "조개는 동물이지" 등의 응답을 이어갔고, "조개는 동물이다. 이렇게 쓰면 되는 거야?", "응"과 같이 모둠별로 나누어준 활동지에 적어야 하는 내용을 확인하는 대화도 이루어졌다.

활동지

화석	특징	이름	기타

모둠별로 학생들의 활동이 어느 정도 이루어졌을 때, 전체 발표 시간을 가졌다. 학생들에게 모둠별 활동지에 적은 내용을 발표하도록 했다. 학생들의 발표 내용은 화석의 관찰 사항과 특징, 그리고 그 화석이 동물인지 식물인지, 그리고 어떤 동물인지 식물인지 등으로 거의 유사했다. 나는 학생들이 발표하는 각 화석의 이름과 특징이 적절하면 잘했다고 칭찬하고, 적절하지 않으면 교정해주거나 전체 학생들에게 의견을 물어 적절한 내용을 공유하는 방식으로 진행했다.

그 다음, 관찰한 화석 중 하나를 선택하여 그 동물 혹은 식물이 살아 있었을 때의 모습을 상상하여 그림으로 그려 보도록 하였다. 학생들은 상상력을 발휘하여 동물 혹은 식물이 어떤 환경에서 어떤 모습으로 있었는지에 관한 역동적 장면을 그려 보고, 그 장면을 이야기로 표현하였다.

마지막 활동으로, 학생들에게 공룡 발자국 화석 사진을 제시하고 이 화석이 무엇이며, 어떻게 화석이 되었는지 추론해보도록 했다. 이 활동은 일종의 평가를 위해 제시된 것이다.

학생들은 "공룡 알 자국", "큰 새 발자국", "공룡 발자국", "사람 발자국" 등이라고 대답했다. 나는 학생들에게 왜 그렇게 생각하는지 질문했고, 학생들은 "발가락이 세 개에요.", "공룡 발자국처럼 생겼잖아요." 등의 모양에 집중하는 경향이 컸다. 어떤 학생은 동그란 모양을 기반으로 "공룡 알이 여기저기 떨어져 있었던 것 같다"고 주장했고,

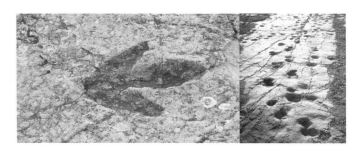

공룡 발자국 화석

또 어떤 학생들은 "동그란 신발을 신은 사람 발자국이다."라고 하면서 "여러 마리가 있었던 것 같고 여러 마리가 모여 함께 간 것 같다."고 자신의 추론을 제시했다. 나는 학생들의 여러 가지 생각을 검증하려면 또 다른 증거들이 필요할 것이라고 말하면서, "사실 이 화석은 공룡 발자국 화석이에요."라고 마무리했다. 몇 학생의 "왜요?", "공룡인지 어떻게 알아요?"라는 소리가 멀리서 작게 들렸지만, 진지하게 따지는 것은 아닌 것 같았다. 그러자 일부 학생들이 "공룡 발자국, 공룡 발자국!"이라며 정리하는 소리도 들렸고, 학생들은 자신의 주장을 더는 내세우지 않고 내 말에 수긍하는 것으로 수업이 끝났다. 나는 학생들에게 다음과 같은 이야기를 하면서 활동을 마무리하였다.

"가끔 신문에 등장하는 발자국 화석이 처음에는 거인 발자국이라고 하다가 나중에 알고 보니 공룡 발자국인 경우도 있었고, 전혀 무엇인지 알아볼 수 없는 화석들도 있었어요. 또 발자국도 생물이 아니지만 생물이 지나간 뒤 흙이 덮이고 굳어져서 생긴 화석이에요. 과학자들은 어떤 생물의 발자국인지 알아내는 일을 하지요. 처음엔 무엇인지 전혀 알아볼 수 없었는데, 과학자들의 세심한 발굴과 연구를 거쳐 화석으로 밝혀지게 되는 경우가 많아요."

이 수업을 하고 나는 다음과 같은 의문이 들었다.

- 과학자들은 화석 연구를 통해 어떻게 멸종한 공룡을 재현해 낼 수 있을까? 화석을 연구하는 과학자들이 사용하는 과학적 추론은 어떤 특징이 있을까?
- 사진만으로 학생들이 '공룡 발자국'을 적절하게 추론해낼 수 있을까? 학생들이 화석과 관련된 과학적 추론 활동을 경험하도록 지도하려면 어떻게 해야 할까?

2. 과학적인 생각은 무엇인가?

이 글에서는 화석이 생기는 원리와 화석의 유형(생체 화석과 생흔 화석, 모양틀 화석과 메움새 화석, 표준화석과 시상화석)에 대해 살펴본다.

화석

화석은 말 그대로 예전의 생물이 돌이 되었다는 것이며 수백만에서 수십억 년 전 동식물의 생활과 환경 조건에 대한 중요한 기록을 제공한다. 생명 진화에 관한 연구는 바로 이 화석 연구로부터 시작되었다. 발견된 화석은 약 25만 종이지만, 과거에 살았던 생물은 이보다 훨씬 많을 것이다. 가장 오래된 화석은 바다에 살았던 해양 생물의 흔적이다. 이들은 죽어서 해저에 있는 진흙이나 모래, 갯벌 속에 묻혔다. 육상 동식물은 대개 분해되거나 먹이가 되었고, 주로 단단한 이빨, 뼈, 조개껍질, 나무 등이 보존되었다.

화석이 생기는 원리

화석은 육지나 바다처럼 서로 다른 여러 환경에서 만들어진다. 첫째로, 발자국이나 생물의 행동으로 생긴 자국처럼 부드러운 퇴적층에 남겨진 자국에 퇴적물이 메워져 석화되거나 세게 압축되어 단단해지면 보존된다. 둘째로, 묻혀 있는 뼈나 조개껍질의 틈에 물이 스며들어 광물을 침전시킨다. 이와 같은 광물 침전물로 단단해져 돌처럼 변한 뼈와 껍질은 수백만 년 동안 남아 있을 수 있다. 뼈와 껍질을 이루는 원래 물질이 없어져도, 그 모양 속에 있던 광물 침전물은 그 구조 그대로 남는다. 또는 식물의 몸이나 동물의 연한 부분 등이 탄화작용으로 얇은 탄소막이 형성되어 보존되기도 한다. 세 번째로 생물체가 온전한 채로 공기가 통하지 않는 물질 속에 갇히는 경우가 있다. 동식물이 송진과 같은 나무의 수지, 얼음 그리고 타르 등에 갑작스럽게 갇히면 그대로 보존된다. 로스앤젤레스에 있는 유명한 라브레아 타르 웅덩이(La Brea Tar Pits)에는 많은 동물이 빠져 죽어 뼈가 보존되었다.

생물체가 죽으면 먹이가 되어 없어지거나 분해되지만, 일부는 땅속에 묻힐 수도 있다. 지상에서는 공기 중의 산소로 생물체의 분해가 빠르게 일어나기 때문에, 생물체나 그 흔적이 빨리 땅속에 묻히는 경우 보존될 가능성이 더 커진다. 육상에서는 산사태, 화산재 등 갑작스러운 사건으로 생물체가 묻히는 일이 생길 수 있다. 예를 들어, 화산 폭발과 같은 갑작스러운 사건으로 탄자니아의 라이어톨리(Laetoli)에서는 수백만 년 전에 남긴 인류 조상의 발자국이 발견되었다. 심해에도 산소가 거의 없으므로, 죽어서 해저에 가라앉은 생물체도 또한 보존될 수 있다. 반면에, 열대우림 지역에서는 많은 양의 강수로 부패가 빨라져 화석이 거의 만들어지지 않는다. 일반적으로 온도와 수분이 화석이 되는 과정에 크게 영향을 미친다. 사체가 꽁꽁 얼거나 마르게 되면 보존될 확률이 커진다. 때때로, 얼어붙거나 탈수된 사체가 죽은 후로부터 수천 년이나 심지어 수백만 년 지난 후 크게 변하지 않은 채로 발견되기도 한다.

화석이 만들어지는 과정에는 여러 방해 요인이 있어 일반적으로 화석이 발견되기는 쉽지 않다. 보통은 생물체가 묻히더라도, 그 잔해는 생물적이거나 물리적 요인으로 파괴되기 쉽기 때문이다. 예를 들어, 화석이 되었더라도 무거운 퇴적물의 운동으로 뭉개지거나 산사태 등으로 분쇄될 수도 있다. 또한, 그것이 땅속 깊이 묻혀 있다면 그 잔해를 결코 발견할 수 없을 것이다. 화석이 묻혀 있는 지층이 융기되고 침식되어 표면 가까이 밀려나는 경우에만 발굴할 수 있기 때문이다.

화석의 유형

화석은 대개는 변형되지만 드물게는 생물체 일부나 전체가 온전하게 보존되기도 한다. 선사시대의 생물에 대한 이해를 도와주는 화석은 일반적으로 생물의 흔적인지 또는 잔해인지에 따라 생흔 화석과 생체 화석으로 구분할 수 있다. 또 화석이 생기는 원리에 따라 모양틀 화석과 메움새 화석으로 구분할 수 있다. 그리고 이용할 수 있는 정보에 따라 표준 화석과 시상 화석으로 구분하기도 한다.

생흔 화석(Trace Fossils)

생흔 화석은 생물체 자체는 없어졌지만, 그것의 흔적을 보여 주는 화석이다. 생흔 화석에는 발자국, 이빨 자국, 화석화된 배설물, 벌레 구멍이나 둥지, 생물체의 눌린 자국 등이 있다. 예를 들어, 동물의 발자국은 그 동물의 빠르기, 보폭, 다리의 개수, 꼬리 상태, 사냥 및 무리 행동에 대한 지식을 제공할 수 있다. 또한, 화석이 된 배설물이나 이빨 자국은 생물체의 먹이에 대한 지식을 제공한다. 벌

벌레 흔적 화석(생흔 화석)

레 구멍과 둥지는 서식지, 포식자, 짝짓기와 새끼를 키우는 습관에 대한 지식을 제공한다.

생체 화석(Body Fossils)

생체 화석은 생물체의 일부나 전체를 포함하는 화석을 말한다. 잘 보존된 생체 화석은 생물체의 단단한 부분으로 뼈나 이빨, 알이 가장 흔하다. 피부나 근육, 기관처럼 부드러운 부분은 빨리 부패해서 거의 보존되지 않는다. 거의 변하지 않은 채로 빙하 속이나 호박 또는 타르 속에 갇힌 생물체의 경우 골격뿐만 아니라 부드러운 조직이 보존되기도 한다. 생체 화석은 생물체의 먹이, 번식, 해부 구조나 적응에 대한 정보를 제공한다.

호박 속의 개미(5,000만 년)

모양틀 화석(Mold Fossils)

모양틀 화석[2]은 생물체 자체가 부패한 후에 생물체가 없어진 형태가 암석 속에 오목하게 자국으로 남은 것이다. 모래나 진흙이 죽은 생물체를 덮고 있다가, 시간이 지나면 모래나 진흙이 바위로 굳어 생물체를 감싸게 된다. 생물체는 계속 부패하여 결국 자국만 남게 된다. 전체 생물, 생물체 일부, 또는 심지어 생물체가 지나간 흔적이 모양틀 화석을 남길 수 있다.

공룡 피부 화석(눌린 자국)

메움새 화석(Cast Fossils: 캐스트)

메움새 화석[3]은 오목한 모양틀 화석에 퇴적물이 채워질 때 만들어진다. 퇴적물은 오랜 시간이 지나면서 굳어져 실제 생물의 복제본을 자연적으로 만든다. 또는 모양틀 화석을 둘러싼 암석을 통해 물이 스며들면서, 물에 녹은 광물이 뒤에 남겨져 그 모양틀을 채우기도 한다. 따라서 어떤 모양틀 화석도 잠재적으로 메움새 화석이 될 수 있다. 물의 침투, 모양틀 화석의 강도, 그리고 그 지역에서 있는 광물이 결정 요인이 될 수 있다.

암모나이트 화석(메움새 화석)

---

2 일정한 모양을 찍어내는 데 쓰는 틀과 같은 역할을 하는 화석을 말한다. 즉, 이 모양틀 화석에 퇴적물이 채워지면 원래 거기에 있었던 생물과 같은 모양이 만들어질 수 있다. 몰드 혹은 인상화석이라고도 한다.

3 모양틀 화석에 퇴적물이나 광물질이 채워져서 화석의 원래 겉모습을 보여주는 화석을 말한다. 몰드에 찍어낸 상을 캐스트라고 한다.

화석은 **퇴적암** 중에서도 보통 퇴적 알갱이의 크기가 작은 셰일층이나 석회암층에서 관찰할 수 있다. 알갱이가 큰 편인 사암이나 역암이 쌓인 지층은 그 사이에 공간이 생겨서 공기(산소)와 접촉이 많이 일어나 부패되기 쉽기 때문이다. 화석은 특정 시대에만 살았는지, 혹은 특정 환경에서만 살았는지에 따라 표준화석과 시상화석으로 나눌 수 있다.

표준화석

특정 시대에만 살았던 생물의 화석을 표준화석이라고 부르는데, 표준화석은 한 시대에만 나타나는 경우가 대부분이기 때문에 넓은 지역에 분포한다. 그 예로 고생대의 삼엽충과 갑주어, 중생대의 공룡과 암모나이트, 신생대의 매머드와 화폐석 등이 있다.

시상화석

특정 환경에서만 살았던 생물의 화석을 시상화석이라고 한다. 시상화석은 현재의 환경으로 과거 환경을 추정하므로 생물의 생존 기간이 무척 길지만, 특정 환경으로 지역이 제한되어 있어서 분포 면적은 좁게 나타나는 것이 특징이다. 그 예로 고사리, 산호 화석 등이 있다.

3. 교수 학습과 관련된 문제는 무엇인가?

> 화석 연구에서 과학자들이 사용하는 귀추법에 대해 간략하게 소개하고, 화석 수업에
> 서 학생들의 경험을 확장하는 다양한 방안을 살펴본다.

화석을 통한 해석

과학자는 자연 현상을 설명하기 위하여 흔히 하나의 가설을 바탕으로 예상을 하고, 그것을 실험을 통해 확인한다. 이때 과학자들은 가설-연역적인 방법을 사용한다고 한다. 예를 들어, 촛불을 유리병으로 덮었을 때 촛불이 꺼지는 현상을 설명하기 위하여, 유리병 속의 산소가 없어져 촛불이 꺼졌다는 가설을 생각하는 것이다[4]. 그리고 이것을 알아보기 위해 가설이 참일 때 나타날 수 있는 현상을 예상해보는 것이다. 생각할 수 있는 여러 예상 중 하나는 예를 들어 다음과 같다. 만일 병 속의 산소가 없어져 촛불이 꺼진다면, 길이가 다른 두 촛불을 유리병으로 덮어도 두 촛불은 동시에 꺼질 것이다[5]. 그래서 실험을 통해 이런 예상이 맞는지 확인해 보고, 예상이 맞으면 가설을 잠정적으로 올바르다고 생각하고, 예상이 틀리면 가설이 올바르지 않을 것으로 생각한다. 그러나 주어진 현상은 단지 한 가지로만 설명될 수 있는 것은 아니다. 예를 들어, 촛불은 산소가 없어져 꺼지기도 하지만, 탈 물질이 없거나 발화점을 유지하지 못해도 꺼진다. 그래서 가설을 검증할 때는 그와 같은 대안 가설도 고려해야 한다.

그렇지만 아주 오래전에 살았던 생물의 흔적인 화석은 다시 직접적인 실험을 해 볼 수 없으므로 위와 같은 방법으로 설명하기 어렵다. 이때 과학자들은 단지 주어진 현상이나 결과를 보고 과거에 있었던 일을 추리할 수밖에 없다. 그래서 과학자는 자신이 알고 있는 사실이나 경험을 통하여 그럴듯한 설명을 만들어 내는데 그와 같은 추론을 귀

---

4 이 책의 '딜레마 사례 06: 촛불 연소와 수면 상승'에 제시된 내용을 참조한다.

5 참인지 거짓인지 검증하기 위한 진술을 시험 명제라고 한다.

추(abduction)라고 한다. **귀추법**은 주어진 상황을 이미 알고 있는 유사한 다른 상황과 비교하여 주어진 상황을 설명하는 방법이다.

공룡 화석을 처음 보았던 영국의 맨텔이나 버클랜드, 오웬 등도 공룡의 이빨이나 뼈를 파충류와 비교하여 살펴보고 새로운 종류의 파충류라고 생각을 하게 되었다. 그러나 최근에 깃털과 같은 새로운 증거가 나오면서 과학자들은 공룡이 냉혈동물인 파충류보다는 온혈동물인 새의 조상이라고 생각하게 되었다. 이와 같이 귀추는 주어진 증거를 바탕으로 가능한 설명을 찾기 때문에 새로운 증거가 나타나면 설명이 달라질 수 있다. 예를 들어, 맨텔은 오리 주둥이 모양의 초식성 이구아노돈을 코뿔소 뿔과 같은 코를 가진 커다란 도마뱀처럼 그렸지만, 나중에 그 뿔은 코가 아니라 실은 엄지발가락이었다는 것이 밝혀졌다.

요약하면, 귀추법은 다음 그림과 같이 주어진 증거의 특정한 요소를 자신이 알고 있는 지식과 비교하여 추리하기 때문에, 미처 파악하지 못했던 새로운 특징을 발견하는 경우 새로운 설명을 필요로 한다. 그런 의미에서 화석에 대한 공부는 과학 지식이 변하는 과정이나 지식의 잠정성을 헤아릴 수 있게 하는 좋은 소재가 될 수 있다.

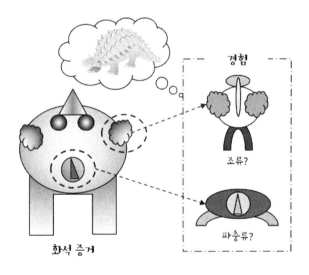

귀추에 의한 추리

티라노사우르스 복원도의 변화

티라노사우르스는 과연 어떤 모습이었을까? 새로운 학설이 공룡의 모습을 바꾼다.

티라노사우루스의 화석과 복원도

위의 그림은 '폭군 도마뱀 왕'이라는 뜻을 가진 '티라노사우루스(Tyrannosaurus rex)'이다. 백악기 후기인 약 6600만 년부터 6800만 년 전에 살았던 가장 큰 육식공룡의 복원도이다. 쥐라기 공원이라는 영화를 통해 우리에게 익숙해진 T-rex의 모습은 복원도의 그림처럼 매끈한 피부와 두 뒷다리로 곧게 선 모습을 하고 있다. 그런데 최근 20여년 사이 이루어진 연구와 새로운 학설들은 우리가 지금까지 알고 있었던 공룡의 모습들이 어쩌면 사실이 아닐 수도 있으며, 지금껏 알려진 것과 전혀 다른 모습을 하고 있었을지도 모른다는 주장에 힘을 실어주고 있다.

중국에서 깃털이 보존된 공룡 화석이 대량으로 발견된 이후 공룡의 복원도는 과거와 외형이 크게 달라졌다. 최근의 학설을 반영하여 내셔날 지오그래픽에서 만든 티라노사우루스 렉스의 상상도를 보면, 온몸에 털이 가득하다. 콧잔등과 배에도 털이 가득 덮여 있어 털복숭이 티라노사우루스의 모습이다[6]. 깃털을 가진 것 중에 가장 큰 공룡이라고 하는 기간토랩터의 상상 복원도는 영락없이 큰 새다.

20년 전만 하더라도 티라노사우루스로 대표되는 수각류 육식 동물의 기본자세는 두

---

6 http://weekly.khan.co.kr/khnm.html?mode=view&code=116&artid=201310021037351
   참고

발로 서서 고개를 치켜들고 똑바로 서 있는 모습이었지만, 영화 쥐라기 공원 이후 티라노사우루스의 자세는 점점 더 낮게 묘사되어 왔고, 이제 꼿꼿이 선 자세이기 보다는 수평 자세가 더 자연스러운 평소의 자세라고 받아들여지고 있다. 이러한 깃털 달린 티라노사우루스의 생김새와 자세는 우리가 익히 알고 있던 것과는 거리가 너무 멀다. 중국에서 발견된, 티라노사우루스로 진화하는 계보에 있다고 추정되는 "유티라누스 후알라"의 화석에서 엉덩이와 목, 등 부분까지 깃털의 흔적이 화석과 같이 발견된 후 그것의 영향으로 공룡의 상상도가 변화했기 때문이다.

과학자들은 6500만 년 전 운석 충돌로 공룡이 지구상에서 멸종한 것으로 보고 있지만 이러한 깃털 공룡들의 발견과 연구로 최근에는 비교적 소형인 수각류 육식공룡의 일부가 살아남아 조류, 즉 새로 진화한 것으로 보는 학설이 지배적으로 받아들여지고 있다. 즉, 새는 현대에도 살아남은 공룡의 후예다. 과거에는 악어가 공룡과 더 가깝다고 생각되었으나 이제 새와 공룡이 더 가깝다고 여겨지고 있다. 티라노사우루스에서 발견된 단백질 구조의 일부가 악어보다는 현대의 닭과 더 가깝다는 연구결과도 있었다. 새는 변온동물인 파충류와 달리 정온동물이기 때문에 공룡을 단순히 현생 파충류와 가까운 종으로 분류하던 과거와는 이미 많은 것이 달라졌으며, 최근의 발견들을 통해 공룡은 그 모습이 점점 새에 가깝게 변해가고 있다. 어쩌면 저명한 고생물학자인 잭 호너 (Jack Horner)의 재치 있는 표현처럼 공룡은 멸종한 것이 아니라 닭(chickenosaurus)으로 진화한 것은 아닐까?

이처럼 고생물학은 누군가의 표현대로 영원히 끝나지 않고 계속 변해가는 학문이다. 우리가 지금 알고 있는 많은 과학 지식들도 언젠가 우리가 알던 것과는 다른 것으로 변화할지 모른다.

학생들의 경험을 확장하기

학생들이 주어진 화석 증거로부터 생물의 유형, 서식지나 환경, 또는 기후나 시대 등을 추리해 내려면 그와 관련된 다양한 경험이나 관련 정보가 제공되어야 한다. 특히, 초등학생의 경우 화석이 생기는 원리와 관련된 경험이 제한되어 있기 쉽다. 그래서 찰흙을 이용하여 화석을 만들어보는 경험은 화석 생성의 원리를 이해시킬 수 있는 좋은 방법이다. 조개껍질과 석고 가루 등을 이용하여 모양틀 화석이나 메움새 화석 모형을 만드는 활동은 학생들에게 화석의 유형을 분류하기 위한 경험을 제공할 것이다.

초등학생의 경우 화석을 공룡의 뼈 정도로 인식할지 모른다. 교사는 화석에 대한 학생의 생각을 먼저 확인하는 일이 필요하다. 그것을 바탕으로 생물이 어떻게 화석이 될 수 있는지 학생이 헤아리지 못했던 측면들을 이해시켜야 할 것이다. 이것을 위해 교사가 직접 이야기하기보다는 동영상 클립이나 애니메이션, 누리방 자료 등 다양한 다중매체를 활용하는 것이 바람직하다. 그와 같은 다중매체는 화석과 관련된 다양한 이야기, 학습 자료나 필요한 정보를 제공해 줄 수 있다. 예를 들어, TEDEd [7], YouTube [8], PBS LearningMedia [9] 등에서 관련 자료를 찾을 수 있다. 동영상의 경우에는 자동 번역을 사용하여 한글 자막을 학생들에게 제공할 수 있다. 동영상을 활용할 때는 단지 영상을 학생들에게 보여 주기에 앞서 그 영상을 통해 학생들이 '생각할 거리'를 질문 형태로 미리 제공해 주는 것이 좋다. 예를 들어, 다음과 같은 토의 자료를 통하여 교사는 학생들이 관련 영상을 보면서 질문하고, 탐색하며, 추리할 수 있도록 도와주어야 한다.

- 왜 화석 대부분은 퇴적암에서 발견되는가?
- 생물이 죽어서 화석이 되려면 어떤 일이 일어나야 하는가?
- 대체로 다리나 두개골과 같이 단지 생물의 일부만 화석이 발견되는 이유는 무엇인가?
- 동물 이빨 자국이나 공룡 또는 사람 발자국 화석이라는 것을 과학자들은 어떻게 아는가?
- 오늘날의 생물이 나중에 화석이 될 가능성은 얼마일까?

학생들의 직접 경험을 위해서 교사는 실제 화석 표본을 보여 주고, 학생들이 관찰과 추리를 통해 그 화석에 대해 많은 것을 알아내기를 원할지 모른다. 일반적으로 중요한 화석은 고가여서 교실에서 이용할 수 있는 화석의 수가 제한될 수 있다. 그럴 때 교사

---

7 https://ed.ted.com/search?qs=fossils 참고

8 https://www.youtube.com/results?search_query=fossils 참고

9 https://www.pbslearningmedia.org/search/?q=fossils 참고

는 서로 다른 종류의 화석 5~6개를 이용하여 학생들이 돌아다니며 각각의 '학습 마당'에서 하나씩 공부하도록 하는 순환형 학습을 계획할 수 있다. 이때 각 학습 마당에서 그 화석과 관련하여 학생들이 수행할 과제나 질문을 구체적인 정보와 함께 제시할 필요가 있다. 교사는 전체 학생이 골고루 학습 마당을 마칠 수 있도록 순회하면서 지도하고, 최종적으로 전체 학급 토의를 통해 학생들이 알아낸 것을 서로 공유할 수 있도록 한다. 각각의 학습 마당에서 학생들이 두 명씩 짝을 이루거나 소집단으로 학습 소재를 탐색하고 토의하도록 하면 서로의 생각을 자극하는 데 도움이 될 것이다.

또한, 가능한 경우 지역에 있는 화석 산지나 자연사 박물관 또는 화석 박물관을 탐방할 기회를 갖거나, 지역에 있는 대학교나 연구소 등에 문의하여 고생물학자나 화석학자를 초청 연사로 학급에 초대하는 계획을 세울 수 있다. 우리나라의 해남, 고성 등 남해안 일대는 공룡 발자국 화석지로 유명하고, 충청도, 경상도, 강원도, 제주도 등 곳곳에 화석 산지가 산재해 있다.

화석과 관련된 분야는 고생물학과 관련하여 과학자들의 다양한 활동을 보여 줄 좋은 사례를 제공하고, 공룡에 대한 최근의 생각[10]처럼 변화하는 과학 지식의 모습을 생생하게 보여 준다. 또 이들 고생물학자의 전기나 이야기, 또는 동영상 등은 초등학생이 가지고 있는 과학자의 상에 영향을 미칠 수 있다. 학생들은 대개 과학자에 대해 전형적인 이미지로 '하얀 실험복을 입고 실험에 몰두하는 과학자'를 떠올리는 경우가 많은데 고생물학자의 이야기는 그러한 협소한 관점을 벗어나도록 하는데 도움이 될 것이다. 화석 연구나 발굴 관련 이야기를 바탕으로 고생물학자에 관한 역할 놀이를 계획하거나 과학자들의 논쟁을 연극으로 꾸밀 수 있다. 또는 동영상을 시청한 후에 과학의 본성과 관련된 토의를 진행할 수도 있을 것이다.

---

10 Jack Horner TED 강연 참고: 병아리에서 공룡 만들기(16:21), 어린 공룡은 어디에 있을까?(18:08)
   https://www.ted.com/talks/jack_horner_building_a_dinosaur_from_a_chicken
   https://www.ted.com/talks/jack_horner_where_are_the_baby_dinosaurs

4. 실제로 어떻게 가르칠까?

> 화석은 경험과 지식이 상대적으로 부족한 초등학생에게는 이해하기 쉽지 않은 주제이
> 다. 그래서 화석이 실제로 어떻게 만들어지고, 과학자들이 그것을 통해 무엇을 배우는
> 지 다중매체 자료를 활용하여 이해시키고 다양한 활동에 직접 참여하도록 하는 방안
> 을 소개한다.

화석 탐구를 통해 과학의 본성 이해하기

앞의 수업 사례처럼 화석 단원 학습에서 다양한 화석의 이름과 특징을 맞추고 살펴
보는 것도 중요하지만, 화석 연구는 과학자의 실제 활동을 보여 줄 좋은 교육 소재이다.
따라서 교과서에 제시된 내용과 더불어, 동영상 자료를 통해 화석을 연구하는 과학자들
의 활동을 소개함으로써 과학 활동의 본성을 이해시키는 기회를 만들 수 있다. 또한,
화석을 통해 과학자들이 어떻게 과거의 생물이나 지구 환경을 이해할 수 있는지 배울
수 있다. 화석 단원의 수업과 관련하여 가능한 여러 활동을 다음 그림과 같이 계획해
보고 자신의 학급에서 수행할 수 있는 활동과 구체적인 수업 목표를 정한다. 예를 들어,
화석이 생기는 두 가지 원리를 이해시키기 위한 토의 활동을 계획하는 경우, 인류 조상
루시(Lucy) 화석과 라이어톨리(Laetoli) 발자국 화석에 대한 동영상을 활용할 수 있다
[11]. 학생들에게 인류 조상에 대한 간단한 소개와 함께 토의 자료를 제공하고, 두 가지
동영상을 시청한 후에 모둠 활동과 전체 학급 토의를 진행하도록 한다.

---

11 Becoming a Fossil: https://www.pbslearningmedia.org/resource/tdc02.sci.life.evo.becfossil/becoming
-a-fossil/Laetoli, Footprints: https://www.pbslearningmedia.org/resource/tdc02.sci.life.evo.laetolifoot/
laetoli-footprints/

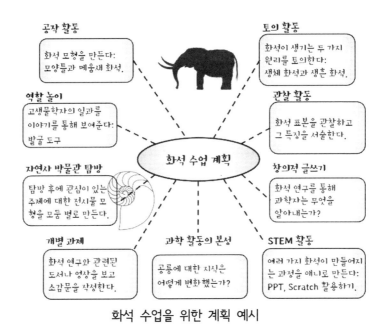

화석 수업을 위한 계획 예시

화석이 된 루시

호숫가에서 쓰러져 죽은 여자아이는 포식자나 청소 동물에 의해 먹히지 않고 썩기 시작했다. 진흙에 묻힌 아이의 뼈는 주변을 서성이던 동물에 밟혀서 금이 가거나 깨졌다. 폭우로 뼈는 모래와 자갈 속에 묻히고, 수천 년 동안 퇴적물이 쌓이면서 땅속 깊이 묻혔다. 뼛속의 칼슘은 퇴적물 속의 광물로 바뀌어 단단한 돌이 되었다. 수백만 년 동안 묻혔던 뼈는 지각 운동으로 지표로 올라오고, 침식되면서 땅 위에 드러나 죽은 지 300만 년 후에 도널드 조핸슨에게 발견되었다.

생각할 거리

- 과학자는 루시의 뼈에 금이 가거나 깨진 것을 보고 어떻게 그렇게 되었다고 생각했는가?
- 루시의 뼈는 어떻게 돌이 되었다고 생각하는가?
- 어떤 자연 사건들이 일어나서 화석이 된 루시의 뼈를 발견할 수 있게 되었나?
- 사슴이나 사람과 같이 커다란 동물이 화석이 되어 발견될 가능성은 매우 적다. 왜 그렇다고 생각하는가?

토의 자료 2

라이어톨리 발자국

화산 폭발로 350만 년 전 탄자니아 라이어톨리가 불바다가 되고 화산재가 온 땅을 덮었다. 그때는 우기로 비가 오면서 화산재는 진흙처럼 바뀌었다. 비가 멈추자 동물들이 젖은 화산재 위를 지나가면서 자국을 남겼다. 새가 이리저리 자국을 남기고, 토끼도 뛰어다녔다. 또한, 우리 사람과 비슷한 발자국도 생겼다. 그 위에 다시 더 많은 화산재가 떨어져 자국을 채우고 비에 씻기지 않게 되었다. 350만 년이 지난 후에 고생물학자 매리 리키가 침식으로 노출된 이 발자국을 발견했다. 두 사람이 걸어간 흔적이 분명했다. 그리고 또 한 사람이 이 발자국 위를 뒤따라 걸어간 흔적이 겹쳐 있었다. 범죄 수사 과학자인 오언 러브조이는 네 발인 침팬지와 두 발인 사람의 발자국과 그것을 비교하였다. 침팬지는 자유로운 엄지발가락이 다른 발가락과 다르게 바깥으로 뻗었는데, 인간과 라이어톨리 발자국은 엄지가 다른 발가락과 이어져 있었고, 아치 모양의 오목한 부분이 있어 발바닥이 받는 큰 힘을 견딜 수 있도록 되어 있었다.

생각할 거리

- 라이어톨리 발자국 화석은 루시의 화석과 어떤 점에서 차이가 나는가?
- 사람이나 동물의 발자국이 화석으로 잘 발견되지 않는 이유는 무엇이라고 생각하는가?
- 발자국 화석은 고인류학자나 고생물학자에게 왜 그렇게 중요하다고 생각하는가?
- 라이어톨리 발자국 화석이 다른 동물이 아니라 인류 조상의 발자국이라고 생각하는 이유는 무엇인가?

위의 자료는 동영상 시청을 위해 학생들에게 제공할 수 있는 토의 자료이다. '화석이 된 루시(Becoming a Fossil)'는 1974년 아프리카 에티오피아의 단층 계곡(Great Rift Valley)에서 발견된 인류 조상(오스트랄로피테쿠스 아파렌시스) '루시'의 골격이 어떻게 화석이 될 수 있는지 보여 주는 2분 30초가량의 동영상 자료(PBS LearningMedia)이다. '라이어톨리 발자국[12]'은 화산 폭발과 화산재 퇴적, 폭풍우, 또 다른 화산재의 퇴적과 같은 일련의 우연한 사건으로 생성되고 보존되었다. 탄자니아의 북부 라이어톨리에서 1976년에 발견된 발자국은 적어도 360만 년 전에 두 발로 서서 걸었던 인류 조상의

증거라고 생각되었다. 고생물학자와 법의학 과학자인 오언 러브조이(Owen Lovejoy)는 고대 인류의 발자국을 현대 인간과 침팬지의 발자국과 비교한다(PBS LearningMedia: 3분 18초).

이들 동영상을 시청한 후에 모둠별로 토의 자료의 '생각할 거리'에 대해 서로 이야기를 나눈 후 전체 학급에서 '화석이 만들어지는 두 가지 원리'나 '오늘날 생물은 나중에 얼마나 화석이 될 수 있을까?'라는 주제로 발표하도록 한다. 학생들이 토의와 추리에 좀 더 집중하기 원한다면, 구두 발표 대신에 PPT 발표물 만들기를 모둠 과제로 제시할 수 있다. 학생들의 추리를 자극하기 위해 교사는 영상에서 제시된 루시의 뼈에 금이 가거나 깨진 것에 대한 과학자의 생각 이외에 다른 가능성을 학생들에게 생각해 보도록 할 수 있다. 예를 들어, 루시가 나무에서 떨어져 죽었을 가능성도 생각해 볼 수 있다. 또는 라이어톨리 발자국 중 작은 발자국은 큰 발자국보다 그 흔적이 더 명확하게 드러나는데 그 이유는 무엇이라고 생각하는지 학생들에게 물어볼 수 있다. 발자국의 크기와 패인 자국에 주목하여 추리하도록 유도한다. 발자국이 깊이 패인 것은 무겁다는 뜻이고, 작은 발자국은 여자의 발자국일 것으로 추리할 수 있다면 아기를 업은 여자이기 때문에 그 흔적이 뚜렷했다는 것을 설명할 수 있다. 이와 같은 추리 활동을 통해 과학자들이 과거의 사건을 재구성한다는 것을 학생들이 이해할 수 있도록 한다.

또는 과학 지식이 영원한 것이 아니라 새로운 증거와 더불어 변한다는 것을 이해시키기 원한다면, 잭 호너의 '병아리에서 공룡 만들기(16:21)', '어린 공룡은 어디에 있을까?(18:08)'라는 동영상 자료를 이용하여 위와 같은 토의 자료를 만들 수 있다. 이 자료를 통해 학생들은 공룡이 파충류보다는 왜 조류에 더 가깝고, 다른 종류라고 생각했던 공룡이 어떻게 같은 종이 될 수 있는지, 과학자가 어떻게 잘못된 추리를 할 수 있는지 살펴볼 수 있다. 또는, 과학 연구에서 바람직한 과학적 태도나 윤리적 문제에 대해서도 토의해 볼 수 있다.

---

12 유튜브 동영상 Laetoli: https://www.youtube.com/watch?v=6Dzb_XwxtB0(한글 자막 사용 가능)

  고생물학자 실제 활동 모습을 담은 동영상[13]을 제공하는 일은 학생들이 가진 전형적인 과학자의 상을 변화시키는 데 도움이 될 것이다. 이와 같은 동영상을 시청한 후에 학생들에게 화석 발굴에 필요한 도구를 사진이나 그림으로 준비하여 전시하거나, 고생물학자 역할을 하는 역할 놀이를 모둠별로 계획하도록 할 수 있다. 필요한 경우에는 학생들에게 직접 대본을 써보도록 지도한다. 또는, 학생들에게 화석 발굴 과정의 단계를 다음 그림과 같이 도표나 포스터로 만들게 하거나, 교사가 카드로 만들어 학생들에게 제공하고 순서 맞추기 놀이를 진행할 수 있다. 이런 유사한 활동을 통해 동영상 시청에 대한 학생들의 이해를 점검하고 학습한 지식을 정리하도록 할 수 있다.

화석 발굴하기 카드 예

  화석에 대한 전문가라도 처음 보는 발자국이나 화석 모양만 보고 그것이 무엇인지 쉽게 파악하기는 쉽지 않다. 많은 경우 과학자도 주변 상황이나 지층 및 다른 연구 등

---

13 고생물학자 토마스 카의 하루(A Day in the Life of Paleontologist Thomas Carr) (6:50): https://www.youtube.com/watch?v=tjhDV_GzTM8
  고생물학자와 만남(Meet the Paleontologists) (2:44): https://www.youtube.com/watch?v=1VukMb4yk5M
  어떻게 고생물학자가 되나?(How to become a paleontologist?) 1부(14:46), 2부(16:16): https://www.youtube.com/watch?v=xblDaUVq55s

에서 얻은 정보를 바탕으로 추리를 한다. 따라서 잭 호너의 동영상에서 알 수 있는 것처럼 그 화석에 대한 추가적인 증거나 정보가 밝혀지면 앞서 추리했던 처음의 생각을 바꾸는 일이 생기기도 한다. 따라서 학생들이 실제로 화석 표본을 관찰하고 그것으로부터 과학적 추리를 하도록 지도하기 원한다면, 수업 사례와 같이 단지 화석 표본만 제공하는 것으로는 부족하다. 추리에 이용할 수 있는 기본적인 정보를 제공하지 않으면 초등학생은 특히 귀추 추리를 위한 지식 바탕이 거의 없어서 추리하기 어렵다. 그래서 학생들에게 추리를 위한 적절한 실마리를 제공하는 것이 바람직하다. 예를 들어, 화석 표본 관찰 활동 시 다음에 제시된 '화석 유형 해석표'와 같은 학생용 활동지를 만들어 제공할 수 있다. 이 활동지에는 추리를 위한 실마리로 관찰할 화석 표본과 관련된 발견 장소, 주변 상황, 암석의 종류나 기타 추리에 도움이 되는 사항 등을 화석과 관련된 정보를 제시하였다. 또한, 표본 관찰을 통해 학생들이 추리하여야 할 사항을 구체적으로 제시하고 그렇게 추리하는 이유를 적도록 하였다. 이처럼 교사는 자신의 학급 상황이나 학생 수준에 맞추어 학생들의 추리를 도와줄 수 있는 실마리를 제공하는 방안을 마련해야 할 것이다. 수업 마무리 활동으로 학생들에게 종이접기 활동을 소개할 수 있다. 모둠별로 다음 그림과 같은 정사각형 틀에 학생들이 좋아하는 화석 사진을 붙인 다음, 다른 모둠의 학생들과 '화석 알아맞히기 놀이'를 하도록 안내할 수 있다.

화석 유형 해석표

이름: _____   날짜: _____

화석 표본을 관찰하고 다음의 표를 완성한다.

화석 표본 사진(예)	화석에 대한 정보(예)	관찰 사실	추리(화석 유형)
	중생대 지층인 적색 이암층에서 알 둥지와 함께 발견되었고, 늪지 갈대 식물 화석도 주변에서 발견되었다. 하나의 크기는 오리알이나 달걀보다 훨씬 컸다.		● 육지/바다 화석? ● 동물/식물 화석? ● 생체/생흔 화석? ● 모양틀/메움새 화석? ● 표준/시상 화석? 이유:
	화석이 발견된 주변에는 초식 공룡의 뼈도 발견되었다. 고사리 모양과 비슷했지만, 검게 변한 곳은 없었다.		● 육지/바다 화석? ● 동물/식물 화석? ● 생체/생흔 화석? ● 모양틀/메움새 화석? ● 표준/시상 화석? 이유:

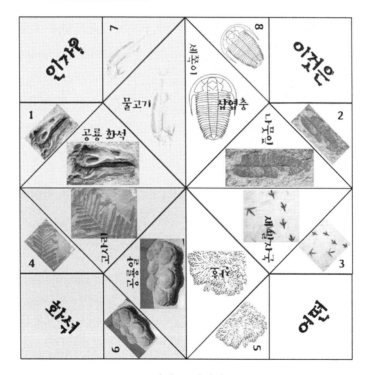

화석 종이접기

화석 종이접기 활동

① 다음 그림과 같이 종이접기 본에 화석 사진을 붙이고 정사각형 모양을 잘라낸다.

② 사각형을 뒤집은 다음에, 각각의 모서리를 한가운데로 접는다(중앙에서 각 모서리가 만나야 한다). 다시 펼치지 않는다.

③ 접은 사각형을 뒤집은 다음 모서리를 다시 한가운데로 접는다. 펼치지 않는다.

④ 반으로 접어서 한 방향으로 구부려 주름을 잡는다. 이 주름은 펼친다.

⑤ 반으로 접어서 이번엔 다른 방향으로 구부려 주름을 잡는다. 이 주름은 펼친다.

⑥ 서로 반대쪽 모서리에 생긴 주머니에 두 손의 검지와 엄지를 넣는다.

⑦ 자신의 짝꿍이 멈추라고 말할 때까지 각각의 방향으로 여닫는다.

⑧ 자신의 짝꿍에게 번호를 선택하도록 한다.

⑨ 자신의 짝꿍에게 그 화석의 이름을 말하게 한다. 중앙에서 그 덮개를 열면 답을 확인할 수 있다.

공룡 화석의 쟁점에 참여하기

화석 연구는 현재 진행되고 있는 과학적 활동에 학생들이 참여할 수 있는 교육적 소재이다. 학생들이 화석을 통한 귀추적 추론 과정과 과학적 활동을 경험할 수 있도록 수업을 계획하는 것이 가능하다. 이 때 현생 생물과의 비교를 통해 가장 그럴듯한 과학적 주장을 만들어내는 것이 중요하며 학생들이 서로 증거를 비교하고 평가하도록 안내한다.

화석을 단편적 기록으로서가 아니라 과학적 주장을 구성하는 증거로서 이해하고 여러 가지 화석을 연결하여 과학적 주장을 창출하는 기회를 제공하기 위해서는 교과서를 넘어선 자료를 활용하는 수업을 고안할 필요가 있다. 그 중의 하나로 학교라는 공간을 넘어서 학교 밖의 박물관을 방문하여 화석 전시나 수장고의 다양한 전시물들을 연구하는 것도 고안해 볼 수 있다. 학교 밖 박물관 방문이 어려울 때는 온라인에서 제공하는 다양한 자료를 활용할 수도 있다. 그럴 경우에는 외국의 박물관 전시를 온라인으로 관람하는 것도 가능하다.

다음에 제시하는 사례는 영국 자연사 박물관에서 제공하는 전시의 예시이다. 전시의 주제는 "T-rex: The Killer Question? [14]"이며, 다음과 같은 질문이 전시의 전체 주제와 연관된다.

포식자와 청소동물은 어떻게 다른가?

포식자는 동물을 잡아 죽여서 먹는다. 따라서 포식자는

① 동물을 쫓아가서 잡고
② 그 동물을 죽이고
③ 그 동물을 먹는다.

청소동물은 죽어있는 동물을 먹는다. 따라서 청소동물은

① 동물의 사체를 찾고
② 그 사체를 먹으려는 동물들을 쫓아내고
③ 사체를 먹는다.

관람객들은 T-rex의 여러 화석 증거들을 탐색하며, T-rex가 포식자인지 청소동물인

14 영국자연사박물관에서 제공하는 전시, "T. rex: The Killer Question"은 아래 사이트에서 찾아볼 수 있다:

https://www.nhm.ac.uk/business-services/touring-exhibitions/t-rex--the-killer-question.html

지를 평가한다. 이를 테면, "사우로니토레스테스가 포식자였다는 것을 어떻게 알 수 있나?" 라는 질문과 함께 사우로니토레스테스 화석 전시물을 상세하게 관찰하고 해석한다. 작고 재빠른 골격은 다른 공룡을 뒤쫓아 잡을 수 있다는 것을 의미하고, 긴 팔과 움켜쥘 수 있는 앞발이 있어서 사냥감과 맞붙어 싸울 수 있으며, 전방을 주시하는 눈으로 거리를 판단할 수 있고, 날카로운 이빨과 발톱으로 먹이를 찢고 자를 수 있다는 것을 의미한다. 골격, 팔과 앞발, 눈, 이빨과 발톱의 특징을 근거로 사우로니토레스테스는 포식자였다는 결론을 내릴 수 있다.

사우로니토레스테스의 화석 증거에 기초하여, T-rex 화석을 관찰하며 증거를 찾도록 안내한다. 소전시의 질문은 "T-rex를 보라. 증거가 확실한가?" 이 질문에 답하기 위해, T-rex 화석의 증거들을 검토하게 한다. "다리를 보자. 너무 두꺼워서 전력질주 할 수 있을까?", "T-rex는 거대한 육식성 공룡이었으나, 먹이를 잡기에 충분히 빨랐을까?", "대부분의 포식자는 재빠르게 움직여서 사냥을 한다. 이 다리가 전력질주 할 힘을 낼 수 있었을까?" 등의 질문에 대해, 관람객은 다리 두께, 몸집, 움직임 등의 다양한 화석 증거를 평가한다.

이미 특징이 밝혀진 공룡의 화석과 비교하는 것 외에도, T-rex 화석의 특징을 현생 동물과 비교하게 한다. 이빨, 눈, 골격, 발 등을 현생 동물의 신체적 특징 및 생활사와 비교하여 T-rex 화석의 특징을 해석할 수 있도록 한다.

이상과 같이 T-rex 화석을 다각도로 관찰하고 이미 알려진 지식과 비교 검토한 후, T-rex가 포식자였는지 아니면 청소동물이었는지를 결정하도록 한다.

- 주장 1 : T-rex는 포식자이다.
- 주장 2 : T-rex는 청소동물이다.
- 주장 3 : T-rex는 포식자이고 청소동물이다.

살펴본 예시는 과학 교과서에 담긴 화석 사진이나 학교에 보유한 화석을 활용하는 것을 넘어서, 가까운 박물관이나 온라인 박물관의 다양한 화석 전시물을 학습 자료로 활용하는 것의 교육적 의미를 재고하게 해 준다. 학생들에게 단편적인 화석을 가지고 화석이 무엇을 이야기하는지 읽어내도록 하는 것은 무리이며, 학교 밖으로 시선을 돌려 다양한 일련의 화석들을 활용한다면 학생들로 하여금 가설을 예상하고 따져보는 추론의 장을 열어줄 것이다.

딜레마 사례 **14** 미스터리 상자

상자를 열어 '답'을 보여주어야 할까?

초등학교 6학년 '전기의 작용' 단원에서는 전기회로, 전지의 직렬연결과 병렬연결, 전구의 직렬연결과 병렬연결 등을 다룬다. 나는 과학 영재 학급을 대상으로 교과서에서 다루는 과학 개념에서 한발 더 나아간 단락회로에 대한 탐구 수업을 계획해 보았다. 학생들에게 단락회로가 들어 있는 미스터리 상자를 나눠주고 상자 안의 회로를 예상하게 하였다. 수업을 마친 뒤 학생들은 자신의 예상이 맞았는지를 확인하기 위해 상자를 열어볼 것을 요구하였다. 나는 상자를 열어보지 않게 하고 수업을 마무리 했지만 상자를 열어서 확인하도록 하는 것이 더 좋은 것이었는지, 나의 선택이 바람직한 것이었는지 확신이 가지 않았다.

1. 과학 수업 이야기

먼저 학생들에게 스위치를 보여 주면서 무엇을 알고 있는지 질문했다.

"스위치는 전기회로에서 어떤 역할을 하나요?"

학생들은 '불이 켜진다.', '전류를 끊었다 연결하게 한다.' 등의 대답을 하였다. 나는 지금껏 알고 있던 것과는 다른 신기한 스위치를 보여주겠다며 다음 전기회로 그림을 보여주었다.

제시된 그림을 보고 특이한 부분을 찾아보라고 하자, 학생들은 '스위치가 열려 있음에도 전구에 불이 들어온다.'라는 사실을 지적했다. 나는 학생들에게 이전에 배운 것과 달리 스위치가 열려 있어도 전구에 전류가 흐를 수 있다는 것을 설명했다. 건전지의 (+)극에서 출발해서 전구를 통해 전류가 흐르고 다시 전지의 (-)극으로 전류가 흐른다는 것을 손가락으로 따라 그리며 보여주었다. 학생들은 전구에 불이 들어오는 것은 스위치와 관계없이 닫힌회로가 만들어졌기 때문이라는 것을 이해하였다.

"그럼, 이 회로에서 스위치를 닫으면 어떤 일이 일어날까요?"

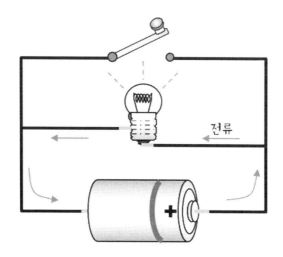

스위치가 열려 있어도 전구가 켜진 회로

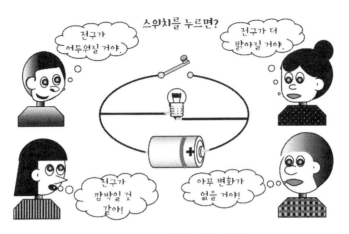

단락회로에 대한 개념 만화

나는 위와 같이 질문하면서 학생들이 쉽게 토론에 참여할 수 있도록 그림과 같은 개념 만화[1]를 보여주었다.

학생들에게 잠시 옆 친구와 토론해 보고 개념 만화에 제시된 의견 중 자신의 의견과 같은 것에 손을 들어 보도록 했다. 학생들의 의견은 다양하게 나뉘었다. 아직 저항의 개념을 배우지 않았기 때문에 당연히 학생들에게 좀 어려운 과제였다. 나는 학생들에게 전지, 전선, 전구, 스위치를 나눠주었다. 그리고 학생들이 개념 만화에 제시된 회로를 직접 연결해 보고 결과를 확인해보도록 했다. 학생들은 스위치를 누르면 전구의 불빛이 꺼지거나 매우 어두워지는 것을 보고 흥미로워했다. 나는 두 가지 사실을 강조해서 설명했다.

(1) 전기가 흐르기 위해서는 끊어진 길 없이 하나의 닫힌 길로 완성되어야 한다.
(2) 전기(또는 전류)는 전구가 없는 길(즉, 가기 쉬운 길)로 가고 싶어 한다.

---

1 개념 만화는 일상의 과학적 현상에 대한 다양한 관점을 제공하기 위해 만들어진 한 컷 정도의 만화 형식의 그림으로 Keogh & Naylor (1993)에 의해 처음 제안되었다. 학생들은 등장인물들의 서로 다른 의견을 바탕으로 자신의 의견을 결정할 수 있다. 학생들이 자신의 생각을 결정하는 가운데 자연스럽게 토의가 이뤄지며 이를 통해 학생들의 과학적 사고와 논쟁을 유발할 수 있다.

전류, 전압, 저항과 같은 과학적 개념을 정확하게 도입하지 않았지만, 학생들은 개념 만화의 전기회로에서 스위치를 닫으면 전구가 왜 어두워지거나 꺼지는지 이해하는 것으로 보였다.

다음으로 나는 미리 제작해 온 미스터리 상자를 소개했다. 내가 미스터리 상자를 준비한 이유는 단순히 주어진 전기회로를 연결해 보거나 확인해보는 활동보다는 회로가 어떻게 연결되었는지 추론해 보는 활동을 통해, 학생들의 흥미와 호기심을 높이고 과학적 사고 또한 높일 수 있을 것으로 생각했기 때문이다.

미스터리 상자는 전구 2개, 전지 2개, 스위치 2개와 전선으로 구성되어 있고, 전선은 상자 안에서는 서로 연결되어 있지만 상자 밖에서는 볼 수 없도록 만들어져 있다. 학생들은 상자를 열어 이들의 연결 상태를 직접 볼 수 없으므로 추리를 통하여 회로의 연결 상태를 알아내야 한다.

나는 학생들에게 미스터리 상자를 주고 자유롭게 스위치를 조작해 보도록 하였다. 학생들은 각각의 스위치를 눌러보면서 어떤 전구가 켜지는지 관찰하였다. 학생들에게 충분히 탐색할 수 있도록 한 후에, 학급 전체가 함께 관찰 내용을 정리했다.

- 관찰 1 : 스위치1 하나만 누르면 전구(가)와 전구(나)가 모두 켜진다.
- 관찰 2 : 스위치2 하나만 누르면 아무것도 켜지지 않는다.
- 관찰 3 : 스위치1과 스위치2를 동시에 누르면 전구(가)만 켜진다.

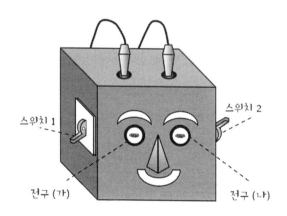

미스터리 상자

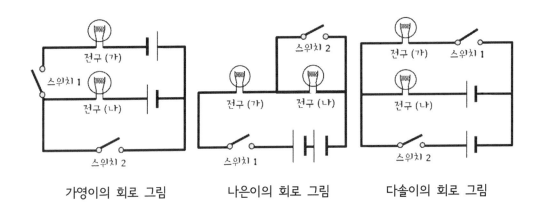

가영이의 회로 그림　　　　나은이의 회로 그림　　　　다솔이의 회로 그림

학생들은 독특한 모양의 미스터리 상자에 많은 흥미를 느꼈고, 전구가 하나만 켜질 때는 윙크하는 것 같다고 했다. 이어서 학생들은 모둠의 친구들과 한참 동안 열띠게 토의하며 상자 안의 회로 연결을 예상했고, 이것을 그림으로 나타냈다. 나는 학생들이 직접 칠판에 나와서 자신들이 예상한 회로 그림을 그리고 설명하도록 했다. 위의 그림은 학생들이 나와서 칠판에 그린 회로도이다.

가영이가 가장 먼저 나와서 자신의 회로를 그리고 설명했다. 하지만 가영이의 회로도는 3가지 관찰 사실을 모두 설명하지는 못했다. 가영이는 스위치2를 누르면 건전지가 서로 거꾸로 있어 어떤 전구도 켜지지 않는다고 생각했지만, 학생들은 스위치1이 열려 있어 전구(나)만 켜진다고 지적했다. 가영이도 '아 틀렸네!' 하며 아쉬워했다.

두 번째로는 나은이가 자신의 회로를 그리고 설명했다. 다행히도 나은이가 그린 회로는 내가 만든 미스터리 상자의 내부구조와 정확히 일치했다. 나은이는 자신의 회로로 관찰 사실 3가지를 모두 설명할 수 있었고, 다른 학생들도 나은이의 설명에 크게 의문을 가지지 않았다. 어떤 학생은 '오, 이게 정답이네!'라고 말하기도 했다.

나는 나은이의 설명을 좀 더 보완하여 설명하고 이것으로 수업을 정리하려고 했다. 이때 다솔이가 손을 들고 자신의 회로 그림을 설명하고 싶다고 했다. 다솔이는 칠판에 자신의 예상 회로를 그리고 관찰 사실 3가지를 모두 설명했다. 나는 다솔이의 설명을 듣고 내심 놀라지 않을 수 없었다. 다솔이의 회로 그림은 내가 만든 미스터리 상자의 내부 구조와는 달랐지만, 관찰 사실을 모두 설명할 수 있어서 또 다른 '정답'이라고 할 수 있었다.

학생들은 어떤 것이 맞는지 미스터리 상자를 열어보고 싶어 했지만, 수업 시간이 부족했기 때문에 나는 서둘러 수업을 마무리했다.

이 수업을 하고 나는 다음과 같은 의문이 들었다.

- 2015 개정 과학과 교육과정에서는 '과학적 모형의 개발과 사용'이 중요한 기능이라고 명시되어 있다. 미스터리 상자의 내부 구조를 예상해 보도록 한 나의 수업은 '과학적 모형의 개발과 사용'이라는 기능을 길러주기에 적합한 수업이었을까?

- 마지막에 학생들은 미스터리 상자를 직접 열어보고 싶어 했다. 자신의 예상이 맞는지 확인하기 위해 미스터리 상자 내부 구조를 직접 상자를 열어서 확인하도록 하는 것이 좋은 것일까? 아니면 끝까지 열어보지 않는 것이 더 좋은 것일까?

- 만약 학생 중 아무도 미스터리 상자 내부 구조를 올바르게 예상하지 못했으면 나는 어떻게 해야 했을까?

2. 과학적인 생각은 무엇인가?

> 아래 글에서는 우선, 단락회로가 무엇인지 설명하고 다음으로, 전구의 직렬연결과 병
> 렬연결의 특징을 간단히 요약한다. 또 수업 중 학생들이 미스터리 상자의 내부 구조
> 를 설명하기 위해 그린 세 개의 전기회로 그림에 대해 설명한다.

단락회로

구리나 철과 같이 전기가 잘 통하는 물질을 도체, 고무나 종이와 같이 전기가 잘 통
하지 않는 물질을 부도체라고 한다. 도체는 전기 저항이 작아서 건전지를 연결하면 전
류가 잘 흐르고, 부도체는 전기 저항이 상당히 크기 때문에 건전지를 연결해도 전류가
거의 흐르지 않는다. 스위치나 전선의 저항은 전구나 전동기 등에 비해 매우 작아 0에
가깝다. 이상적인 상황에서 스위치의 저항을 0이라고 하면 다음 회로에서 스위치를 닫
았을 때, 흐르는 전류값에 상관없이 스위치 양단에 걸린 전압은 0이다. (옴의 법칙
V=IR에서 R의 값이 0이면 V도 0이다[2].)

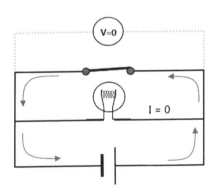

스위치를 닫으면 전지의 양극에서 나
온 전류는 전구보다 저항이 매우 작
은 단락회로를 돌아 전지의 음극으로
들어간다. 전구의 필라멘트에는 전류
가 거의 흐르지 않아 전구가 매우 어
두워지거나 꺼진다.

단락회로로 흐르는 전류

---

2 그렇지만 스위치에 흐르는 전류 I의 값은 0이 아니다. 이때 일반적으로 매우 큰 전류가 흘러 전기회
로가 과열될 수 있다.

스위치와 전구는 병렬 연결되어 있으므로 전구 양단에 걸리는 전압도 0이다. 따라서 전구에는 전류가 흐르지 않고 불도 들어오지 않는다. 이것을 우리는 **단락**[3]이라고 한다. 실제로는 스위치나 전선의 저항이 0이 아니기 때문에 전구에 전압이 조금 걸려 약하게 불이 들어오기도 한다. 조금 다르게 설명하면, 건전지의 (+)극에서 나온 전류는 전구와 스위치가 있는 두 개의 길로 나누어 흐를 수 있는데 이때 전구와 비교해 스위치의 저항이 매우 작아서 전류는 저항이 작은 길, 즉 스위치 쪽으로 많이 흐르게 되고 전구 쪽으로는 매우 적은 전류가 흐르게 된다. 그래서 전구의 불빛이 어두워지거나 불이 들어오지 않게 된다. 또 스위치 쪽으로는 많은 전류가 흘러 장시간 놓아두면 건전지나 도선이 가열되어서 위험하게 될 수 있다.

교사는 학생들이 단락회로의 개념을 이용하여 미스터리 상자 내부의 회로를 예상하기를 기대하였으며, 따라서 수업의 앞부분에서 개념 만화를 사용하여 이러한 내용을 다루었다.

전구의 직렬연결

다음 그림처럼 하나의 경로로 모든 전구가 일렬로 연결된 것을 직렬연결되었다고 한

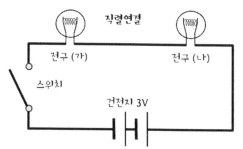

두 전구를 직렬로 연결하면 저항이 커져, 스위치를 닫았을 때
회로에 흐르는 전류가 작아져 전구의 밝기가 어두워진다.

두 전구의 직렬연결

---

3 단락은 짧게 이었다는 뜻으로 저항이 작은 도선으로 전기회로의 두 점 사이를 잇는 것을 말하고, 다른 말로 합선이라 한다.

다. 이때 스위치를 닫아서 모든 전구에 충분한 전압이 걸리면 불이 들어오고, 스위치를 열면 모든 전구의 불이 꺼진다. 만약 다음 회로에서 전구(가)를 제거하거나 (가)의 필라멘트가 끊어지면 전류가 흐르지 못하고, 따라서 전구(나)도 꺼지게 된다. 전구를 직렬로 연결할 때에는 여러 개의 전구를 연결할수록 전기회로의 저항이 많아져 전류가 적게 흐르고 전구 하나의 밝기는 어두워진다.

전구의 병렬연결

다음 그림과 같이 두 전구(가)와 (나)를 다른 경로로 분리하여 건전지에 연결하는 경우 두 전구가 병렬연결되었다고 한다. 병렬연결된 두 전구 (가)와 (나)는 독립적으로 건전지에 연결된 것과 같다. 그래서 전구(나)를 (가)에 병렬로 덧붙여도 전구(가)에 거의 영향을 주지 못한다[4]. 스위치(가)를 닫으면 전구(가)는 켜지고, 스위치(가)를 닫은 채로 스위치(나)를 닫으면 전구(나)에도 불이 들어오고, 스위치(가)를 열면 두 전구 모두 꺼진다.

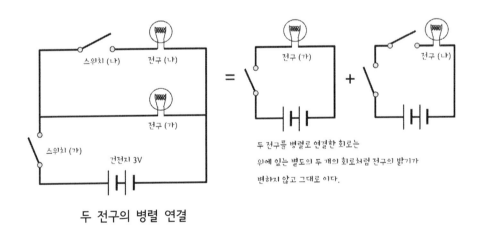

두 전구의 병렬 연결

---

4 건전지의 내부저항 때문에 실제로 실험하는 경우 전구에 전압이 작게 걸려 전구(나)를 연결하면 전구의 밝기가 감소하는 것을 관찰할 수 있다. 두 전구가 병렬로 연결되면 회로의 저항이 처음보다 작아져 전구에 걸리는 전압이 작아지고, 오히려 건전지의 내부저항에 걸리는 전압이 커지기 때문이다.

가영이가 그린 회로 그림

가영이가 그린 회로도는 다음과 같다. 스위치1을 닫으면 전구(가)와 (나)가 두 건전지에 직렬로 연결된 회로와 같게 되어 두 전구에 불이 켜진다. 또 스위치2만 닫으면 전구(나)로 이루어진 회로가 되어 전구에 불이 켜진다. 또한, 스위치1과 2를 모두 닫으면 전류는 스위치1회로에서만 흐르고, 스위치 2에는 전류가 흐르지 않는다. 스위치1이 닫힌 경우에는 스위치2는 닫거나 열어도 아무런 영향을 줄 수 없다. 그래서 두 전구 모두 불이 켜지게 된다.

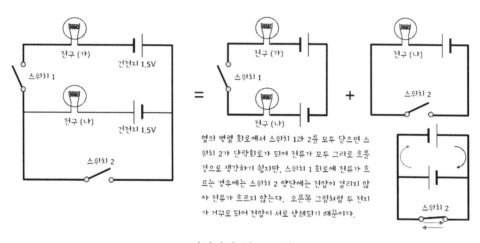

옆의 병렬 회로에서 스위치 1과 2를 모두 닫으면 스위치 2가 단락회로가 되어 전류가 모두 그리로 흐를 것으로 생각하기 쉽지만, 스위치 1 회로에 전류가 흐르는 경우에는 스위치 2 양단에는 전압이 걸리지 않아 전류가 흐르지 않는다. 오른쪽 그림처럼 두 전지가 거꾸로 되어 전압이 서로 상쇄되기 때문이다.

가영이의 회로 그림

- 스위치1 하나만 누르면 전구(가)와 (나)가 모두 켜진다. → 관찰 1과 일치
- 스위치2 하나만 누르면 전구(나)가 켜진다. → 관찰 2와 불일치
- 스위치1과 2를 동시에 누르면 전구(가)와 (나)가 모두 켜진다. → 관찰 3과 불일치

두 스위치가 모두 닫혔을 때 학생들은 대개 수업 사례에서 제시한 교사의 설명처럼 전구가 없는 스위치2쪽으로 전류가 흐를 것으로 생각하고 두 전구가 모두 꺼진다고 말하기 쉽다. 그러나 두 전지의 양극에서 나온 전류가 스위치2쪽으로 가는 경우 스위치2에서 두 전류가 서로 반대 방향으로 흐르게 되므로, 전류가 서로 상쇄되어 흐르지 않는다는 것을 알 수 있다. 중요한 것은 고려하고 있는 전기 부품의 양단에 전압이 걸려야 전류가 흐를 수 있다는 것이다. 결국, 스위치2에는 전압이 걸리지 않아 전류가 흐르지

않는 것이다.

나은이가 그린 회로 그림

나은이는 그린 회로도는 다음과 같다. 스위치1을 닫으면 두 전구(가)와 (나)에 건전지가 연결되어 전류가 흘러 두 전구 모두 불이 들어온다. 스위치2만 닫으면 건전지가 연결되지 않아 두 전구 모두 불이 켜지지 않고, 스위치를 모두 닫으면 전구(나)를 단락시켜 전구(나)에 전류가 흐르지 않도록 한다. 따라서 나은이의 회로는 아래의 설명과 같이 미스터리 상자의 관찰 사실 3개를 모두 설명할 수 있다.

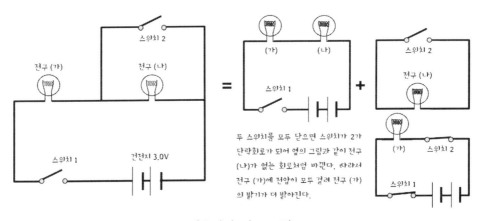

나은이의 회로 그림

- 스위치1 하나만 누르면 전구(가)와 전구(나)가 모두 켜진다. → 관찰 1과 일치
- 스위치2 하나만 누르면 어떤 전구도 켜지지 않는다. → 관찰 2와 일치
- 스위치1과 2를 동시에 누르면 전구(가)만 켜진다. → 관찰 3과 일치

다솔이의 회로 그림

다솔이가 그린 회로도는 다음과 같다. 스위치1 하나만 닫은 경우 전구(가)와 전구(나)가 건전지 1개에 직렬로 연결된다. 따라서 전구(가)와 전구(나)에 불이 들어온다. 스위치2 하나만 닫은 경우 전구(나)와 건전지 2개가 직렬로 연결된다. 하지만 건전지 2

개가 서로 반대 방향으로 연결되어 있기 때문에 전구(나)에 불이 켜지지 않는다. 스위치 두 개를 모두 닫으면 전구(가)는 병렬로 연결된 두 전지에 연결되는 셈이며, 전구(나)는 직렬로 연결된 두 전지에 연결되는 셈이다. 그런데 전구(나)의 경우에는 두 전지의 방향이 서로 반대이지만, 전구(가)의 경우에는 두 전지의 방향이 같다. 따라서 전구(나)는 불이 켜지지 않지만, (가)는 불이 켜진다. 즉, 다음과 같이 미스터리 박스의 관찰 사실 3개를 모두 설명할 수 있다.

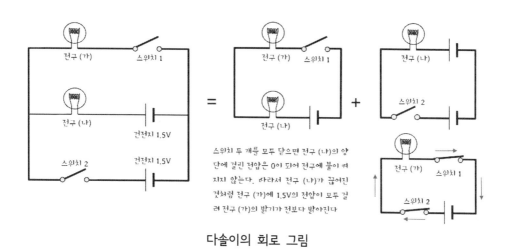

다솔이의 회로 그림

- 스위치1 하나만 누르면 전구(가)와 전구(나)가 모두 켜진다. → 관찰 1과 일치
- 스위치2 하나만 누르면 아무것도 켜지지 않는다. → 관찰 2와 일치
- 스위치1과 2를 동시에 누르면 전구(가)만 켜진다. → 관찰 3과 일치

3. 교수 학습과 관련된 문제는 무엇인가?

아래 글에서는 과학적 모형의 의미와 특징을 설명하고, 학생의 모형 생성, 평가, 수정의 중요성을 논한다. 또 미스터리 상자 내부를 추론하는 활동이 어떻게 과학적 모형의 개발과 사용에 해당하는지 설명한다.

과학적 모형

과학자들은 자연 현상의 일부를 설명하기 위해 모형을 만든다. 그래서 직접적으로 관찰하거나 지각할 수 없는 현상이나 과정을 모형으로 표현하고 설명한다. 예를 들면, 원자 모형, 분자 모형, 유전자 모형 등이 있다. 이외에도 과학에는 여러 가지 모형이 있고, 모형은 그림이나 실물로 표현되기도 하지만 수학 방정식, 컴퓨터 프로그램 등으로 표현되기도 한다. 자연 현상을 설명하기 위해 **모형**을 만들고 이를 발전시켜 나가는 것이 과학이라고 해도 과언이 아닐 정도로 모형 개발과 사용은 과학 활동의 핵심 기능이다. 과학적 모형의 몇 가지 특징을 요약하면 다음과 같다.

- 모형은 자연 세계의 현상을 설명하거나 예상하는 데 사용된다.
- 모형은 실제 현상에 대한 복사물이 아니라 설명하기 위해 실제를 단순하게 만든 것이다.
- 모형은 한계가 있다. 현상의 모든 것이 하나의 모형으로 설명될 수 있는 것은 아니다.
- 한 개 이상의 모형이 동일한 현상을 설명하기 위해 개발될 수 있다.
- 모형은 새로운 증거가 드러나면 새로운 모형으로 대체되거나 수정될 수 있다.

또 과학적 모형은 다음 그림과 같이 생성, 평가, 수정의 순환 과정을 거쳐 발달한다[5].

---

5 Clement, J. (2008). Creative model construction in scientists and students: The role of imagery, analogy, and mental simulation. Springer Science & Business Media.

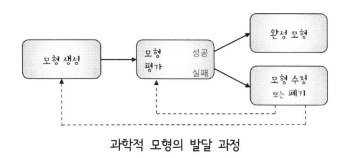

과학적 모형의 발달 과정

어떤 현상이나 문제 상황을 만났을 때, 이를 설명하기 위해 생성된 모형은 새로운 문제 상황을 예측하는 데 사용되면서 지속적으로 평가된다. 설명이나 예상이 성공하면 모형은 다른 문제 상황을 예측하는 데 사용되며, 실패한 경우에 모형은 수정된다. 모형을 수정해도 문제가 해결되지 않으면 모형이 폐기되고, 현상을 설명할 수 있는 새로운 모형이 생성된다. 이러한 과정을 통해 관찰 사실의 일부만을 설명할 수 있는 모형은 좀 더 포괄적인 모형으로 수정될 수 있다.

과학자가 모형을 이용해서 자연 현상을 설명하고 예상하는 것과 마찬가지로, 학생도 자신이 이해한 것을 보여주기 위해 종종 현상에 대한 자신의 모형을 만든다. 예를 들면, 전구에 불이 켜지는 현상을 보고 아이들은 다음 그림과 같이 전기회로에 흐르는 전류에 대해 다양한 모형으로 이해한다[6]. 현상을 이해하기 위해 우리의 머릿속에서 만드는 이러한 모형을 특히 개념 또는 **정신 모형**이라 부른다.

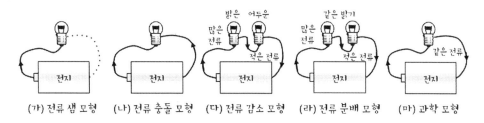

전류에 대한 아이들의 모형

---

6 Osborne, R.(1983). Towards modifying children's ideas about electric current. Research in Science & Technological Education, 1(1), 73−82.

또한, 교사도 다양한 과학 현상을 설명하는 보조 수단으로 모형을 사용하고 추상적인 과학 이론을 모형으로 설명한다. 이러한 과학 모형은 학교에서 오랫동안 사용되었으며, 학생들의 학습을 증진시키는 유용한 도구로 간주했다. 그러나 대부분 학생은 예를 들어, 원자나 전자와 같은 생각의 표상이나 추상적 존재를 모형으로 생각하기보다는 실체의 물리적인 복사물인 일종의 실물 모형만 모형이라고 생각하기 쉽다[7]. 이처럼 모형에 대한 적절한 이해가 없이 과학적 모형을 피상적으로 사용하게 되면 현상을 제대로 이해하기 어렵게 된다.

과학을 공부한다는 것은 학생이 적극적으로 개념이나 생각에 초점을 맞추어, 그것을 재구성하고 내면화하여, 다른 사람에게 전달하거나 설명할 수 있어야 한다는 것을 뜻한다. 이 과정에서 모형은 매우 가치 있는 도구의 역할을 한다. 모형은 현상의 기본적 특성에 대한 통찰을 제공하기 때문이다. 추상적이거나 보이지 않는 현상을 이해하는 데 있어 모형은 화학 반응에 대한 분자 모형이나 전기회로의 전류 모형처럼 그것을 구체적으로 시각화하는 데 도움을 준다. 또한, 모형은 자기 생각을 검증하거나 현상을 예상하는 데 도움을 준다. 예를 들어, 전기회로에서 전구의 밝기를 예상하기 위해 자신의 전류 모형을 사용하고, 미스터리 상자의 내부 구조를 추리하기 위해 회로 모형을 이용하여 전기 회로도를 구성한다. 이런 과정을 거쳐 학생들은 자신들의 모형을 평가하고 수정할 수 있게 되며, 더 과학적인 모형으로 발달시킬 수 있게 된다.

앞의 수업 사례에서 가영이의 예상과 설명을 살펴보았을 때 언뜻 가영이는 '전류가 흐르려면 길이 끊어지지 않아야 한다.'라는 것과 '전류는 전구가 없는 쉬운 길로 간다.'라는 교사의 설명을 잘 이해한 것처럼 보인다. 그러나 전기회로에 대한 가영이의 정신 모형은 아직 완벽하지 못하다. 가영이는 두 개의 건전지를 병렬로 연결할 때 방향이 다르면 전류가 흐르지 않는다는 것을 직관적으로 이해하는 것처럼 보인다. 그래서 가영이는 스위치2를 닫으면 전구에 불이 켜지지 않을 것이라고 예상을 했고, 다른 학생들은 스위치1이 열려 있다는 것을 지적함으로써 가영이의 생각이 부족하다는 점을 드러냈다.

---

7 Treagust, D. F., Chittleborough, G., & Mamiala, T. L. (2002). Students' understanding of the role of scientific models in learning science. International Journal of Science Education, 24(4), 357–368.

비록 스위치가 모두 닫혔을 때 가영이나 학생들의 생각은 실제 결과와 다르지만, '전류는 전구가 없는 쉬운 길로 간다.'라는 생각을 바탕으로 그 결과를 예상한 것이다. 수업에서는 실제로 전기회로를 꾸미며 자신들의 모형을 평가할 기회가 없어 누구의 모형이 더 적절한지 알 수 없지만, 학생들은 이렇게 자신들의 정신 모형을 이용하여 현상을 예상한다는 것을 알 수 있다. 또한, 학생들이 그린 회로 그림도 보이지 않는 상자 내부를 자신들의 정신 모형을 이용하여 추리하여 만든, 일종의 모형이다. 그러므로 미스터리 상자의 내부 구조를 예상하는 활동은 학생들에게 모형을 만들고 사용하도록 하는 활동이라는 것을 알 수 있다. 그렇지만 학생들의 모형은 불완전하여서 자신들의 모형을 평가하고 수정할 기회를 제공해 주어야 한다. 모형을 사용하여 자신들의 예상을 발표하고 토의하는 것은 자신들의 모형을 평가할 기회를 제공한다. 그렇지만 토의만으로는 누구의 예상이 맞았는지 알기 어려울 때도 있다. 그래서 실제로 전기회로를 만들어 자신들의 예상을 시험해 보도록 하는 것이 중요하다. 이때 학생들은 실험을 통해 가영이나 자신들의 예상이 틀렸다는 것을 알게 되고, 자신들의 모형을 좀 더 세련되게 수정할 기회를 얻게 될 것이다. 그런 의미에서 과학 수업에서 이루어지는 모형의 평가는 모형을 이용한 현상의 예상과 설명, 그리고 실험과 토의를 통한 실제적 검증으로 이루어진다.

미스터리 상자의 내부 확인

이 수업에서 학생들은 미스터리 상자 내부를 확인해보고 싶어 했다. 만약 수업의 목표가 미스터리 상자의 내부 구조와 정확히 같은 회로를 알아내는 것이라면 상자를 열어 내부 구조를 확인하는 것이 의미가 있을 수도 있다. 그러나 과학 모형을 만들고 이를 평가해 보는 과정에서 과학적 추론 능력이나 과학의 본성에 대한 이해를 높이는 것에 수업의 의미를 둔다면 미스터리 상자를 절대로 열어보지 않는 것이 좋다. 상자를 열어보는 순간 학생들은 다시는 자신들의 정신 모형을 발달시키는 일에 관심을 두지 않을 것이고, '하나의 정답'을 확인함으로써 또 다른 정답이 가능할 수 있다는 것도 생각하기 힘들 것이다.

과학자나 학생은 자연 현상을 이해하고 설명하기 위해 모형을 만든다. 하지만 이러한 모형을 직접적으로 실제 세계와 비교하는 것은 불가능하다. 원자, 전자, 또는 전류를 직접적으로 본 사람은 없을 것이다. 따라서 모형을 평가하기 위해서는 모형을 통한 예상과 실제 세계의 자료를 서로 비교하는 것 이외에는 다른 방법이 없다. 예상과 실제 자료가 일치하는 경우에 모형은 설명력을 얻고, 예상과 실제 자료 사이에 차이가 난다면 모형은 다시 검토되고 수정될 수밖에 없다. 그러나 모형은 현상 자체가 아니기 때문에 어떤 현상의 모든 것을 설명할 수는 없다. 예를 들어, 파동 모형은 빛과 관련된 많은 현상을 잘 설명할 수 있지만, 광전 효과와 같은 어떤 현상은 그것으로 설명하기 어렵다. 그렇지만 가능한 한 많은 부분을 설명할 수 있는 모형을 만드는 것은 중요하다.

앞선 미스터리 상자 활동에서 학생들은 3가지 조건을 관찰하였으며, 2개의 전구, 2개의 스위치, 2개의 전지라는 제약조건 내에서 관찰 사실을 설명할 수 있는 모형을 만들었다. 어떤 현상을 설명할 수 있는 모형이 반드시 하나일 필요는 없다. 실제로 과학에서는 같은 현상을 서로 다른 모형으로 설명하는 경우가 종종 발생한다. 그런 의미에서 수업 활동에서 제시된 나은이와 다솔이의 모형을 모두 적절한 모형으로 간주하는 것도 하나의 방안이 될 수 있다. 그러나 모형을 평가하고 수정하는 과정에서 현상의 다른 측면에 초점을 맞출 수 있다. 예를 들어, 전구에 불이 켜지는지 켜지지 않는지 뿐만 아니라 전구의 밝기에 관심을 둔다면, 두 학생의 모형은 앞 절에서 설명한 것처럼 서로 다른 결과를 보여준다. 따라서 미스터리 상자에서 전구의 밝기를 관찰하도록 하여 어느 모형이 더 적절한지 판단을 내리도록 도와줄 수 있다. 또한, 자신의 모형에 대한 학생의 설명이 적절하지 않은 경우에는 실제로 자신의 모형대로 전기회로를 구성하여 실험해 보도록 함으로써 학생 자신의 정신 모형이 명확하게 드러나도록 도와줄 수도 있다. 이와 같은 과정을 통하여 학생들은 앞에서 열거했던 모형의 다섯 가지 특징을 이해하고, 아울러 전기회로에 대한 자신들의 모형을 더욱더 세련되게 만드는 기회를 가질 수 있게 된다.

그런 의미에서 교사가 학생들의 예상이 맞는지 답해 주거나 상자를 직접 열어 보여주는 것보다는 직접적인 실험을 통해 자신의 예상을 검증하거나 다른 학생들과의 토의를 통해 자신들의 모형의 부족한 점을 찾게 하는 것이 더 바람직하다. 그러나 학생들은 보통 정답에만 관심이 있어서 자신의 정신 모형과 관계없이 실험을 통해 미스터리 상자와 일치하는 전기회로를 만드는 데만 관심을 두기 쉽다. 그럴 때 학생들은 자신들의 정신 모형을 발달시킬 기회를 놓치게 된다. 따라서 교사는 학생들이 먼저 자신의 정신 모형을 바탕으로 예상 회로를 구성한 다음에, 실제로 전기회로를 만들어 자신들의 예상을 검증하도록 하는 것이 무엇보다 중요하다. 그렇지만 학생들은 미스터리 상자 속이 어떻게 되어 있는지 궁금해 할 것이다. 위와 같은 충분한 활동이 이루어지고 난 후라면, 교사는 그때 학생들의 호기심을 풀어주기 위해 미스터리 상자 속을 공개하는 것도 괜찮은 일이다. 이럴 경우를 위해 교사는 미리 미스터리 상자 속에 있는 전기회로에 그 결과에 영향을 주지 않도록 다른 요소를 붙여 놓을 수도 있다. 예를 들어, 버저나 전동기 등을 추가하거나 다른 모양의 건전지 등을 사용하여 학생들의 예상과 실제 속 모양이 조금 차이가 나는 것을 보여줌으로써 모형의 한계에 대해 깨닫게 할 수도 있을 것이다.

4. 실제로 어떻게 가르칠까?

> 아래 글에서는 미스터리 상자 수업 중 벌어질 수 있는 몇 가지 경우를 가정하여 교사가 어떻게 하면 좋을지 가능한 대응 방안을 제안한다.

대개 초임 교사는 학교 현장에서 실험이 제대로 되지 않거나 준비한 수업에서 학생들이 제대로 반응하지 못하면 당황하거나 좌절하는 경우가 많다. 그러나 가만히 생각해 보면 우리가 성공한 적이 과연 얼마나 있는가? 사실 삶은 실패나 경험으로부터 더 많은 것을 배우게 한다. 그 뼈저린 경험이 우리를 더 굳건하게 하는 것이 아닌가? 그런 의미에서 학생들이 제대로 반응하지 못하거나 예상을 바르게 하지 못한다면 그것은 교사로서 매우 보람이 있는 기회가 될 수 있다. 학생들이 전부 잘한다면 굳이 교사가 필요하지 않을 것이기 때문이다. 중요한 것은 교사나 학생 모두 예상이 맞았는지 틀렸는지가 아니라 어떻게 그런 예상을 하였는지 드러나게 하는 일이다. 그래서 교사의 역할은 학생 자신의 모형을 명확하게 하고, 앞에서 언급한 것처럼 실제 검증을 통해 학생이 자신의 모형을 평가하고 수정하는 기회를 얻도록 하는 것이다.

학생이 올바르게 예상하는 경우

위에서 나은이는 미스터리 상자에서 나타난 관찰 사실을 설명하기 위해 교사와 같은 모형을 만들었다. 만약 미스터리 상자를 열어 '나은이의 모형이 맞았습니다.'와 같은 방식으로 수업을 마무리한다면 어떨까? 나은이는 만족감이나 성취감을 느끼겠지만 다른 학생은 실망감을 느끼게 되고 대부분 학생에게 과학은 '하나의 정답'이 있는 것으로 받아들이게 될 것이다.

그럴 경우 과학 모형은 끊임없는 평가와 수정의 순환 과정을 거쳐 발달한다는 것을 학생이 이해하게 하거나 경험할 기회가 사라진다. 실제로 예상은 맞았지만 나은이의 정신 모형은 사실 불완전한 것일지 모른다. 따라서 미스터리 상자를 여는 것보다는 나은이의 모형을 통해 예측할 수 있는 새로운 문제 상황을 제공함으로써 이 순환 과정을 다시 작동시키는 것이 더 바람직할 것이다. 그래서 나은이나 학생들에게 다음과 같은 질문을 할 수 있다.

'스위치1 하나만 닫은 경우와 스위치를 둘 다 닫았을 때 전구(가)의 밝기는 어떻게 될까? 만일 다르다면 어떤 경우가 더 밝은가?'

초등학생의 경우 회로를 보고 전류의 흐름이나 전구의 밝기를 올바르게 예상하기 어렵더라도 앞에서 소개한 것과 같은 전류에 대한 자신의 모형을 평가할 기회를 제공할 수 있다. 학생이 스스로 자신의 모형을 평가할 수 있도록 도와주기 위해 전구, 전지, 스위치 등을 나누어 주고 회로를 직접 구성해서 확인해보도록 하거나 시뮬레이션 프로그램을 사용해 회로를 구성하고 전구의 밝기를 비교해 보도록 할 수도 있다. 그런 과정에서 학생들이 자신의 모형을 검증하면서 좀 더 과학적으로 발달시키도록 도울 수 있다.

다른 모형으로 올바르게 예상하는 경우

나영이과 다솔이는 모두 훌륭하게 주어진 모든 관찰 사실을 설명할 수 있는 모형을 구성하였다. 누가 정답이냐고 학생들이 묻는다면 주어진 3가지 관찰 사실만 놓고 볼 때, 삼국지에서 촉나라 사마휘가 그러했듯, '이 말(모형)도 맞고 저 말(모형)도 맞다.'라고 할 수밖에 없다. 이후의 수업은 교사의 재량에 따라 다른 목적을 가지고 진행될 수 있을 것이다.

첫째로 모형은 자연을 복제한 것이 아니라 자료를 설명하기 위한 추론의 산물이며 현상을 설명하는 다수의 모형이 존재할 수 있다는 과학의 본성을 강조하고 수업을 마무리하는 방법이 있을 수 있다. 둘째로 나은이와 다솔이의 모형을 통해 예측할 수 있는 새로운 상황을 제안하고 실제 실험이나 관찰을 통해 좀 더 좋은 모형을 선택하도록 하는 것이다. 새로운 상황은 학생이 제안할 수도 있고 교사가 제공할 수도 있다. 예를 들어, 스위치를 둘 다 닫았을 때 전구(가)의 밝기는 다솔이의 회로에서보다 나은이의 회로에서 더 밝다. 그래서 학생에게 두 경우 전구의 밝기를 예상하고 설명하게 하며, 실제로 회로를 만들어 검증해 보도록 할 수 있다. 그리고 미스터리 상자의 전구(가)와 밝기를 비교하여 누구의 모형이 좀 더 적합한 모형인지 판단하게 할 수 있다.

앞에서 언급한 것처럼 모형의 특징을 이해하고, 모형이 사용되는 방법이나 변하는 특성을 이해시키기 위해서는 단순히 전기 회로도를 그리는 것만으로는 부족하다. 좀 더 중요한 것은 그것을 그리기 위해 사용한 자신의 모형이 분명하게 드러나도록 그렇게 그리는 이유를 설명하도록 하는 것이 무엇보다 필요하다. 그리고 자신의 모형을 실제 경험을 통해 검증하면서 수정할 기회를 제공하는 것이 더 중요한 일이다. 그런 의미에서 단지 회로도를 예상하는 활동만으로 수업을 구성하기보다는 자신들의 예상을 실제로 검증하고 그 결과를 토의할 기회를 제공해 주어야 한다. 그래서 전기회로를 실제로 구성하거나 시뮬레이션 프로그램[8]을 통해 자신들의 예상을 확인하도록 하는 것이 더 바람직하다.

아무도 올바르게 예상하지 못하는 경우

초등학생들이 스스로 자료를 해석하고 모형을 구성할 수 있음을 보여주는 몇몇 연구가 존재하지만, 초등학생이 스스로 모형을 구성하기는 쉽지 않은 일임이 분명하다. 모든 학생이 관찰 사실을 설명할 수 있는 모형을 구성하는 데 실패하였다고 해도 학생이 자신의 모형이 관찰 사실을 어디까지 설명하고 어디까지 설명하지 못하는지 인식하는 것은 중요하다. 이것은 실제 실험을 통해서 확인될 수도 있고, 시뮬레이션 프로그램을 통해 확인될 수도 있을 것이다.

만약 학생들이 회로도를 예상하여 그리는 일에 어려움을 겪는다면 교사가 대표적인 예시 회로를 몇 가지 제시하고, 이에 대한 학생들의 생각을 토의한 다음 이것을 실험이나 시뮬레이션을 통해 평가하도록 하는 것도 하나의 방법이 될 수 있다. 앞서 수업 사례에 등장했던 가영, 나은, 다솔이의 회로 그림은 좋은 예시 모형이 될 수 있을 것이다.

---

8 PhET 시뮬레이션을 사용해 전기 회로를 만들고 확인해볼 수 있다. PhET는 콜로라도 대학교의 프로젝트로, 노벨상 수상자인 Carl Wieman에 의해 시작되었다. 물리, 화학, 생물, 지구과학, 수학 등 다양한 영역의 시뮬레이션을 개발하고 있다. (한글화된 홈페이지 주소 https://phet.colorado.edu/ko/)

딜레마 사례 15 물체의 떨림과 소리

한정된 예시를 통해 과학 지식을 일반화할 수 있을까?

초등학교 3학년 '소리의 성질' 단원의 성취기준 중 하나는 '여러 가지 물체에서 소리가 나는 현상을 관찰하여 소리가 나는 물체는 떨림이 있음을 설명할수 있다'는 것이다. 나는 소리굽쇠와 스피커, 작은 북 등을 준비해서 소리가날 때 물체가 떨린다는 것을 학생들이 직접 느낄 수 있도록 수업을 계획했다. 학생들이 다양한 사례를 관찰하여 규칙성을 찾아내고, 그것을 일반화 할수 있기를 기대했기 때문이다. 하지만 수업을 마친 뒤에도 여전히 학생들은물체가 떨리지 않아도 소리가 나는 경우가 있다고 주장하였다. 나는 수업에서 몇 개의 예시를 통해 귀납적으로 과학 지식을 이끌어 내는 것이 과연 타당한 것인가에 대한 의문이 들었다.

1. 과학 수업 이야기

소리가 나는 이유는 무엇인가 떨리기 때문이다. 평소에 학생들은 이것을 잘 알아차리지 못할 것이다. 나는 먼저 스피커와 스마트폰을 연결해서 학생들이 좋아하는 신나는 노래를 틀어 주었다. 노래 소리가 나지 않을 때와 노래 소리가 날 때 학생들이 스피커에 손을 대보고 느낌을 이야기 해 보도록 했다.

"와! 선생님. 스피커에서 무언가 막 움직여요."
"스피커에 들어있는 진동판이 떨려서 소리가 나는 것이지요."

나는 소리를 크게 해서 학생들이 떨림을 잘 느낄 수 있도록 했다. 다음으로 수조에 물을 담아 놓고 소리굽쇠를 고무망치로 친 다음 소리굽쇠를 물에 대 보도록 했다. 이 활동을 통해 학생들은 소리굽쇠가 떨려서 물이 튄다는 것을 잘 이해했다.

또 음악실에서 빌려 온 작은 북 위에 좁쌀을 조금 놓았다. 그리고 북채로 작은 북을 쳐서 좁쌀이 튀어 오르는 것도 관찰하도록 했다.

학생들은 스피커에서 소리가 날 때 떨림이 있다는 것을 직접 손으로 느꼈고, 소리굽쇠의 떨림 때문에 물이 튀는 것과, 작은 북을 치면 좁쌀이 튀어 오르는 것을 모두 관찰했다. 또 북을 세게 치면 북이 더 많이 떨려서 좁쌀이 더 많이 튀는 것도 관찰했다. 나

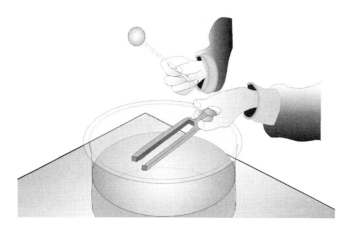

소리 나는 소리굽쇠를 물에 대 보기

는 간단한 질문을 통해 학생들이 소리가 나는 이유를 이해했는지 확인해 보려고 했다.

"자, 그럼 다음 문장은 옳은 문장일까요? 틀린 문장일까요?"
"모든 소리는 무언가의 떨림에 의해 생긴다."
"이 문장이 맞는다고 생각하는 사람 손들어 봅시다."

어찌된 일일까? 내 예상과 달리 서너 명만 손을 들고 대부분의 학생들이 손을 들지 않았다. 스피커와 소리굽쇠, 작은 북의 예가 너무 적었던 것일까? 더 많은 예를 제시했어야 했나? 나는 학생들의 생각을 좀 더 자세히 물어보았다.

"영민이는 왜 이 문장이 틀렸다고 생각했나요?"
"어떤 때에는 큰 소리가 나지만 물체가 떨리지 않아요. 두 차가 충돌하는 경우에는 소리는 크지만 차는 떨리지 않아요."

다른 학생들도 영민이의 의견에 자신의 생각을 보탰다.

"맞아요. 우리가 땅에서 뛰면 소리가 나지만 땅은 떨리지 않아요."
"새가 울 때에도 소리가 나지만 새는 떨리지 않아요."
"피리를 불 때도 피리는 떨리지 않는 것 같아요."

나는 여기서부터 수업을 어떻게 이어가야 할지 막막했다. 학생들은 어떤 소리는 물체가 떨려서 생기지만, 어떤 소리는 다른 원인으로 생긴다고 생각하고 있었다. 그래도 올바른 과학 지식을 알려주어야 한다고 생각했다.

"여러분이 잘 느끼지 못하지만 소리가 날 때에는 항상 떨리는 무언가가 있는 거예요. 새가 울 때에도, 땅에서 뛸 때에도 떨림이 있는 거예요. 다음 시간에 좀 더 생각해 보도록 해요."

학생들의 입장에서 생각해 보니 몇 개의 예를 통해서 '모든' 소리가 떨림(진동) 때문에 생긴다는 것을 받아들이는 것이 어려울 수도 있을 것 같았다. 나는 이 문제를 어떻게 해결해야 할지 막막하기만 했다. '모든' 소리가 떨림 때문에 생긴다는 것을 반드시 가르쳐야 할까? 그렇다면 이것은 얼마나 많은 예를 통해 설명해야 하는 것일까? 아무리 많은 예를 들더라도 '모든' 것이 그렇다고 하는 것은 논리적으로 문제가 있는 것이 아닐까?

이 수업을 하고 나는 다음과 같은 의문이 들었다.

- 어떻게 모든 소리의 원인이 '떨림'이라는 것을 학생들이 이해하도록 할 수 있을까?

- 학교 과학 수업에서는 대부분 몇 개의 예시를 통해 과학 지식을 설명한다. 몇 개의 예시를 통해 귀납적으로 과학 지식이나 법칙이 옳다는 것을 증명하거나 설득하는 것이 과연 타당한 것일까?

- 학생들이 단원 수업이 모두 끝난 후에도 '모든 소리'가 떨림에 의한 것임에 동의하지 않고, 어떤 소리는 떨림에 의한 것이고 어떤 소리는 다른 원인에 의한 것이라고 이해한다면 교사는 어떻게 해야 할까?

2. 과학적인 생각은 무엇인가?

> 다음 글에서는 진동이 음원에서 매질을 통해로 전달되어 소리를 듣게 되는 과정을 소개하고, 매질에서 진동이 퍼져나가는 과정과 소리의 두 가지 특징인 음의 세기와 높이를 설명한다.

자동차나 발자국 소리 또는 물 끓는 소리 등 우리는 온갖 종류의 소리에 둘러싸여 있지만 종종 그것을 알아채지 못한다. 우리는 소리를 어떻게 들을 수 있는 것일까? 소리란 무엇인가? 그것을 알아보려면 먼저 소리가 나는 곳을 살펴보아야 할 것이다. 소리가 발생하는 물체를 우리는 **음원**이라고 한다. 예를 들어, 아쟁에서 나온 풍악 소리는 아쟁의 줄이 떨리면서 나오고, 우리의 목소리는 성대가 떨리면서 나온다. 이렇게 진동하는 음원은 그 주변에 있는 공기와 같은 **매질**을 흔들리게 한다. 음원 주변에서 음원의 운동에 맞추어 흔들리는 공기의 떨림은 사방으로 퍼져나간다. 이때 음원 주변의 공기 입자들은 함께 모이면 밀도가 커졌다가 다시 밀리면 밀도가 작아지는 요동을 되풀이하고, 그러한 요동은 주변의 공기를 통해 이동하면서 퍼져나간다. 그래서 일종의 검출기인 여러분의 귀 속에 있는 고막이 공기의 흔들림에 맞추어 떨게 될 때 우리는 비로소 소리를 듣게 된다. 즉, 소리를 듣는다는 것은 진동이 음원에서 시작하여 그 진동을 지나가게 하는 매질을 거쳐 검출기로 전달된다는 것을 뜻한다.

소리를 듣는 과정

사람이 어떻게 듣는지 알려면 음향학, 생리학, 그리고 심리학의 측면을 고려해야 할 정도로 복잡하지만, 귀의 작용에 초점을 맞추면 다음처럼 간단히 설명할 수 있다. 귀가 소리를 일련의 신경 자극으로 바꾸어 그것을 뇌에 전달할 때 우리는 그것을 인식할 수 있다. 우리의 귀는 다음 그림과 같이 겉귀, 가운데귀, 속귀의 세 부분으로 구성된다. 겉귀는 소리를 모아서 고막을 통해 가운데 귀로 전달하고, 가운데귀는 공기의 떨림을 귓속뼈를 통해 속귀로 전달한다. 그러한 진동은 달팽이관 속에 있는 액체 속으로 전달되어 신경 자극으로 바뀌고 전기신호로 뇌에 전달된다. 그런 진동의 전달 과정을 좀 더 자세히 살펴보면 다음과 같다.

깔대기 모양의 귓바퀴는 공기의 진동을 귓구멍 속으로 반사시켜 가운데귀와 경계를 이루는 원뿔 모양의 얇은 **고막**으로 전달한다. 고막이 진동하면[1] 망치뼈, 모루뼈, 등자뼈가 차례로 흔들린다. 이들 작은 귓속뼈는 약한 고막의 진동을 약 20배나 증폭시킨다고 한다. 등자뼈의 발판은 속귀와 가운데귀의 경계가 되는 난원창에 연결되어, 달팽이관 속에 있는 림프액이 등자뼈의 진동에 따라 흔들리게 된다. 이때 **달팽이관** 바닥에 있는 섬모를 가진 바닥막이 흔들리면서 소리를 전기 신호로 바꾸어 대뇌에 전달한다.

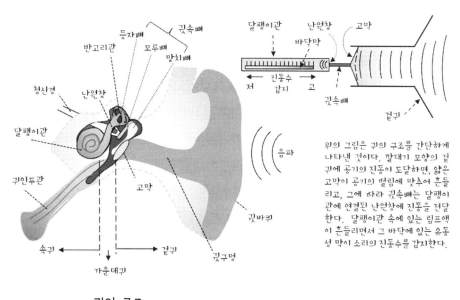

위의 그림은 귀의 구조를 간단하게 나타낸 것이다. 깔대기 모양의 겉귀에 공기의 진동이 도달하면, 얇은 고막이 공기의 떨림에 맞추어 흔들리고, 그에 따라 귓속뼈는 달팽이관에 연결된 난원창에 진동을 전달한다. 달팽이관 속에 있는 림프액이 흔들리면서 그 바닥에 있는 유동성 막이 소리의 진동수를 감지한다.

귀의 구조

---

1 고막이 진동하지 않아도 소리가 들리는 경우가 있다. 두개골의 뼈를 통해 소리가 속귀로 전달되는 것이다. 귓구멍을 손가락으로 막고 이마나 귓바퀴 뒤에 있는 꼭지돌기에 음원을 대거나 이빨로 잡고 있으면 그 진동이 직접 달팽이관 내의 림프액으로 전달되어 소리가 들린다. 이를 이용한 헤드폰을 골전도 헤드폰이라 부른다.

음원과 매질

소리를 생기게 하는 **음원**은 진동 운동을 하고, 그 진동에 따라 인접해 있는 매질도 덩달아 떨리게 된다. 예를 들어, 스피커의 떨림판이 다음 그림과 같이 앞뒤로 흔들릴 때 그 운동은 처음에 제멋대로 운동하고 있던 공기 덩어리에 영향을 준다. 떨림판이 앞으로 이동하면 그 앞에 있는 공기 입자들이 밀집되면서 압력이 높아지고, 떨림판이 뒤로 이동하면 공기 입자들이 분산되어 압력이 낮아진다. 즉, 떨림판의 진동에 따라 그 앞쪽에 있는 공기 덩어리는 압력이 커졌다 작아졌다 요동을 친다. 이러한 공기 덩어리의 요동은 그 옆에 있는 공기 덩어리에 영향을 미치면서 계속 그 요동이 퍼져나간다. 그래서 각각의 공기 덩어리는 제자리에 있지만 소리는 매질을 통해 이동한다.

그러면 소리는 정확히 말해 무엇인가? 진동하는 떨림판은 소리가 아니고 음원이다. 물론 소리를 감지하는 검출기도 소리는 아니다. 소리는 바로 공기(또는 다른 매질)를 통해 이동하는 요동을 말한다. 그것은 다음 그림에서 보여주는 것처럼 밀한 부분(높은 압력)과 소한 부분(낮은 압력)이 연속적으로 무늬를 만드는 공기의 떨림이다. 우리의 귀는 그것을 감지한다. 고막 안쪽과 바깥쪽 사이에 공기의 압력이 차이가 생김에 따라 고막이 진동하는 것이다. 그래서 소리를 파동이라고 말하고, 소리를 다른 말로 소리의 파동, '음파'라고도 한다. 소리는 또한 **매질**의 진동 방향과 음파의 진행 방향이 서로 나란한 파동이기 때문에 '종파'라고 한다.

우리는 소리를 들을 때 소리의 세기와 높이를 감지한다. **소리의 세기**는 음원의 진동이 넓은지, 좁은지에 따라 달라진다. 큰 소리는 음원이 넓게 진동하여 그 진폭이 클 때 만들어지고, 약한 소리는 진폭이 작을 때 만들어진다. 물리적 손상이 없이 귀가 안전하게 감지할 수 있는 가장 센 소리는 겨우 들을 수 있는 청각 임계값보다 10억 배나 더

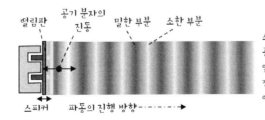

스피커의 떨림판이 앞뒤로 움직이면 그 앞에 있던 공기 덩어리도 덩달아 앞뒤로 떨린다. 그에 따라 옆에 있던 공기 덩어리도 흔들리게 되고, 이런 과정이 되풀이되면서 공기의 진동은 퍼져 나간다. 이렇게 진동이 퍼져나가는 것을 파동이라 한다.

진동의 이동

강하다. **소리의 세기**는 보통 **데시벨**(dB) [2]로 측정된다. 데시벨 척도는 청각 임계값인 0 dB에서 통증 임계값인 140 dB 사이에 있다. 보통 말하는 소리는 60 dB 정도이다. 1 dB 은 겨우 알아챌 수 있는 소리로 우리는 그보다 작은 소리를 구별할 수 없다.

소리의 높이는 음원이 얼마나 빨리 진동하는지에 달려있다. 떨림판이 앞으로 이동했다 다시 원래 위치로 돌아갈 때를 하나의 진동으로 해서, 1초 동안 만들어진 진동의 개수를 **진동수**(Hz) [3]라고 한다. 진동수가 많으면 높은 소리가 나고, 진동수가 적으면 낮은 소리가 난다. 우리가 들을 수 있는 진동수의 범위는 20 Hz에서 20 kHz의 범위를 갖고 있다. 따라서 물체가 진동하면 우리가 그 소리를 모두 들을 수 있는 것이 아니다. 20 Hz 이하로 매우 천천히 흔들려 생기는 초저음이나, 20 kHz 이상으로 매우 빠르게 떨리는 물체의 진동으로 생기는 초음파는 우리의 고막이 감지할 수 없다. 생물에 따라 소리를 듣는 능력이 달라서 개나 말은 우리가 들을 수 없는 초음파를 들을 수 있다.

주변에서 소리가 나는 곳을 살펴보면 북이나 기타 줄처럼 대개는 쉽게 떨리는 모양을 찾을 수 있지만 그렇지 않은 경우도 많다. 예를 들어, 기타는 줄뿐만 아니라 울림통도 진동하고 있지만 진폭이 매우 작아 우리는 그것을 쉽게 알아채지 못한다. 또한, 진동이 매우 빠른 경우에도 눈으로 알아채기 어렵다. 관악기의 경우에도 진동이 잘 보이지 않기 때문에 그것을 찾기 어렵다. 예를 들어, 색소폰은 리드가 떨리고 트럼펫은 그 취구에서 입술이 떨리지만, 그와 함께 관 속의 공기도 함께 떨린다. 공기는 눈에 보이지 않기 때문에 그 진동 때문에 일어나는 압력의 변화를 우리 눈이 감지하지 못한다. 그래서 소리는 직접적인 물체의 진동뿐만 아니라 공기 자체의 압력이 요동치는 경우에도 생긴다. 다시 말해, 공기의 흐름이나 온도가 급격하게 변하면서 공기의 압력이 요동칠 때 소리가 발생하게 된다. 선풍기가 빠르게 돌아갈 때 공기의 흐름이 빨라지면서 압력이 변하고, 번개가 칠 때 번개가 지나는 경로의 공기가 급격하게 뜨거워졌다가 식을 때 공기의 압력이 요동치게 된다. 그러한 압력의 변화가 사방으로 전달되기 때문에 우리는 그것을 소리로 인식한다.

---

2 소리 세기의 단위인 데시벨(dB)에서 데시(d)는 1/10을 말하고, 벨은 전화기를 발명한 Bell의 이름을 딴 것이다.

3 진동수의 단위인 Hz는 최초로 전자기파를 찾아낸 헤르츠의 이름을 딴 것이다.

3. 교수 학습과 관련된 문제는 무엇인가?

> 다음 글에서는 일반화를 하는 이유와 귀납, 연역, 귀추적 추론을 설명하고, 귀납적 추론의 한계를 논의한다. 그리고 논리적 추론에 대해 설명하면서 학생들이 귀납적 추론을 통해 일반화하는 것을 도와줄 수 있는 방안을 제시한다

우리 주변에는 관찰 가능한 많은 일이 일어나고 있고, 그런 것을 설명하거나 예상하기 위해 우리는 보통 일반적인 생각을 활용한다. 그런 일반적인 생각은 경험적인 증거를 바탕으로 얻는다. 예를 들어, 맛집을 찾아다니다 보면 우리는 사람이 붐빈다는 것을 발견하게 된다. 그래서 우리는 '맛집(a)은 사람이 붐빈다(b)'라는 일반적인 생각을 갖게 된다. 마찬가지로, 과학자도 또한 자연 현상을 설명하거나 예상하기 위하여, 자연에서 일어나는 사건이나 현상을 관찰하고 일반적인 생각을 만든다. 이렇게 구체적인 사례에서 일반적인 것을 추리하는 것을 귀납, 또는 귀납적 추론이라고 한다.

그것과 대조적으로 일반적이거나 보편적인 전제에서 구체적인 것을 끌어내는 추리를 연역, 또는 연역적 추론이라고 한다. 즉, 연역은 일반적으로 인정된 진술이나 사실에 근거하여 결론을 만드는 것이다. 예를 들어, '맛집은 사람이 붐빈다'는 사실로부터 '맛집(a)으로 소문난 이 빵집에 사람이 붐빌 것(b)'이라는 것을 추리할 수 있다.

또 다른 추론 방법인 **귀추**는 기본적으로 알려진 정보를 바탕으로 결론을 내리는 것을 말한다. 귀추적 추론에서 대전제는 자명하지만, 소전제는 그것이 확실하지 못해 그 결론이 단지 가능성을 내포하는 삼단 논법이라고 정의된다. 예를 들어, 어느 음식점에 사람이 붐비는 것(b)을 보고 그 집이 맛집(a)일 것이라고 생각하는 것이다. 연역과 귀추는 모두 일반화된 진술을 이용하지만, 연역은 a에서 b를, 귀추는 b에서 a를 추론함으로 그 방향이 서로 다르다. 이런 귀추법은 어떤 가설이나 설명을 발견하는 방법으로 유용하게 사용된다.

귀납적 추론의 한계

일상생활에서 우리는 낱낱의 사실을 아는 것보다는 어떤 규칙성을 알고 있으면 편하다. 예를 들어, 위에서 언급한 것처럼 맛집을 하나하나 알고 있는 것보다 '맛집은 사람이 붐빈다'는 규칙을 알면 모르는 곳에 가더라도 쉽게 맛집을 찾을 수 있다. 과학도 마찬가지로 자연 현상을 설명하거나 예측하기 위하여 그런 일반화된 규칙성을 찾으려고 한다. 그렇지만 그와 같은 일반화는 저절로 생기거나 스스로 존재하는 것이 아니다. 그것은 경험을 통해 만들어지기 때문에 한계가 있기 마련이다. 그래서 사람이 붐비는 음식점에 들어갔지만, 음식이 형편없는 경우를 만나게 된다. 귀납적 추론에서 일반화를 할 때 우리는 모든 경우를 확인하기 어렵기 때문에 그렇지 않을 가능성을 늘 염두에 두어야 한다. 예를 들어, 우리는 백조가 하얀 새라고 알고 있지만 '모든 백조가 하얗다'고 자신 있게 말할 수 없다. 이 세상에는 그렇지 않을 확률이 늘 존재하기 때문이다. 실제로 1790년 호주에서 검은 백조가 발견되어 그러한 진술은 이제 더 이상 사실이 아니다. 그래서 일반화를 할 때 우리는 가능한 한 다양한 상황에서 많은 관찰을 통해 그것을 확인하려고 한다. 그렇게 하는 방법은 다음 그림과 같이 a일 때 정말 b가 되는지 살펴보거나, b가 아니면 a가 아닌지 살펴보는 것이다.

그런 의미에서 학생들이 자신들의 경험을 통해 소리가 날 때 정말로 무엇이 떨고 있는지 찾아보도록 하는 일은 매우 중요하다. 특히, 초등학교 3학년과 같은 어린 아동의 경우에는 직접적인 경험이 무척 중요하기 때문이다. 예를 들어, 기타나 바이올린에서 소리가 날 때 어떤 일이 일어나는지 직접 관찰해 보는 것이 필요하다. 많은 경우 아이

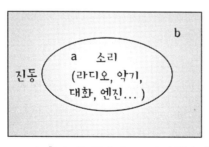

모든 소리의 원인은 떨림이다.
(명제: a → b)

'a이면 b'가 참일 때,
논리적으로
a로부터 b라고 추리하거나,
b가 아니면, a가 아니라고
추리할 수 있다.

a→b: "스피커에서 소리가 날 때, 스피커가 떨린다." 또는
b̄→ā: "스피커가 떨지 않으면, 거기서 소리가 나지 않는다"

논리적 추론

들은 악기의 줄이 떨리는 것을 눈으로 쉽게 볼 수 있을 것이다. 그렇지만 교사는 아이들의 다양한 관찰을 그것에만 한정할 필요는 없다. 아이들은 보통 소리가 나는 악기로부터 다양한 사실을 발견할 것이기 때문이다. 이때 교사는 아이들에게 소리가 나는 악기의 통을 손으로도 만져보게 하면, 그것을 통해 아이들은 진동을 느끼고 물체가 떨리는 것이 잘 보이지 않을 수도 있다는 것을 알게 될 것이다.

그래서 물체의 떨림을 관찰할 수 있는 여러 방법을 경험하도록 하는 것도 중요하다. 수업에서 보여주었던 것처럼 진동하는 물체를 물에 대보거나 실에 매달린 작은 구슬에 대보도록 할 수 있다. 또는 진동하는 물체의 표면에 종이나 좁쌀 또는 쌀알과 같은 작은 물체를 뿌려보는 것도 관찰에 도움이 된다. 미세한 물체 표면의 진동은 또한 스마트폰을 물체 표면에 놓은 다음 '과학 저널(Science Journal)' 앱에서 가속도 센서를 이용하면 확인할 수 있다. 중요한 것은 소리가 나는 물체로부터 떨리는 것이 무엇인지 아이들이 이렇게 직접 찾아보도록 하는 것이다.

또 한 가지 방법은 아이들에게 소리가 나는 물체를 소리가 나지 않게 만들어 보도록 하는 것이다. 아이들은 다양한 방법으로 물체가 떠는 것을 멈추도록 할 수 있을 것이다. 기타나 색소폰과 같은 악기를 활동에 사용한다면 스타카토와 같은 연주 기법과 관련지어 설명할 수도 있다. 그러나 어떤 아이들은 진동을 멈추는 대신 소리가 들리지 않도록 하는 방법을 찾을지 모른다. 그럴 경우 나중에 방음과 관련시킬 수 있을 것이다.

또한, 물체가 떨린다고 모두 소리가 나는 것은 아니라는 것을 이해하는 것도 중요하다. 매우 느리게 움직이거나 빠르게 진동하여 초저음이나 초음파가 생기는 경우에는 그 진동이 우리 귀에 감지되지 않는다는 것을 알 필요가 있다. 소리에는 우리가 들을 수 있는 가청 주파수대가 있기 때문이다. 10대만 들을 수 있다는 틴벨(teen-bell)을 이용하면 아이들은 그 소리를 듣지만, 나이든 어른은 진동이 있어도 그 소리를 듣지 못한다는 것도 알게 될 것이다.

어린 아동에게 논리적 추론을 직접 가르칠 필요는 없지만, 위와 같은 경험을 통해 논리의 구조를 점진적으로 깨닫게 할 수 있다. 그리고 학생들에게 자연 현상을 관찰하고 규칙성을 일반화하도록 할 때, 지나친 추측을 하거나 과도하게 일반화하지 않도록 주의시키는 것이 바람직하다. 항상 그렇지 않을 가능성을 고려하도록 하는 것이다. 아울러 일반화된 규칙을 이용하여 새로운 현상을 설명할 수 있는지 확인하거나, 새로운 현상을 예측해 보도록 하는 활동을 하는 것도 바람직하다. 그런 의미에서 '땅이나 마룻바닥에서 뛰면 어떻게 소리가 날까?" 또는 "얇은 널빤지를 악기로 사용할 수 없을까?"와 같은 질문은 학생들의 일반화를 점검하게 하는 좋은 방안이 될 것이다.

이렇게 귀납을 통해 일반화된 과학 지식은 절대적인 진리로 보장될 수는 없지만, 그것은 많은 현상을 설명하거나 예측하는 데 유용하게 이용될 수 있다. 예를 들어, 위에서 언급한 하얀 백조의 예에서 '모든 백조는 하얗다'는 진술은 절대적인 참은 아니지만, 호주가 아닌 대부분의 지역에서 발견되는 백조는 하얀 새일 것이라는 예측을 가능하게 해준다. 따라서 과학은 비록 나중에 수정이 될지라도, 귀납을 통해 주어진 상황에서 일반화된 규칙성을 찾으려고 한다. 그렇게 찾은 보편적인 규칙성을 과학에서는 보통 법칙이나 원리라고 부른다. 물론 이러한 법칙이나 원리는 나중에 새로운 증거를 통해 예를 들어, 옴이나 훅의 법칙처럼 일반성이 제한되고 그 법칙이 성립하는 조건이 첨가될 수도 있다. 더 나아가 개념이나 법칙 등으로 이루어진 복합 지식으로 포괄적인 설명을 제공하는 것을 과학에서는 이론이나 모형이라고 부른다. 그래서 일반화된 지식으로서 이론이나 모형은 현상을 설명할 수 있는 설명력과 새로운 현상을 예측할 수 있는 예측력을 가질 수 있다. 그렇지만 이런 이론이나 모형도 새로운 증거가 나타남에 따라 나중에 수정되거나 폐기될 수 있고, 과학은 그러한 과정을 통해 발달한다. 마찬가지로 학생들도 자신들의 생각을 확인하고 검증할 수 있는 기회를 갖는 것이 중요하고, 그와 같은 과정을 통해 과학적인 개념이나 생각을 발달시킬 수 있게 될 것이다. 또한, 과학에서 사용하는 추론은 위에서 언급한 논리적 형식만을 사용하는 것은 아니다. 실제로 우리는 경험이나 우리가 알고 있는 기존 지식을 바탕으로 생각할 수 있기 때문이다. 그래서 우리는 사람이 붐비는 음식점이라도 맛집이 아닐 수 있다는 것을 논리보다는 경험으로부터 배운다. 그런 의미에서 학생들이 소리의 발생에 대한 다양한 경험을 갖도록 하는 것은 매우 중요한 일이다.

4. 실제로 어떻게 가르칠까?

> 여기서는 소리에 대한 아동의 생각을 소개하고, 진동이 퍼져나가는 것으로 소리를 이해시키기 위한 다양한 방안을 제시한다. 또한, 학생들의 추론과 토의를 도와줄 수 있는 논증 활동에 대해 소개한다.

학생들은 실로폰을 치면 철판이 떨면서 소리가 생기지만, 마룻바닥에 떨어진 숟가락은 단지 소음을 만든다고 생각하거나, 소리가 TV 회사로부터 케이블을 통해 텔레비전으로 이동하고, 또는 소리가 물체처럼 스피커에서 그 자체로 귀로 이동하며, 음악 소리가 집안을 '가득' 채운다고 생각하기 쉽다. 그러므로 모든 소리가 음원의 진동으로 생긴다는 것을 헤아리는 것은 아이들에게 중요한 도전이다. 어떤 상황에서는 진동하는 물체가 분명하지만, 그렇게 확실하지 않은 경우도 많기 때문이다. 진동을 분명하게 알 수 없는 경우에 아이들은 인간 행위에 주목하고, 종종 소리 발생에 대한 임시방편적인 생각으로 되돌아가기 쉽다. 예를 들어, '망치로 나무를 두드릴 때 꽝 소리가 나는 것은 사람이 망치로 나무를 세게 때리기 때문'이라고 생각하기 쉽다.

그래서 수업을 시작할 때 학생들이 듣는 것에 대해 어떻게 생각하는지 알아보고, 수업을 위해 무엇을 강조하고 무엇을 피해야 하는지 살펴볼 수 있다. 듣는 일은 음원−매질−검출기로 이어지는 고리라는 것을 이해하고, 교사는 학생들이 그 고리를 추적하도록 도와주는 것이 필요하다. 소리는 음원에 의해 생긴 요동이 주변 매질을 통해 퍼져나가는 것으로 음원의 떨림, 즉 진동에 의해 생긴다는 것을 헤아려야 한다. 그래서 주변에서 발생하는 소리를 주목하고, 그 소리가 어디에서 나오는지 찾아보는 놀이를 수업을 시작할 때 도입할 수 있다. 또는 일상생활에서 소리를 들을 수 있는 상황을 다음과 같이 그림이나 사진 카드로 제시하고 분류하기 과제를 통하여 서로의 생각을 토의할 수 있는 기회를 제공해 주어도 좋다.

학생들이 어떤 소리는 무언가 떨려서 생기고, 어떤 소리는 다른 원인으로 생길 수 있다고 주장한다면, 그것은 학생들이 이 주제에 대해 자신의 경험과 생각을 갖고 있다는 것을 뜻한다. 그럴 경우 그것을 교사가 자신의 말로 설명하기보다는 오히려 학생이 그

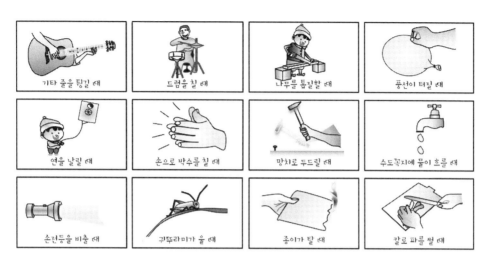

카드 분류하기 과제(소리 나는것과 나지 않는것/떨리는 것과 떨리지 않는것)

런 소리를 찾고 그 근거를 찾아보도록 하는 것이 더 중요하다. 많은 경우 학생들은 자신들의 경험을 통해 그러한 생각을 얻게 되었기 때문이다. 이 과정에서 교사는 학생들이 경험한 소리에 대해 그리기, 말하기, 보여주기 등 다양한 방식으로 표현할 수 있는 기회를 주는 것이 좋다. 또한, 학생들이 다양한 소리에 대한 경험이 적은 경우에는 다양한 방법을 사용하여 소리를 만들어 보도록 한다. 학생들이 직접 풍부한 신체적 경험을 한다면 소리에 대한 서술이나 추론이 좀 더 쉬워질지 모른다. 특히, 소리가 다른 원인으로 생길 수 있다고 주장하는 경우, 그런 소리가 어떤 것인지, 그것이 어떻게 소리를 낼 수 있는지 서술하거나 그 근거를 말하도록 함으로써 학생들의 생각을 드러내게 하고, 서로 의견을 나눌 수 있는 기회를 주어야 할 것이다. 비록 그 순간에는 올바른 결론에 이르지 못하더라도, 이어지는 수업을 통해 그 문제에 대해 관심을 갖고 증거를 찾아보도록 도전시키는 것이 교사가 직접 답을 말하는 것보다 더 바람직한 일이다.

특히, 저학년에서는 처음에 분명하게 진동을 하는 음원에서 출발하는 것이 바람직하고, 그 이후에 진동을 쉽게 알 수 없는 음원을 포함시키는 것이 좋다. 이 과정에서 학생들에게 게임과 같은 방식으로 진동하는 것을 확인할 수 있는 다양한 방법을 찾도록 도전시킬 수 있다. 예를 들어, 살짝 친 소리굽쇠는 그 떠는 모습을 보기 어려워서 보통 물에 대보게 하지만, 실에 매단 탁구공을 이용해 소리굽쇠에 대보게 할 수도 있다. 또 다른 방법은 플라스틱 거울 조각을 소리굽쇠 끝에 붙인 다음 소리굽쇠에서 소리가 날 때

레이저 포인터를 거울 조각에 비추어 볼 수 있다. 이와 같은 도전을 통해 진동하지 않는 것처럼 보이는 음원이 실제로 떨리고 있다는 것을 알게 할 수 있다.

또한 음원의 진동과 함께 소리가 공기와 같은 물질을 통해 이동한다는 것을 이해시키기 위한 활동이 필요하다. 학생들은 소리는 공간을 채우는 것이 아니라 공간을 통해 이동하지만, 공기는 이동하지 않고 제자리에서 떨린다는 것을 알아야 한다. 여기서 교사는 진공 용기를 사용한 실험이나 소리의 전달을 공기에 대한 역할놀이로서 몸으로 표현하는 활동 등을 도입할 수 있다. 진동의 이동과 관련하여 교사는 초등학교 저학년 수준에서 파동이나 매질과 같은 용어를 사용하기보다는, 파동을 진동이 퍼져나간다는 개념으로, 또는 매질을 진동을 전달하거나 옮겨주는 물질로 표현하는 것이 바람직할 것이다. 소리가 이동한다는 것을 알기 위해서 소리를 들을 때 소리가 지연되는 현상을 음원에서 검출기(우리의 귀)로 소리가 이동하는 시간과 연관시키고, 소리는 공기뿐만 아니라 고체나 액체를 통해서도 이동한다는 것을 직접 경험할 수 있는 활동을 도입하는 것도 필요하다.

과학적 논증 활동

'추론'이 새로운 지식을 만드는 과정과 관련된 용어라면, 그 과정에서 근거의 중요성을 강조하는 용어가 '논증'이다. 과학적 추론의 핵심은 이론과 증거를 서로 조정하는 것이기 때문에 '추론'과 '논증'은 뚜렷하게 구분되는 것이라고 보기 어렵다[4].

'논증(argument)'과 '논증 활동(argumentation)'은 잘 구분하지 않은 채 사용되기도 하지만 '논증 활동'은 주장이나 설명을 나타내고 정당화하는 과정을 말하며, '논증'은 그 과정에서 얻은 산물이나 내용으로 정의된다[5]. 또 '논증 활동'은 '논변 활동'으로 지칭되기도 한다. 앞선 연구들에서 논변 활동은 '집단이나 개인 사이에 존재하는 차이나

---

[4] 김미정, 윤혜경 (2016). 과학적 추론과 논증활동. 교육과학사.

[5] Clark, D. B. & Sampson, V. (2008). Assessing dialogic argumentation in online environments to relate structure, grounds, and conceptual quality. Journal of Research in Science Teaching, 45(3), 293–321.

갈등을 해결하기 위해 일련의 명제를 제시함으로써 자신의 입장을 정당화하는 과정' [6] 으로 정의되기도 하였고, **논증** 활동은 '설득과 비판에서 중심적 역할을 하는 추론 행위 이자 언어 행위' [7] 로 그 중요성이 강조되기도 하였다.

어떤 주장은 그 주장에 대한 반대 의견이나 반박 가능한 증거가 있어야 논증이 될 수 있다. 예를 들면, 어떤 사람이 '커피는 건강에 도움이 된다'고 말했을 때 다른 사람 이 그 의견에 반대하거나 반대하는 증거를 제시하지 않으면 그것은 하나의 주장일 뿐 이다. 그러나 다른 사람이 '커피는 건강에 해가 된다'는 반대 주장을 하는 경우, 주장과 반박, 설득의 상호작용이 시작되고 이 과정은 '논증 활동'이 된다.

과학자들은 탐구 과정에서 증거에 기초해 자신의 주장을 펼치며 다른 과학자들의 반 론에 대해 다양한 방식으로 논증 활동을 거친다. 마찬가지로 과학 수업은 단순히 이론 이나 법칙을 수동적으로 수용하는 것이 아니라, 학생들이 나름대로의 증거를 통해 과학 적인 지식 주장을 하고 공동의 의미를 만들어 가는 과정이어야 한다.

교사가 소리와 진동에 대해 과학적으로 잘 설명한다고 해도, 항상 학생이 그것을 받 아들이거나 이해하는 것은 아니다. 학생들이 '모든 소리'의 원인이 떨려서 생긴 것이라 고 동의하지 않을 때 교사는 어떻게 해야 할까?

만약 학생이 과학적 설명이 아닌 자신의 생각을 고수한다면 교사는 그것을 받아들일 수 있어야 한다. 그러나 그 이전에 교사는 학생들이 이해하고 있는 것에 대한 자신의 주장을 설명하고, 논증할 수 있는 기회를 제공해야 한다. 그리고 그 논증 활동의 결과 로 모든 학생이 과학적 설명과 똑같은 결론에 도달하지 않을 수 있다는 것을 인식해야 한다. 교사는 수업에서 학생들이 직접적인 경험으로부터, 그리고 다른 학생들과 교사와 의 토론을 통해 지식을 구성하도록 도와야 한다. 비록 모든 학생이 소리에 관한 과학적 개념을 수용하지는 않는다고 하더라도, 학생들이 모두 소리 현상을 직접 경험할 수 있 는 기회와 그에 대한 자신의 생각을 말할 수 있는 기회를 가지는 것이 중요하다.

---

6 김희경, 송진웅 (2004). 학생의 논변활동을 강조한 개방적 과학탐구활동 모형의 탐색. 한국과학교육 학회지, 24(6), 1216–1234.

7 이선경 (2006). 소집단 토론에서 발생하는 학생들의 상호작용적 논증유형 및 특징. 대한화학회지, 50(1), 79–88.

오스본(Osborne)과 프라이버그(Freyberg)에 의하면 **과학교육의 목표**는 모든 아동이 사물을 탐구하고 어떻게, 왜 사물이 그와 같이 행동하는지 계속 탐색하도록 격려하고, 자신에게 유용하고 의미 있는 설명을 계속해서 발달시키도록 격려하는 것이다[8]. 이러한 과학교육의 목표를 수용한다면 소리 단원에 대한 위의 수업 사례에서 나타난 결과에 우리는 만족해야 한다. 결국 모든 학생이 소리가 진동에 의해 발생한다는 것을 이해하거나 믿지 않는다고 하더라도, 학생들이 모두 그 현상을 관찰하고 의미 있는 설명을 고안할 기회를 가졌다면, 학생들이 주변 세상을 이해하는 소중한 무언가를 과학적 논증과 설명 과정을 통해 학습했다고 볼 수 있다. 또 이러한 방법으로 계속 자연 현상을 탐구할 수 있을 것이라고 기대한다. 과학 교사는 직접적 경험이나 실험만이 아니라 과학적 논증과 설명이 일어나는 토론 활동의 기회를 제공해야 한다. 또 이 과정에서 교사가 학생의 생각을 존중하고 수용해 주는 것이 중요하다. 비록 과학적 설명과 완벽하게 일치하지 않더라도 이렇게 얻은 학생의 생각은 학생의 과학적 사고가 발달하는 과정의 한 시점에서 매우 의미 있는 것이다.

논증 활동을 촉진하는 방법

학생들이 자신의 주장과 그에 대한 근거를 이야기하도록 하기 위해서는, 무엇보다 '정답'을 말하지 않아도 되는 분위기를 형성하는 것이 중요하다. 누구나 자신의 생각을 말할 수 있고, 다른 사람에게 질문하거나, 비판하거나, 대안을 제시할 수 있는 학습 분위기는 단시간에 형성되기 어려우므로, 교사가 평소부터 이와 같은 분위기 형성에 노력해야 한다. 그러나 편안한 학습 분위기가 형성되어 있어도 초등학생이 자신의 생각을 정리해서 말하는 것 자체가 쉽지 않을 수 있다. 학생들이 자신의 생각을 정리할 수 있도록 말하기 전에 글이나 그림으로 자신의 생각을 정리해 보도록 하는 것도 좋고, 평소 실험 결과에 대해서도 교사가 정리하기보다는 학생이 실험 결과를 자신들의 언어로 해석해서 적도록 하면 좋을 것이다.

---

8 Osborne, R., & Freyberg, P. (1985). Learning in Science. The implications of children's science. Heinemann Educational Books, NH.

앞의 수업 상황에서 논증 활동을 촉진하기 위한 한 예시는 다음과 같다. 먼저 학생들에게 우리 주변에서 소리가 나는 경우를 말하도록 하고 그 목록을 칠판에 정리한다.

기타 줄을 튕길 때	종이를 구길 때	망치로 두드릴 때
드럼을 칠 때	귀뚜라미가 울 때	천둥이 칠 때
수도꼭지에 물이 흐를 때	풍선이 터질 때	두 개의 돌을 부딪칠 때
피아노를 칠 때	바람이 불 때	손가락을 튕길 때
손으로 박수를 칠 때	나무를 톱질할 때	스피커로 음악을 들을 때

일상생활에서 들을 수 있는 여러 가지 소리

그리고 학생이 다음 두 의견 중 하나를 택하도록 한다.

(1) 모든 소리는 무언가 떨려서 생긴다.
(2) 어떤 소리는 떨려서 생기지만 어떤 소리는 다른 원인으로 생긴다.

같은 의견을 가진 학생끼리 모둠을 구성하여 활동지에 그렇게 주장하는 이유를 정리하도록 한다. 이때 칠판에 열거한 여러 소리를 증거로 활용하도록 한다. 정리한 활동지를 바탕으로 학생들이 자신의 생각을 이야기하고, 서로의 의견에 질문하거나 반박하며 논증 활동을 이어가도록 한다. 이때 교사는 학생들의 논증 활동이 예상하지 못했던 흐름과 주장으로 이어지더라도, 잘못된 주장이라거나 잘못된 증거라는 비판적인 말을 하지 말아야 한다.

"영완이의 증거는 무엇인가요?"
"증거를 잘 활용하네요."
"아주 좋은 질문이에요."
"나는 확실하지 않은데 나에게 그것이 왜 그 증거가 되는지 말해 줄 수 있나요?"

교사는 위의 사례와 같이 학생들의 증거 사용을 독려하고, 증거를 사용한다는 것이 무엇인지 확인시켜 주며, 이러한 논증 활동이 좋은 학습 과정임을 깨닫게 해 주는 역할을 해야 한다. 학생이 "돌은 떨지 않는데 왜 소리가 나지요?"라고 질문을 했을 때 교사가 "아주 좋은 질문이에요. 그러한 질문이 과학 활동에서 아주 중요해요."라고 한다면 교사는 학생의 행동을 '공식적으로 인정'하는 것이다. 이 때 학생은 자신이 바람직한 학습 행위를 했다는 것을 인지하게 된다 [9]. 즉, 교사는 학생들의 논증 활동 과정에서 학생들의 증거에 대해 칭찬하고, 다른 증거를 물어보기도 하면서, 학생들에게 증거가 무엇인지 알게 하고, 증거를 들어 주장을 펴는 것이 바람직한 학습 행위임을 깨닫게 해 주는 역할을 해야 한다.

---

[9] Garfinkel, H., & Sacks, H. (2005). On formal structures of practical actions. In Ethnomethodological studies of work (pp. 165–198). Routledge.

딜레마 사례 **16**   두 고무풍선의 연결

예상-관찰-설명(POE)은 어떻게 해야 효과적일까?

나는 과학 영재반 수업에서 예상-관찰-설명(Prediction-Observation- Explanation: POE) 방법을 적용해 보고자 했다. 학생들이 익숙한 소재인 고무풍선을 사용하여 다양한 예상과 추론을 전개하고 과학적 설명으로 나갈 수 있도록 '크기가 다른 두 고무풍선의 연결'을 수업 주제로 정했다. 예상 단계와 관찰 단계까지는 무리없이 진행되었지만 작은 풍선에서 큰 풍선으로 공기가 이동하는 이유를 설명하는 설명 단계에서는 아무도 과학적인 설명을 시도하지 못했다. 마지막 설명 단계에서 학생들이 왜 자신의 과학적 아이디어를 제시하지 못했는지, 이런 경우 교사가 바로 설명을 제공해야 하는지 의문이 들었다. .

1. 과학 수업 이야기

먼저 학생들에게 오늘의 탐구 주제를 소개했다.

"여러분, 두 개의 고무풍선을 불어서 서로 연결해 본 적이 있나요? 아마 그런 경험은 거의 없을 거예요. 큰 고무풍선과 작은 고무풍선을 빨대로 연결해서 서로 공기가 자유롭게 이동할 수 있도록 하면 풍선의 크기는 어떻게 변할까요? 오늘은 탐구 활동을 하기 전에 예상을 먼저 해 볼 거예요."

나는 예상-관찰-설명(POE) 활동을 위해 준비한 활동지를 학생들에게 배부했다.

크기가 큰 풍선과 크기가 작은 풍선을 연결하면?

(1) 예상
 ① 큰 풍선은 작아지고 작은 풍선은 커진다.
 ② 큰 풍선은 더 커지고 작은 풍선은 더 작아진다.
 ③ 두 풍선의 크기는 변함이 없다.

그렇게 예상한 이유는 무엇입니까?

_____

(2) 관찰
• 직접 관찰한 결과를 글과 그림으로 나타내 보세요.

```
┌────────────────────────────────────────────┐
│                                            │
│                                            │
└────────────────────────────────────────────┘
```

(3) 설명
 • 여러분의 관찰과 예상이 다른 경우, 다른 이유는 무엇일까요?
 • 관찰한 현상이 왜 일어났다고 생각하는지 글과 그림을 통해 설명해보세요.

```
┌────────────────────────────────────────────┐
│                                            │
│                                            │
└────────────────────────────────────────────┘
```

예상-관찰-설명(POE)의 첫 단계는 예상 활동이다.

"자, 먼저 예상해 보도록 할까요? 두 고무풍선의 크기는 어떻게 될까요? 여러분의 의견을 활동지에 써 보세요. 그리고 그렇게 생각한 이유를 반드시 적도록 합니다."

학생들은 대부분 '① 큰 풍선은 작아지고 작은 풍선은 커진다.'를 선택하였고 그 이유는 '큰 풍선에서 작은 풍선으로 공기가 이동하기 때문에'라고 적었다. 몇 명은 '큰 풍선 속의 기압이 크기 때문에'라고 적기도 했다. POE의 예상 단계에서는 왜 그렇게 예상하는 지를 쓰도록 하거나 발표하도록 하는 것이 중요하기 때문에 나는 몇몇 학생들이 자신의 예상과 그 이유를 직접 발표하도록 했다. 다음은 관찰 단계이다.

"자, 그럼 실제 현상을 관찰해 볼까요?"

나는 고무풍선과 빨대, 테이프 등을 준비하고 고무풍선 하나는 크게 불고, 하나는 작게 불었다. 고무풍선의 입구를 빨대에 고정시키고 두 개의 빨대를 끼워서 공기의 이동 통로를 만들었다. 물론 이 작업이 이루어지는 동안은 각 고무풍선의 공기가 이동하지 않도록 입구를 학생들이 꼭 쥐고 있도록 했다.

"선생님이 셋을 세면 모두 동시에 손을 놓아 봅시다. 하나, 둘, 셋!"

첫 실험에서는 큰 풍선은 작아지고, 작은 풍선이 다소 커졌다. 내가 학생들에게 보이려던 현상이 아니었기 때문에 당황스러웠다. 나는 이 당황스러운 상황을 모면하기 위해 두 풍선의 재질이 달라서 실험이 잘못되었을 수 있다고 말하고 다시 같은 종류, 같은

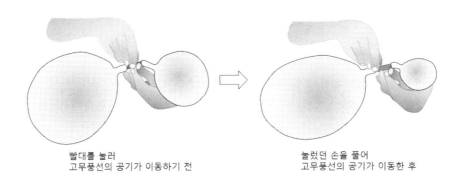

빨대를 눌러
고무풍선의 공기가 이동하기 전

눌렀던 손을 풀어
고무풍선의 공기가 이동한 후

색의 풍선을 이용해서 실험해 보도록 했다. 이번에는 입구를 막고 있던 손을 놓자 작은 풍선이 더 작아지고, 큰 풍선이 좀 더 커졌다. 학생들은 환호성을 울렸다.

"와! 마술이다."

신기해하는 학생들의 모습을 보니 이 수업을 준비한 것이 뿌듯했다.

"그럼 활동지에 관찰 결과를 적어 봅시다."

학생들은 두 고무풍선을 연결하기 전과 후의 모습을 그려가며 관찰 사실을 잘 기록했다. 이제 마지막으로 설명 단계이다.

"왜 큰 풍선이 더 커지고, 작은 풍선은 더 작아졌는지 모둠의 친구들과 의논해 보고 자신의 생각을 글과 그림으로 나타내 보세요."

나는 학생들이 관찰한 현상을 설명하기 위해 활발한 토론을 하고, 다양한 과학적 아이디어와 의견을 제시할 것을 기대했다. 그러나 설명 단계는 완전히 실패였다. 학생들은 '큰 풍선은 원래 늘어나던 중이어서', '알 수 없는 미스터리', '빈익빈, 부익부' 등과 같은 표현을 적었다.

예상 단계에서는 그나마 '공기의 양'이나 '기압'이라는 용어가 등장했지만, 설명 단계에서는 과학적인 아이디어가 거의 제시되지 않았다. 내가 바로 원리를 설명해 줄까 하는 생각이 잠시 들었지만, 고무풍선의 탄성력을 설명하려면 시간이 좀 더 필요할 것 같았다. 나는 다음 시간에 그 이유를 다시 생각해 보자고 하고 수업을 마무리했다. 나의 예상-관찰-설명(POE) 수업에서 무엇이 잘못되었던 것일까?

이 수업을 하고 나는 다음과 같은 의문이 들었다.

- 왜 첫 번째 실험 결과와 두 번째 실험 결과가 다르게 나왔을까?
- 마지막 설명 단계에서 학생들은 왜 자신의 과학적 아이디어를 제시하지 못했을까?
- POE의 마지막 설명 단계에서 교사가 설명을 제공해야 하지 않을까?

2. 과학적인 생각은 무엇인가?

> 아래 글에서는 기압이 무엇인지, 풍선은 어떤 특성이 있는지 설명하고, 풍선의 반지름
> 에 따른 풍선 내부의 압력 변화를 실제 실험 결과와 함께 설명한다. 이를 통해 크기가
> 다른 두 개의 풍선을 연결했을 때 풍선 내부의 공기가 어느 쪽으로 이동하게 되는지,
> 위의 사례에서 왜 첫 번째와 두 번째의 실험 결과가 다르게 나왔는지를 이해할 수 있
> 다.

기체의 압력

손에 들고 있는 작은 공을 던져 바닥에 세워져 있는 페트병을 맞추는 게임을 생각해
보자. 공에 부딪히기 전까지 가만히 서 있던 페트병은 공에 맞은 뒤 곧 쓰러질 것이다.
이 상황을 우리는 움직이는 공이 페트병에 부딪히며 힘을 작용했고, 따라서 페트병이
쓰러진 것이라고 설명할 수 있다. 공기 중에는 보이지 않는 수많은 기체 입자들이 있으
며, 아주 빠른 속도로 움직이고 있다. 따라서 앞의 설명과 마찬가지로 빠르게 움직이는
기체 입자들은 교실 벽, 풍선의 안과 밖, 우리 손, 눈 등 모든 물체에 부딪히며 힘을 작
용하고 있다. 우리가 익숙해져서 모를 뿐이지 우리의 손바닥에도 엄청나게 큰 힘이 작
용하고 있다. 그 힘이 얼마나 센지 구체적인 계산은 조금 후에 하도록 하고 우선 압력
이라는 개념을 먼저 살펴본다.

앞서 언급한 바와 같이 우리 손바닥에는 엄청나게 많은 보이지 않는 기체 입자들이
부딪히며 힘을 주고 있다. 오른손과 왼손은 거의 똑같이 생겼기 때문에, 오른 손바닥에
작용하는 힘과 왼 손바닥에 작용하는 힘은 거의 비슷할 것이다. 만일 나보다 두 배나
넓은 손바닥을 가진 거인이 있다면 거인의 손바닥은 내 손바닥보다 2배나 센 힘을 받
을 것이다. 이처럼 공기가 작용하는 힘은 면적이 넓어질수록 커진다. 따라서 물체의 면
적과 관계없이 공기가 작용하는 힘을 비교하려면, 같은 면적에 공기가 힘을 얼마나 작
용하는지 알아야 하는데, 이것을 압력이라고 한다. 보통 압력은 1 m^2당 작용하는 힘의
세기(N)를 말한다. 만약 10 N의 힘이 2 m^2의 면적에 작용하고 있다면, 이때의 압력은

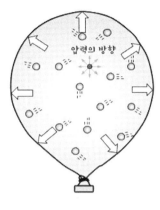

풍선 속의 기압

$10(N) / 2(m^2) = 5(N/m^2)$으로 계산할 수 있고, N/m^2이라는 단위 대신에 Pa(파스칼)이라는 단위를 써서 5 Pa 라고 나타낼 수도 있다.

'**기압**'이라는 단위로 공기의 압력을 나타낼 수도 있다. 1기압은 1,013 hPa과 같고, h(헥토)는 100을 나타내므로 101,300 Pa로 쓸 수 있다. 즉, 1기압은 기체 입자들이 1 m^2당 101,300 N의 힘을 작용하는 것을 뜻한다. 1 kg의 무게는 약 10 N이므로 1 m^2의 넓이에 약 10,000 kg, 즉 10 t(톤)의 물체가 놓여 있는 것과 같다. 이것은 우리 머리의 단면적이 200 cm^2라면, 머리 위에 몸무게가 200 kg

인 사람이 앉아있는 것과 같다. 공기는 사방에서 우리 몸에 부딪히므로 압력[1]은 공간의 어떤 점에서 사방으로 작용하고, 어떤 면에 대해서는 수직으로 작용한다. 일반적으로 풍선 속의 기압은 풍선 속에 들어 있는 공기 분자들의 개수가 많을수록, 내부의 온도가 높을수록 커진다. 온도가 높을수록 공기 분자들의 운동이 활발해져 센 힘으로 풍선에 부딪히기 때문이다.

풍선의 탄성력

풍선을 입으로 불어본 사람은 처음에 풍선이 쉽게 커지지 않는다는 것을 알 수 있다. 그러나 일단 풍선이 커지기 시작하면 그 다음에는 쉽게 부풀어 커지지만, 풍선이 탱탱 해지면 더는 커지기 어렵다. 고무밴드를 잡아당길 때도 같은 일이 일어난다. 처음엔 좀 뻣뻣하지만, 더 당기면 고무밴드가 얇아지면서 잘 늘어난다. 그러나 어느 한계를 넘으 면 매우 뻣뻣해져서 더 늘어나지 않는다. 이것은 고무의 탄성력이 그 변형에 따라 다음 그래프와 같이 변하기 때문이다. 일반적으로 탄성체인 경우에 탄성력은 **훅의 법칙**에 따 라 물체의 변형에 비례하지만, 고무의 경우에는 **탄성계수**[2] k가 일정하지 않고 변형에

---

1 원래 압력(壓力)의 한자 의미는 '누르는 힘'이지만, '미는 힘'이라고 생각하는 것이 바람직하다.

2 $F = -kx$에서 탄성력과 변형 사이의 관계를 나타내는 비례상수로 용수철 상수라고도 한다.

따라 달라진다. 그것은 고무가 중합체(polymer)로서 아래 그림처럼 긴 사슬 모양의 고분자로 서로 교차하여 얽혀져 있기 때문이다. 처음에는 긴 고무 분자의 사슬이 얽혀있어 잘 늘어나지 않지만, 잡아당겨서 얽힘이 풀어지면 잘 늘어나게 된다. 그리고 사슬이 완전히 펴진 후에는 또다시 잘 늘어나지 않는 것이다.

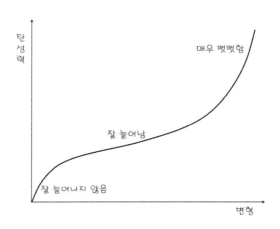

고무의 변형에 따른 탄성력

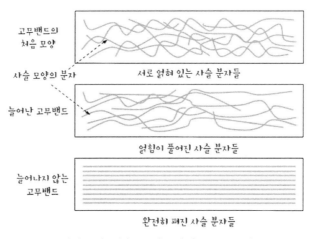

원자들의 사슬로 이루어진 고무 분자

풍선 내부의 압력

지구 대기권에 있는 공기의 압력을 나타내기 위해 흔히 대기압이라는 표현을 사용한다. 여기에서는 풍선 외부의 공기 압력을 '대기압'이라고 표현하여, 풍선 내부의 공기 압력과 구분한다. 공기를 불어 넣지 않은 풍선의 내부도 진공은 아니고, 어느 정도 공기가 들어있다. 대기압에 의해 풍선이 안쪽으로 힘을 받고 있어도 풍선이 더 쪼그라들지 않는 것은 풍선 내부에 있는 공기가 같은 힘으로 버티고 있기 때문이다. 즉, 불지 않은 풍선 내부의 압력은 대기압과 같다. 입이나 펌프를 통해 풍선 내부에 공기를 넣으면, 풍선 내부의 압력은 이제 더는 대기압과 같지 않다. 이것은 풍선의 입구를 막은 손을 놓아 확인할 수 있다. 풍선 입구를 막은 손을 놓으면 풍선 내부의 공기가 빠르게 밖으로 빠져나오는데, 이것은 풍선 내부의 공기 압력이 대기압보다 높다는 것을 의미한다.

풍선 내부에 공기가 들어가게 되면 압력이 커져서 풍선이 늘어나게 되는데, 이때 늘어나는 풍선은 다음 그림과 같이 그 표면에 수직하게 내부 공기에 힘을 작용한다. 풍선의 내부 압력이 대기압과 이 힘의 효과를 상쇄할 때 더는 늘어나지 않게 된다. 풍선의 고무 막이 표면에 수직 방향으로 공기에 작용하는 힘은 **장력**[3]에 의해 고무 막이 늘어날 때 생기는 힘이다. 오른쪽 그림에서 알 수 있는 것처럼 표면의 각 점에서 표면과 나란

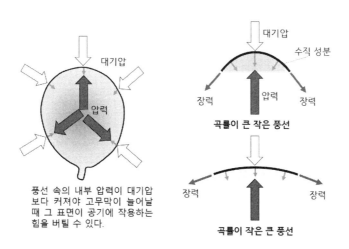

풍선 속의 내부 압력이 대기압보다 커져야 고무막이 늘어날 때 그 표면이 공기에 작용하는 힘을 버틸 수 있다.

곡률이 큰 작은 풍선

곡률이 작은 큰 풍선

---

3 줄이나 끈을 늘이려면 양쪽에서 힘이 작용해야 한다. 이때 줄의 방향과 나란하게 잡아당기는 두 힘을 장력이라 한다. 늘어난 줄은 원래의 길이로 되돌아가기 위해 탄성력이 작용하게 된다.

한 방향으로 작용하는 두 장력의 합력은 표면에 수직한 방향으로 작용하기 때문이다. 이러한 힘은 풍선의 모양에 따라 달라진다. 곡률이 커서 많이 구부러진 작은 풍선의 경우에는 두 장력의 합이 큰 풍선보다 크기 때문에 더 센 힘으로 내부 공기를 누른다. 따라서 장력이 같은 경우 작은 풍선은 큰 풍선보다 불기가 더 어렵다. 특히, 둥근 풍선보다 막대기 모양의 기다란 풍선은 불기가 더 어렵다.

또한, 풍선의 크기에 따른 효과와 함께 앞에서 언급했던 고무의 특이한 성질로 변형에 따라 탄성력이 달라지기 때문에 풍선 내부의 압력[4]은 단순히 공기를 많이 불어 넣을수록 커지는 것은 아니다. 풍선 내부의 압력을 계산한 한 연구에 따르면 풍선 내부의 압력은 다음 그림과 같이 변화한다[5]. 그래프의 가로축은 풍선의 상대적 크기를 나타내는 풍선의 반지름 비이다. 풍선을 불지 않았을 때 풍선의 반지름을 기준으로 했다. 세로축은 풍선 내부의 공기 압력이다. 그래프의 모양은 풍선의 재질에 따라 달라질 수 있다. 예를 들어, 세 개 중 맨 아래쪽 그래프와 같이 1.4배(A점) 증가할 때까지는 내부 압가 될 때까지는 낮아지고, 3.5배(C점) 이상이 되면 다시 증가하는 것을 볼 수 있다. 풍

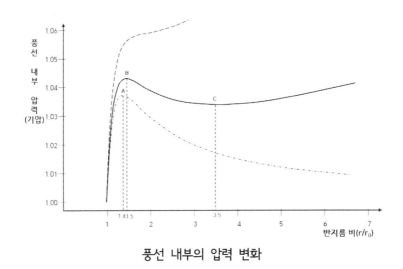

풍선 내부의 압력 변화

---

4 보일−샤를의 법칙으로 알려진 기체의 법칙 $PV = nRT$에서 온도가 일정할 때 분자의 개수 N이 증가하더라도 기체의 부피 V의 변화에 따라 P가 일정하거나, 증가 또는 감소할 수 있다.

5 Verron, E., & Marckmann, G. (2003). Numerical analysis of rubber balloons. Thin-Walled Structures, 41(8), 731-746.

선의 압력이 최대가 되는 점과 다시 압력이 증가하기 시작하는 점은 풍선의 재질에 따라 다소 다르게 나타날 수 있다.

두 고무풍선의 연결

고무풍선 내부의 압력 변화가 앞의 중간 그래프와 같다고 가정하고, 두 풍선을 연결했을 때 풍선의 공기가 어떻게 이동하는지 살펴보자.

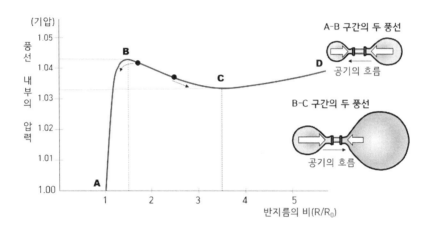

고무풍선의 크기에 따른 풍선 내부의 공기 압력

위 그림에서 두 풍선이 모두 A–B 구간이나 C–D 구간에 있는 경우에는 풍선의 크기가 커질수록 풍선의 내부 압력도 커진다. 따라서 이 경우에는 큰 풍선과 작은 풍선을 연결하면, 풍선의 공기는 큰 풍선에서 작은 풍선으로 이동한다. 공기는 압력이 높은 곳에서 낮은 곳으로 이동하기 때문이다. 그러나 두 풍선이 B–C 구간에 있는 경우에는 풍선의 크기가 커질수록 풍선의 내부 압력은 낮아진다. 따라서 이 경우에는 풍선의 공기는 작은 풍선에서 큰 풍선으로 이동한다. 이때 작은 풍선은 줄어들면서도 압력이 커져 극대점 B를 지나쳐 왼쪽에 놓이고 비로소 두 풍선의 압력이 같아질 때 공기의 흐름이 멈춘다. 만일 두 풍선이 서로 다른 구간에 있는 경우에는, 예를 들어 한 풍선은 A–B 구간에 있고 다른 풍선은 B–C나 C–D 구간에 있는 경우에는 때에 따라 큰 풍선이 작아지거나 커질 수도 있고, 아무런 변화가 일어나지 않을 수도 있다. 특히, 고무는 일반적인 탄성체와 달리 늘어나도 에너지를 저장하지 않는다. 그래서 고무줄을 늘여 입술에 대보면 열을 방출해 따뜻하다는 것을 느낄 수 있다. 이런 고무는 늘어날 때와 줄어들 때 변형에 따른 탄성력이 달라진다. 따라서 커다란 풍선이 바람이 빠져 작게 되면 같은 크기가 되더라도 내부 압력은 원래보다 더 낮아질 수 있다. 즉, 고무풍선은 사용한 이력에 따라 두 풍선의 크기가 같아도 내부 압력이 달라질 수 있다. 그러므로 고무풍선 실험에서 이 점에 주의해야 할 것이다.

3. 교수 학습과 관련된 문제는 무엇인가?

> 여기서는 POE 수업 방법이 무엇인지 자세히 알아본다. 또 구성주의 학습에서 말하는 '디딤돌 놓기(스캐폴딩)'와 '근접 발달 영역'의 개념을 살펴보고 위 사례에서 교사가 어려움을 겪게 된 이유를 생각해 보도록 한다.

예상–관찰–설명(Prediction-Observation-Explanation: POE)

POE는 호주의 화이트(White)와 건스톤(Gunstone)[6]에 의해 처음 제안되었다. 원래 POE는 과학 현상에 대한 학생의 이해를 알아보기 위해 사용한 방법으로 예상–관찰–설명의 세 단계를 통해 자신의 생각을 드러내도록 한 것이다. 각 단계를 간략하게 설명하면 다음과 같다.

예상 단계는 먼저 특정 상황에서 학생이 어떤 일이 일어날지 예상하고, 그렇게 생각한 근거를 말하도록 한다. 관찰 단계에서는 그 현상을 관찰하고 관찰 결과를 서술하도록 한다. 마지막 설명 단계에서는 관찰 결과와 자신의 예상을 비교하여 설명하거나 자신의 예상과 관찰 사이의 불일치를 해결하기 위해 새로운 설명을 구성하도록 한다.

- 예상(P) : 현상의 결과를 예상하고 자신의 예상을 정당화
- 관찰(O) : 자신의 관찰 내용을 서술
- 설명(E) : 예상과 관찰을 비교 설명하거나 갈등을 해결

이와 같은 POE 활동에서 학생들이 자신의 예상대로 일어난 결과를 확인하고 나면, 추가로 무엇을 설명할 필요성이나 동기가 생기지 않을 수 있다. 그래서 POE에서는 대부분 학생의 예상과 일치하지 않는 현상을 다룬다. 그렇지만, 학생의 예상과 일치하더라도 관찰 결과를 자세히 서술하고, 설명 단계에서 관찰 결과를 자신의 예상과 비교하

---

6 White, R., & Gunstone, R. (1992). Probing understanding, Routledge.

여 자신의 처음 생각을 뒷받침하는지, 또는 다르게 설명할 수 있는지 살펴보도록 할 수 있다. 처음 학생들의 예상은 피상적인 생각을 바탕으로 이루어질 수도 있고, 관찰을 통해 자기 생각을 더 다듬거나 다른 생각을 떠올릴 수도 있기 때문이다.

POE는 원래 학생의 이해를 알아보기 위한 과제로 제안되었지만, 과학 수업에서도 많이 활용할 수 있는 기법이다. 수업 중 교사가 학생들의 생각을 쉽게 포착할 수 있고, 학생들의 흥미를 유발하기에도 적합하기 때문이다. 학생들은 자신의 예상과 다른 실험 결과나 현상을 마주하면서 흥미를 느끼게 되고 학습 동기도 높아질 수 있다.

간혹 과학교육 관련 서적에서 POE를 수업 모형으로 소개하면서 '설명' 단계를 교사가 학생에게 관련 지식이나 개념을 설명하는 단계로 안내하기도 한다. 원래 설명 단계는 교사가 아닌 '학생'이 설명을 해보는 단계이다. 물론 수업에서는 학생이 설명을 전혀 할 수 없을 때 교사가 직접 설명해 줄 수는 있지만, 교사는 학생이 설명을 구성할 수 있도록 돕는 것이 더 바람직하다. POE의 원래 목적은 '사건이나 경험을 해석할 때, 이미 획득한 정보를 적절히 사용할 수 있도록 하는 것'이기 때문이다. 일반적으로 POE 기법을 활용하면서 교사가 유의해야 하는 사항은 다음과 같다.

- 예상 단계 : 먼저 교사는 문제 상황을 실물과 함께 학생들에게 구체적으로 설명해야 한다. 그리고 학생들이 문제 상황을 제대로 이해했는지 확인해야 한다. 많은 경우 학생들은 교사의 의도와는 상관없이 자신의 관심을 두는 것에 집중하기 때문이다. 또한, 학생들이 틀리는 것을 두려워하지 않고 자신의 예상을 말할 수 있도록 자유롭고 허용적인 학습 분위기를 형성하는 것도 필요하다. 가장 중요한 것은 단지 결과만 예상하는 것이 아니라, 반드시 그렇게 예상하는 이유나 근거를 말하도록 한다. 학생들은 대개 깊이 생각하지 않고 말하고, 나중에 자신의 말을 번복하기 쉬우므로 처음 생각을 비교해 보기 위해 자기 생각을 기록하게 하는 것은 중요하다. 왜 그렇게 예상하는지, 자신의 주장을 정당화하기 위해 자신의 지식을 적용하고 추론하도록 격려해야 한다. 그렇지 않으면 단순한 '추측'만 일어나게 되고 아무런 근거 없이 결과를 예상하는 것은 유의미한 학습 과정으로 이어지기 어렵다.

- 관찰 단계 : 학생들이 자세히, 그리고 충분히 관찰할 수 있는 기회를 제공해야 한

다. 이 단계에서 교사는 보통 시범을 통해 현상을 보여주지만, 학생들 스스로 실험을 통해 현상을 관찰하도록 할 수도 있다. 시범을 보여주는 경우 처음 시도에서 제대로 관찰을 못 하는 경우가 많아, 반복이 가능한 경우에는 여러 번 되풀이할 수 있다. 반복할 수 없는 경우에는 현상을 주의 깊게 관찰할 수 있도록 미리 주의시키는 것이 필요하다. 관찰은 주관적이고 이론 의존적이어서 많은 경우 학생들은 교사의 의도와는 다른 것을 관찰하거나 관찰해야 하는 것을 놓치기 쉽다. 교사는 때에 따라서 무엇을 어떻게 관찰해야 하는지 구체적으로 지시할 필요도 있다. 또한, 관찰한 결과도 기록하는 것이 중요하다. 학생들은 앞서 관찰한 것을 잊기도 하고 무시할 수도 있어서 자신의 예상과 비교할 수 있도록 활동지에 자세히 기록하는 습관을 갖도록 지도한다. 그런 의미에서 전체 학급에서 관찰한 결과를 발표하는 것은 학생들의 관찰 내용을 확인하고, 다양한 관찰 사실을 공유하는 데 도움이 된다. 때때로 같은 현상을 보고도 교사가 의도하는 것을 학생이 잘 알아차리지 못하는 경우가 있기 때문에 학생이 관찰한 내용을 기록하거나 발표하도록 하고 이를 확인하는 과정이 필요하다.

• **설명 단계** : 자신의 예상과 관찰 결과를 비교하고 관찰 결과를 근거 있게 설명하는 단계이다. 학생은 자신의 예상과 실제 결과를 비교하여 무엇이 같은지, 무엇이 다른지 명확하게 인지해야 한다. 그리고 원래 예상의 근거를 사용하여 앞에서 관찰한 사실들을 설명할 수 있는지 따져보아야 한다. 교사는 학생이 관찰 결과를 바탕으로 불완전한 자기 생각을 다듬거나 가능한 다른 설명을 제시하도록 격려할 수 있다. 또한, 관찰 결과가 자신의 예상과 일치하지 않는 경우 그것을 설명할 수 있는 다른 이유나 비유 또는 새로운 설명을 제안하도록 한다. 그리고 가능하면 그런 생각을 확인해 볼 수 있는 방법을 고안해 보도록 한다. 이 과정에서 교사는 학생들이 토론이나 조사 활동을 통해 대안적 설명을 구성해 갈 수 있도록 적절한 안내를 제공해야 한다.

위의 수업 사례에서 크기가 다른 두 고무풍선을 연결해 보는 활동은 학생들이 이전에 많이 경험해 보지 못한 것이다. 학생들은 큰 풍선 내부에 '많은' 공기가 들어있어 '기압이 크기' 때문에 큰 풍선에서 작은 풍선으로 공기가 이동할 것으로 생각하는 경우가 많다. 따라서 교사가 제시한 주제는 학생들이 흥미를 갖고 참여하기에 적절한 것이다. 또 교사는 POE의 단계를 잘 알고 있었고, 그에 따르는 활동지를 만들어 활용했다.

예상 단계에서는 학생들에게 '예상의 이유'를 적게 했고, 관찰 단계에서는 직접 풍선을 연결하며 현상을 자세히 관찰할 수 있도록 했다. 또 관찰 결과를 글과 그림으로 적도록 하였다. 설명 단계에서는 친구들과 토론을 격려하기도 했다. 그럼 무엇이 잘못된 것일까?

두 고무풍선을 연결했을 때 일어나는 현상은 학생들에게 충분히 흥미로운 것이었지만, 학생들이 그에 대한 대안적 설명을 구성하기에는 상당히 어려운 과제이다. 학생들은 '기압'에 대한 이해도 부족했고, 아직 '탄성력'에 대해 배운 적도 없다. 물론 과학적으로 올바른 설명이 아니더라도 학생이 나름대로 설명을 구성해 보는 것 자체는 의미가 있을 수 있다. 그러나 너무 막연해서 추측하기도 어렵고 전혀 설명할 수 없다면, 학생들은 좌절하고 무력감에 빠지거나 그냥 마술이라고 생각할 수 있다.

이와 같은 상황이 되지 않으려면 교사는 POE 과제를 선정할 때 학생들의 경험이나 배경지식 수준을 진지하게 고려할 필요가 있다. 학생들이 너무나 잘 알고 있는, 쉬운 과제를 제시하면 도전감이나 흥미가 반감될 것이고, 자신의 지식을 적극적으로 적용하려는 인지적 노력을 하지 않을 것이다. 이와 반대로 학생들이 아예 설명을 시도하기 어려운 과제인 경우에도 마찬가지로 흥미와 인지적 노력이 반감될 것이다. 그러면 학생들에게 적절한 과제는 어떤 과제인가? 또 학생이 설명을 구성하기 어려워할 때 교사는 어떻게 디딤돌을 제공할 수 있을까?

근접 발달 영역과 디딤돌 놓기(스캐폴딩)

과학 수업은 학교 교육과정에서 목표로 하는 개념을 학생들이 이해할 수 있도록 다양한 활동을 통해 구성되고 이루어진다. 활동의 초점은 학생들이 과학적 사고를 통해 기존의 개념에서 과학적 개념으로 개념 변화를 촉진하는 데 있다. 따라서 활동 수준은 학생들이 생각하기에 너무 당연하고 쉬운 수준을 넘어야 하지만, 학생들이 사고해 볼 만하면서 조금은 어렵더라도 도전해 볼 만한 것이고, 동시에 해보고 싶은 수준이어야 한다. 너무 어려워서 해볼 엄두가 안 나는 수준의 사고를 요구하는 활동은 교육적으로 적절치 않기 때문이다. 따라서 어떤 질문을 해야 학생들이 적극적으로 사고할 수 있는 지, 어떤 활동을 안내해야 학생들이 능동적으로 참여할 수 있는지, 활동이나 담화에서 교사가 어떤 수준으로 개입해야 할지 등은 교사가 수업을 준비할 때, 그리고 수업 과정 에서 늘 직면하는 고민거리이다.

교사는 수업 과정에 대한 일종의 시나리오를 준비하고 수업에 임한다. 전반부에 어 떤 이야기나 활동을 하여 학생들의 참여를 끌어낼지, 본 활동은 어떻게 구성하고, 마무 리 과정은 어떻게 진행할지 등에 관한 전반적인 그림을 그리고, 구체적인 상황에서 어 떤 질문을 하며, 학생들은 어떤 대답을 할지도 대략 예상한다. 앞의 수업에서처럼, POE는 학생들에게 특정 현상에 대하여 예상하게 하고, 관찰이 예상과 다름을 경험하 고, 관찰 증거에 대해 추론하고 과학적 설명을 만들어내게 하는 것이다. 이 방법은 학 생이 어떤 현상에 대한 자기 설명이 예상과 일치하지 않아 인지적 갈등을 일으킬 수 있 도록 한다. 따라서 그것을 해결하려면 학생은 증거에 기초하여 자기 생각을 바꾸어야 한다. 그러나 이런 POE 수업뿐 아니라 일반적인 교사의 수업 시나리오는 항상 성공적 이지만은 않으며, 교사는 수업을 진행하는 중에 때때로 '불연속성'(discontinuity)의 문 제에 직면한다 7. 예컨대, 학생들이 활동의 지엽적인 부분에 주목하거나, 문제 상황과 무관한 생각을 나열하거나, 일상의 용어와 과학적 언어를 연결하지 못하는 상황이 빈번 하게 발생하는 것이다. 이러한 상황이 발생하면 교사는 학생들에게 활동의 특정 측면을 주목하게 하거나, 학생들의 설명 구성 과정에 언어적 개입을 하거나, 바람직하지는 않 지만, 교사가 일방적으로 설명을 제공해야 하는 순간을 맞이하게 된다.

수업 사례에서 교사가 처한 이러한 상황은 종종 **비고츠키**(Vygotsky)가 말한 '근접 발달 영역'(Zone of Proximal Development, ZPD)에서 발생한다. 근접 발달 영역이란, 다음 그림과 같이 "독자적인 문제 해결로 확인될 수 있는 실제적 발달 수준과 성인의 지도나 유능한 또래와의 협력으로 문제를 해결할 수 있는 잠재적 발달 수준 사이의 차 이"로 정의된다. 다시 말해, 근접 발달 영역이란 아동이 혼자서는 할 수 없지만 어른이 나 그것을 할 수 있는 다른 또래의 도움을 받아 잠재적으로 더 높은 발달 수준에 도달

---

7 오필석, 이선경, 김찬종 (2007). 지식 공유의 관점에서 본 과학 교실 담화의 사례. 한국과학교육학회 지, 27(4), 297–308.

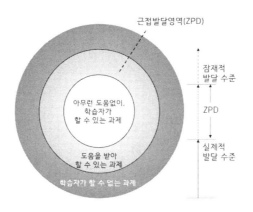

비고츠키의 근접 발달 영역

할 수 있는 영역을 의미한다.

예를 들어, 세발자전거를 타는 초등학교 3학년 학생에게 두발자전거 타기는 근접 발달 영역에 속하지만, 오토바이 타기는 그것을 벗어나는 과제이다. 그 학생은 어른이나 다른 학생의 도움을 받아 직접 자전거 타는 것을 배울 수 있기 때문이다. 그것을 가르치는 사람은 자전거를 뒤에서 붙잡아 주거나 자전거 타는 요령을 보여줌으로써 자전거 타는 기능을 배울 수 있게 한다.

학습 과정에서 학습을 촉진하기 위해 가르치는 사람이 학습자에게 제공하는 그러한 도움을 **디딤돌 놓기**(scaffolding) [8]라고 한다. 디딤돌 놓기는 세 가지 중요한 특징이 있다. 첫 번째는 학습자와 교사의 상호작용이다. 효과적인 디딤돌 놓기가 이루어지려면 그러한 상호작용은 지시보다는 협력적이어야 한다. 두 번째는 학습이 학습자의 근접 발달 영역 안에서 이루어져야 한다. 그래서 교사는 학습자의 현재 수준을 인식하고, 학습자가 그 수준을 뛰어넘을 수 있도록 준비해야 한다. 세 번째는 교사가 제공하는 그런 뒷받침이나 도움으로서 디딤돌은 학습자가 능숙하게 되면 점차로 제거되어야 한다는 것이다.

---

8 'scaffolding'이라는 용어는 인지심리학자인 브루너가 어린 아동이 부모의 도움으로 구어를 습득하는 과정을 서술하기 위해 도입했다. 'scaffold'라는 말은 원래 건물을 지을 때 작업자가 높은 곳에서 일할 수 있도록 발판을 마련해 놓은 시설을 말한다. 마찬가지로 디딤돌이나 발판을 놓아 어린아이가 높은 곳에 있는 물건을 혼자서 꺼낼 수 있도록 하는 것처럼, 학습이 이루어지도록 뒷받침하거나 도와주는 것을 말한다.

따라서 교사가 효과적으로 디딤돌 놓기를 하려면 먼저 근접 발달 영역에 있는 학습 과제를 선택해야 할 것이다. 다시 말해, 과제가 학습자에게 너무 쉽거나 너무 어렵지 않아야 한다. 그런 의미에서 '두 풍선 연결하기'는 흥미 있는 활동이기는 하지만, 보통 초등학생에게는 근접 발달 영역을 벗어나는 과제로 보인다. 두 번째로 고려해야 할 사항은 학습자가 저지르기 쉬운 오류나 실수를 예상하여 적절한 지도 방안을 준비하는 것이다. 예를 들어, 자전거를 처음 타는 사람은 자전거가 쓰러지려고 할 때 자전거 손잡이를 반대 방향으로 꺾기 쉽다는 것을 알면 그것을 미리 조심시킬 수 있다. 세 번째는 학습 과정에서 학습자에 맞추어 적절한 디딤돌이 준비되어야 한다. 예를 들어, **선행 조직자**(advanced organizer), 본보기 또는 시범, 모형, 단계적인 절차나 지시, 예시 문제 풀이, **개념도**나 **표상 조직자**(graphic organizer), 다양한 실마리 등이 디딤돌로 제공될 수 있다. 마지막으로 디딤돌 놓기는 인지 기능에만 제한된 것은 아니므로, 정의적 문제도 고려하여 학습자의 정서적 반응도 뒷받침할 수 있어야 한다. 그런 의미에서 학습자가 학습 과정에서 흥미를 잃지 않고 불만족스러운 것을 통제할 수 있도록 격려하는 일은 중요하다. 궁극적으로 디딤돌 놓기는 근접 발달 영역에서 학습자의 활동을 자극하여 학습자가 지식을 내면화하고 보다 독립적인 학습자가 되도록 하는 것이다. 그래서 과제 완수에 대한 책임을 학습자에게 단계적으로 전이하는 것이다.

4. 실제로 어떻게 가르칠까?

> 수업 사례에서 학생들이 관찰한 현상을 전혀 설명하지 못할 때 교사는 과학적인 설명을 바로 제공하기보다는 학생들이 직접 설명을 찾을 수 있도록 다양한 방법으로 디딤돌을 놓을 수 있다. 아래 글에서는 풍선 내부의 압력을 이해시키기 위한 몇 가지 방안을 제안한다.

적절한 과제를 제공하기

학생들이 어떤 관찰 현상을 전혀 설명하지 못한다는 것은 학생의 머릿속에 그 현상과 관련지을 수 있는 배경지식이 전혀 없거나, 실제로 관련 지식이 있어도 그것을 관찰 현상과 관련짓지 못한다는 것이다. 예를 들어, 학생이 풍선을 불어본 적도 없고 압력이나 탄성에 대해 전혀 알지 못한다면 수업 사례의 풍선 과제는 학습자가 접근하기 어려운 과제가 될 것이다. 그러나 학생들이 풍선을 불어본 적이 있고, 공기의 압력에 대해서도 배운 적이 있다면 학생들이 비록 그 현상을 설명하지 못해도 교사는 디딤돌을 놓아 단계적으로 이해시킬 수 있을 것이다.

또한 POE 과제는 원래 학생들이 지닌 생각을 심층적으로 파악하려는 방안으로 개발된 것으로, 그 한 가지 활동을 통해 학생의 개념을 바꾸거나 현상에 대한 설명을 구성시키는 수업 방안으로 사용하려는 시도는 무리가 있다. 수업에서 POE 과제를 사용하는 이유는 학생들에게 현상에 대한 자기 생각을 분명하게 인식시켜서, 생각의 오류를 찾거나 갈등을 유발해 학생이 그 과제와 관련된 문제에 흥미를 갖고 해결 방안을 찾게 하려는데 목적이 있다. 어떤 현상에 대한 설명은 단순한 관찰에서 비롯된다고 하기 보다는 생각의 검증을 통해서 점차로 구성된다. 따라서 수업에서 POE 과제를 사용하는 일은 POE 과제와 관련된 주제의 전체 맥락 속에서 이루어져야 한다.

앞의 수업 사례에서 두 풍선을 연결하는 과제는 독립된 탐구 주제로 제시되기보다는 기체의 압력이나 탄성력에 대한 학습 과정의 일부로 제시되는 것이 더 바람직하다. 다시 말해, 사전 활동과 사후 활동의 연계 속에서 이 과제가 제시되도록 하면 적절한 활동과 연계함으로써 이 POE 과제가 근접 발달 영역에 들어가도록 할 수 있다.

예를 들어, 두 풍선 과제 수행에 앞서 학생들은 풍선을 불기 위해서는 대기압보다 더 큰 압력이 필요하다는 것을 이해하여야 한다. 이것을 위해 교사는 두 풍선 과제 대신에 아래 그림과 같은 풍선 불기 과제를 POE로 제시할 수 있다. 크기가 다른 두 페트병에 풍선을 집어넣고 풍선을 병 입구 위에 덮어씌운다. 그리고 작은 페트병 밑 부분에는 칼로 틈을 만들어 놓는다.

어느 병 속의 풍선을 잘 불 수 있을까?

풍선이 들어 있는 투명한 두 페트병

학생들에게 어느 병 속의 풍선을 잘 불 수 있을지 물어보면 대부분 학생은 큰 페트병 속의 공간이 넓어 풍선을 쉽게 불 수 있을 것으로 대답할 것이다. 두 학생에게 페트병의 풍선을 불어보라고 한다. 작은 페트병 속의 풍선은 크게 부풀지만, 큰 페트병 속의 풍선은 학생이 아무리 노력해도 크게 부풀지 않을 것이다. 이때 교사는 풍선이 크게 부푼 작은 병의 틈에 테이프를 붙여 놓을 수 있다. 두 페트병을 다시 책상 위에 놓도록 하면, 작은 병 속의 풍선은 부푼 채로 그대로 있게 된다. 어떻게 이런 일이 생기는지 물어보면, 학생들은 두 페트병을 자세히 살펴볼 것이다. 이때 교사는 작은 병의 틈을 가리키면서 테이프를 떼어날 때 어떤 일이 생기는지 물어보고, 실제로 테이프를 떼어내면 풍선이 다시 원래대로 줄어든다는 것을 보여줄 수 있다. 학생들에게 구멍이 뚫린 페트병과 풍선을 주고, 손가락으로 구멍을 막거나 열면서 시범에서 보여주었던 현상을 탐색

하도록 한다. 그리고 전체 학급 토의를 통해 큰
페트병 속의 풍선이 부풀지 않는 까닭을 토의하
도록 한다.

　마무리 활동으로는 크게 불은 풍선 위에 빈
컵 두 개를 오른쪽 그림과 같이 붙일 수 방법을
찾아보도록 한다. 다른 학생에게 풍선 위에 두
컵을 대고 있도록 하면서 풍선을 다시 더 크게
불면, 두 컵은 풍선 위에 붙어서 떨어지지 않게

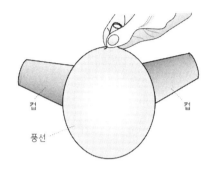

풍선에 컵 붙이기

된다. 어떻게 두 컵이 풍선에 붙을 수 있는지 앞의 시범과 관련하여 학생들에게 설명하
도록 한다. 학생들이 쉽게 설명하지 못하면 풍선이 커질 때 컵 속의 공기가 어떻게 될
지 생각해 보도록 한다. 이와 같은 활동을 통해 교사는 풍선이 부풀 때 풍선 속의 압력
이 대기압보다 커진다는 것을 이해시킬 수 있다.

단계적인 활동을 제공하기

　앞에서 설명하였듯이 풍선의 재질이나 크기에 따라 두 고무풍선을 연결했을 때 어떤
경우는 큰 풍선이 더욱 커지고 작은 풍선이 더욱더 작아질 수 있지만, 반대의 결과도
가능하며 심지어 공기가 거의 이동하지 않을 수 있다. 새 풍선을 처음 불 때는 어렵지
만, 불었던 풍선은 다시 불기 쉬운 것처럼 풍선을 재사용하는 때도 또한 결과가 달라질
수 있다. 학생들이 이 모든 경우를 포괄적으로 설명하기는 어려울 것이다. 따라서 교사
는 학생들이 설명해야 하는 과제나 상황을 좀 더 명확하게 하고 한정적으로 제시하는
것이 필요하다. 또 '기압' 개념을 활용해야 한다는 실마리를 제공하는 것도 가능하다.
학생들이 '기압'에 대해 어느 정도 사전 지식이 있다면 이렇게 단서를 주는 것만으로도
학생의 참여와 사고를 자극할 수 있을 것이다. 그러나 학생들이 기압에 대해 알고 있는
것이 없다면 어떻게 해야 할까? 이런 경우 앞서 제시한 POE 과제는 적절하지 않을 수
있다. 그러나 별도의 시간과 활동을 통해 필요한 개념을 이해하게 된다면 학생들이 이
과제에 도전하는 것도 가능할 것이다. 압력과 탄성력의 개념이 이 과제와 관련되므로
우선 학생들이 기압 개념을 이해하도록 하는 것이 필요하다. 그리고 탄성이 없는 경우

를 먼저 생각해 보고, 탄성이 있는 경우를 다루어 보도록 단계적으로 과제를 발전시킬 수 있을 것이다. 예를 들어, 다음과 같이 단계적 절차를 통해 학생들이 개념을 이해하도록 디딤돌을 놓을 수 있다. 여기에 제안된 모든 단계를 거쳐야 한다는 것은 아니며, 필요에 따라 조정하거나 생략할 수 있다.

[1] 공기 중에 기체 입자가 어떻게 움직이고 있는지 그림으로 그리거나 말해 보도록 한다. 기체 입자가 자유롭게 움직이고 있고 벽에 부딪히거나 물체에 부딪혀서 '힘'을 작용하는데 이것이 '기압'이라는 점을 알게 한다. 보이지 않는 현상이므로 작은 공이나 구슬을 던져 페트병을 쓰러뜨리는 것에 비유하여 이해할 수 있도록 유도한다. 시간이 충분하다면 학생들 자신이 기체 입자가 되어 교실을 돌아다녀 보도록 '몸짓 역할 놀이'를 도입할 수도 있다. 학생들은 자유롭게 움직이다가 벽을 만나면 벽을 손으로 밀면서 힘을 주고 움직이는 방향을 바꾼다.

[2] 종이 상자 안에 기체 입자가 어떻게 움직이고 있는지 그림으로 그리거나 말해 보도록 한다. 뚜껑이 있거나 뚜껑이 없는 종이 상자 안에도 기체가 있고, 역시 기체 입자가 자유롭게 움직이며 종이 상자에 부딪혀 기압이 작용하고 있음을 알게 한다. 이때 종이 상자의 모양이 유지되는 것은 상자 내부와 외부의 기압이 같기 때문이라는 점을 알도록 한다. 만약 외부에서 손으로 큰 힘을 가하면 종이 상자가 찌그러지듯이, 외부의 기압이 내부보다 크면 종이 상자가 찌그러지게 된다는 사실을 이해하도록 한다. 학생들이 충분히 이해한다면 학생들이 그린 그림에는 종이 상자 내부와 외부에 기체 입자의 개수나 움직임 등이 비슷하게 표현될 것이다.

[3] 불지 않은 풍선 내부의 기체 입자가 어떻게 움직이고 있는지 그리거나 말해 보도록 한다. 불지 않은 풍선의 경우 종이 상자와 같다는 것을 알게 한다. 종이 상자 대신에 풍선으로 바꾸어 자신들이 이해한 개념을 적용해 보도록 한다.

[4] 풍선을 어느 정도 크기로 불었다가 입구를 놓으면서 풍선 안에서 바람이 나오는 것을 느껴 보도록 한다. 이때 풍선 안에서 밖으로 공기의 움직임을 설명해보도록 한다. 바람이 고기압에서 저기압으로 분다는 점, 기체 입자가 빽빽한 곳에서 덜 빽빽한 곳으로 이동한다는 점을 알도록 한다. 이때 풍선 내부의 기체 입자가 빠져나올 때 풍선이 오그라들고, 빠져나오는 공기가 풍선을 밀어준다(힘을 작용한다)는 것을 함께 이해하도록 한다.

(5) 두 개의 풍선을 준비해서 하나는 작게 불고 다른 하나는 크게 불어 둔다. 작게 분 풍선(처음 크기의 1.5배 정도)과 크게 분 풍선(처음 크기의 3배 정도)의 입구를 열어 바람의 세기를 느껴 본다. 이때 바람의 세기가 차이가 생기는 이유를 신축성을 이용해서 학생들이 설명해보도록 한다. 큰 풍선과 작은 풍선이 내부의 기체 입자에 작용하는 힘이 어떻게 다른지 설명해보도록 한다. 신축성의 차이는 풍선을 불 때의 느낌으로도 이해할 수도 있다. 풍선을 처음 불 때는 힘이 들지만 일단 풍선이 부풀기 시작하면 좀 더 수월해진다. 풍선이 늘어나도록 하는 것이 힘든 것은 그만큼 풍선의 탄성계수가 크기 때문이다.

(6) 본 주제를 제시한다. 작은 풍선(처음 크기의 1.5배 정도)과 큰 풍선(처음 크기의 3배 정도)을 연결했을 때 작은 풍선이 작아지고, 큰 풍선이 커지는 이유를 그림과 글로 설명해보도록 한다. 학생들이 어려워하면 교사는 기체의 압력이 기체 입자의 밀도와 관련이 있다는 실마리를 제공하거나 풍선의 크기에 따라 풍선의 내부 압력 어떻게 변화하는지에 대한 자료를 참고로 제공할 수 있다. (실험에서는 미리 자에 크기 표시를 해두고, 풍선의 크기가 표시에 근접하면 풍선 불기를 멈추도록 한다. 크게 불었다가 표시에 맞추기 위해 바람을 빼지 않도록 한다.)

정량적 자료를 제공하기

두 풍선 사이의 공기 이동을 설명할 수 있도록 도와주기 위하여 앞에 제시된 고무풍선의 크기에 따른 풍선 내부의 공기 압력 그래프를 학생들에게 제공할 수 있다. 교사는 학생들에게 그래프가 의미하는 바를 토의하고, 제시된 그래프를 이용하여 관찰 현상을 설명하도록 한다. 이를 위해 교사는 그래프를 보고 풍선의 압력이 가장 큰 곳이나 작은 곳, 또는 변곡점의 의미를 질문하면서 그래프를 해석하는 활동을 도울 수 있다. 또는, 두 풍선을 연결했을 때 큰 풍선이 커지고 작은 풍선이 작아지는 경우, 반대로 큰 풍선이 작아지고 작은 풍선이 커지는 경우가 어느 곳에서 일어날지 그래프의 각 지점을 대응시켜 설명하도록 과제를 부여할 수도 있다.

최종적으로 작은 풍선의 내부 압력이 큰 풍선보다 크기 때문에 공기가 작은 풍선에서 큰 풍선으로 이동한다는 것을 학생들이 말할 수 있다면, 교사는 학생들에게 작은 풍

선의 내부 압력이 큰 풍선보다 크다는 의미가 무엇인지 그림을 그려 설명해보도록 한
다. 이 과정에서 학생들이 기체의 압력이 기체 입자의 밀도와 관련이 있다는 것을 이해
할 수 있도록 한다.

이 설명에서 좀 더 나아갈 수 있다면, 교사는 추가적으로 '공기를 불어 넣어 풍선이
커지는데 왜 풍선 속의 압력이(또는 입자의 밀도가) 전보다 작아질까?', '공기 입자의
밀도가 작아진다는 것은 풍선의 크기가 어떻게 된다는 것을 말하는가?', '풍선의 크기
가 전보다 더 빨리 커진다는 것은 풍선의 재질인 고무가 어떤 성질을 갖고 있다는 것을
말하는가?' 등 학생들의 추론을 도와줄 수 있는 디딤돌 질문을 제공할 수 있다. 이와
더불어 학생들에게 풍선을 불기 시작했을 때와 크게 불었을 때의 경험을 상기시키거나
풍선을 직접 불어보도록 한다. 교사는 이 과정에서 학생들이 궁극적으로 풍선의 신축성
에 주목하고, 신축성이 크기에 따라 변한다는 것을 깨달을 수 있도록 한다.

또한, 학생들이 풍선의 내부 압력을 측정하는 것에 관심을 보인다면 교사는 스마트
폰을 이용하여 입으로 풍선을 불 때 풍선 내부의 기압 변화를 프로젝트 화면에 직접 보
여줄 수 있다. 스마트폰 화면을 컴퓨터 화면으로 보내 프로젝트로 투영할 수 있기 때문
이다. 구글의 **과학 저널**(Science Journal)을 열어 압력 센서를 작동시킨 다음에, 스마트
폰을 집어넣을 수 있을 정도의 큰 풍선 속에 전화기를 넣고 풍선을 크게 불었다가 다시
공기를 빼도록 한다. 이때 과학 저널의 압력 센서는 풍선의 압력 변화를 기록할 것이고,
그것은 프로젝트 화면을 통해 학생들에게 제공될 것이다. 교사의 시범으로 생생하게 제
공된 풍선의 압력 변화 자료는 참고로 제공되는 그래프 자료보다 학생들의 흥미와 관
심을 집중시킬 수 있는 장점이 있지만, 또한 오류나 의도하지 않는 결과를 가져올 수도
있다. 그러나 이 주제에 적극적인 학생들은 교사의 시범을 바탕으로 직접 압력을 측정
해 보려고 할 것이다. 특히, 과학 저널을 예전에 경험했던 학생들은 교사의 도움을 조
금만 받으면 쉽게 풍선 속의 압력을 측정해 낼 수 있을 것이다. 이때 교사는 추가적으
로 학생들에게 POE 과제에서 관찰했던 것과 같이 두 풍선 속에 각각 스마트폰을 넣고
다른 크기로 분 다음, 두 풍선을 연결할 때 압력의 변화를 기록해 보도록 할 수 있다.

PART
05

과학 학습 평가

딜레마 사례 **17** 전구에 불 켜기

학생의 학습을 돕기 위해서는 어떤 평가가 좋을까?

최근 초등학교에서는 '과정 중심 상시형 수행평가'가 강조되고 있다. '과정 중심 상시형 수행평가'란 학생들이 문제를 해결하는 과정과 성취 도달 정도를 함께 알아보기 위해 일상 수업 활동을 통해 수시로 시행하는 평가를 의미한다. 나는 6학년 '전기의 작용' 단원에서 수행평가를 하기 위해 '전구에 불 켜기' 활동을 했다. 학생들이 직접 회로를 연결해 보면서 불이 켜지는 경우와 켜지지 않는 경우를 구분하고 불이 켜지는 조건을 알아보도록 했다. 그런데 어찌된 일인지 전구에 불을 켜는데 성공한 학생이 아무도 없었다. 이런 상황에서는 어떻게 수행 평가를 해야 할지, 수행 평가가 학생들의 학습에 도움이 되도록 하려면 어떻게 해야할지 고민이 되었다.

1. 과학 수업 이야기

예전에 내가 초등학교에 다닐 때는 과목별로 '수', '우', '미', '양', '가'와 같은 등급이 통지표에 나오거나 중간고사나 기말고사의 점수와 학급 석차가 나왔다. 그러나 요즘은 학교마다 통지표 형식이 다르고, 점수나 학급 석차는 기록되지 않는다. 기말고사는 학교에서 사라진 지 오래되었고 '학업 성적 관리 규정'에 따라 학기 초에 평가 시행 및 방법이 가정통신문, 학교 홈페이지, 학교 정보공시 등을 통해 학생이나 학부모에게 사전에 공개되고 그에 따라 평가가 이루어진다.

평가는 점수를 산출하기 위한 것이 아니라 성취기준에 도달하였는지에 중점을 두고 과정 중심 평가가 되도록 일상 수업 중에 실시한다. 그러니까 예전처럼 별도로 시험을 치르는 시험 기간이 없다. 학생이나 교사, 또는 학부모들도 학교에서 이루어지는 평가에 대해 예전처럼 엄격하거나 예민하지는 않다. 오히려 학부모님들은 학교 성적표보다 학원에서 보는 시험 점수에 더 관심이 많은 듯하다.

오늘은 '전구에 불 켜기' 활동에 대해 수행평가를 하는 날이다. 나는 실험 관찰의 활동지를 이용해서 평가를 하기로 마음먹었다. 학생들이 꼬마전구에 불이 들어올지 먼저 예상해 보고, 실제 건전지와 전선, 꼬마전구를 연결해서 전구에 불이 켜지는지 확인한 후, 전구에 불이 들어오는 조건을 알아내는 것이었다.

이 실험은 전선이나 건전지, 꼬마전구를 연결하기 위해서 최소한 두 명이 같이 해야만 한다. 나는 학생들이 2명씩 서로 짝이 되어 실험하고 활동지는 각자 작성하도록 했다. 그런데 어느 정도 시간이 흐른 뒤에도 전구에 불을 켠 모둠이 나오지 않았다.

나는 당황스러웠다. 학교 홈페이지에도 공개된 평가 계획을 수정할 수도 없고, 어떻게든 이 활동에서 수행평가를 해야 하는데 내가 준비한 꼬마전구와 건전지에 도대체 무슨 문제가 있는 것인지, 왜 전구에 불이 켜지지 않는 것인지 알 수 없었다.

어떻게 해야 할지 잠시 망설이고 있는데 놀랍게도 활동지의 내용을 쓰고 있는 학생들을 발견할 수 있었다. 이미 참고서를 통해 내용을 학습한 학생들이 직접 보지도 않은 실험 결과를 기록하고 있었다. 무언가 문제가 있다고 생각했지만 달리 어떻게 해야 할지 몰라 실험 결과를 직접 알려주었다.

"오늘 실험이 잘되지 않으니까 선생님이 사전 실험을 했던 결과를 알려 줄게요. 그
것을 참고로 해서 활동지를 쓰면 될 것 같아요."

"1, 2, 3, 4번 중에서는 3번만 불이 들어옵니다. 5, 6, 7, 8번 중에서는 5번과 7번에
불이 들어옵니다."

학생들이 작성한 활동지는 평가를 위해 제출하도록 했고 활동지의 마지막 질문에 전
구의 꼭지와 꼭지쇠가 연결되어야 한다는 점, 건전지의 (+)극과 (−)극이 모두 연결되
어야 한다는 점을 쓴 학생은 상, 한 가지 정도만 쓴 학생은 중, 둘 다 쓰지 못한 학생은
하로 구분해서 기록해 두었다.

실험 관찰에 제시된 활동지

이 수업을 하고 나는 다음과 같은 의문이 들었다.

- 꼬마전구에 불이 들어오지 않은 이유는 무엇이었을까?
- 실제 수업 여건이나 준비물 등의 영향을 받는 수행평가보다 지필평가가 논리력이
  나 사고력, 이해력 등을 평가하기에 더 적합한 것이 아닐까?
- 현재처럼 성취기준별로 상, 중, 하 정도만 평가하는 것이 예전에 비해서 좋은 평
  가 방법일까?

2. 과학적인 생각은 무엇인가?

> 전구를 전지에 전선으로 연결해도 전구의 필라멘트가 충분히 달구어질 정도로 전류가 흐르지 않는다면 전구에 불이 켜지지 않는다. 대개는 접촉 불량으로 불이 켜지지 않는 경우가 많지만, 전구나 전지가 오래 되어 기능을 다 했거나 전선의 중간 부분이 끊어진 경우에도 불이 켜지지 않는다.

전구에 불이 켜지는 원리

학생들은 다음 그림과 같이 보통 전지의 두 극에 연결된 전선을 전구에 닿게 하거나 전구의 꼭지에 전선이 닿으면 전구에 불이 켜질 것으로 생각한다. 이러한 생각은 기본적으로 전구의 구조를 분명하게 이해하지 못하기 때문이다.

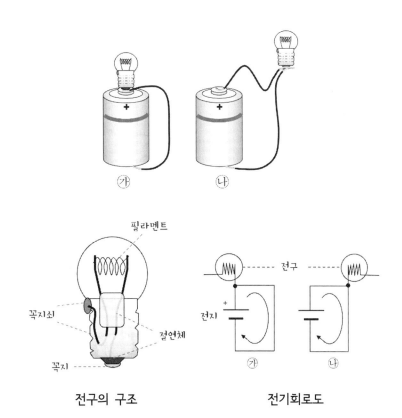

전구의 구조   전기회로도

　학생들은 보통 볼록하게 튀어나온 전지의 양극과 전선의 연결 여부에만 주목한다. 하지만, 전구의 구조를 살펴보면 앞의 그림에서 알 수 있는 것처럼 그림 ㉮나 ㉯와 같이 연결하는 경우 전구에 불이 켜지지 않는다는 것을 알 수 있다.

　전구에 불이 켜지려면 전구의 필라멘트에 전류가 흘러야 한다. 그러려면 각각 꼭지와 꼭지쇠로 연결된 필라멘트의 양끝이 전지에 연결되어야 한다. 따라서 앞의 그림 ㉮나 ㉯와 같이 전구를 연결하는 경우 그 밑에 있는 전기회로도에서 알 수 있는 것처럼 전구의 꼭지쇠가 전지에 연결되지 않았기 때문에 필라멘트에는 전류가 흐를 수 없고 불이 켜지지 않는다. 전지의 양극에서 나온 전류는 필라멘트로 들어가지 않고 전선을 따라 전지의 음극으로 흘러 들어가기 때문이다. 이렇게 전선이 전기기구에 연결되지 않고 전지에 직접 연결되는 경우를 **합선** 또는 **단락**이 되었다고 한다. 보통 전선은 전기기구와 비교해 저항이 매우 작아서, 합선되는 경우 회로에 많은 전류가 흘러 전지나 전선이 뜨거워지기 쉽다. 합선이 될 때는 다음 그림과 같이 전구의 꼭지쇠에 전선을 연결하여도 전구가 있는 닫힌 회로에는 전류가 거의 흐르지 않는다. 전류가 저항이 매우 큰 전구보다는 저항이 작은 전선 쪽으로 대부분 흘러가기 때문이다. 따라서 전구에 전류가 흘러 불이 켜지기 위해서는 합선이 되지 않고 전구의 꼭지쇠와 전지의 한 극이 연결되고, 전지의 꼭지와 전지의 다른 극이 연결되어야 **닫힌 회로**가 만들어져 전류가 흐를 수 있다.

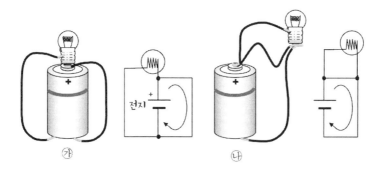

㉮　　　　　　　　　　　㉯

　닫힌 회로를 만들었지만, 전구에 불이 켜지지 않는다면 회로를 연결하는 부품 사이의 접촉이 좋지 못하거나, 전선이나 전구의 필라멘트가 중간에 끊겨 있기 때문일지 모른다. 그렇지 않다면 전기회로에 전류가 충분히 흐르지 않기 때문이다. 보통 학생들은 전구에 전류가 흐르면 불이 켜질 것으로 생각하지만, 전구에 전류가 흘러도 필라멘트를 충분히 달구지 못하면 전구는 빛을 낼 수 없다. 그래서 전구는 보통 그것을 작동시키는 데 필요한 전압, 즉 **정격 전압**을 표시해 놓는다. 그러므로 높은 전압에 사용하는 전구를 낮은 전압에 연결하면 전류가 충분히 흐르지 않아 불이 켜지지 않게 된다. 또한, 전구도 오랫동안 사용하면 필라멘트가 가늘어져 전구의 저항이 커지고, 그에 따라 불이 제대로 켜지지 않는 경우가 생길 수 있다.

마찬가지로, 전지도 새것일 때 전지의 내부저항이 작아 대부분 전압이 전구에 걸리지만, 오래 사용한 전지는 내부저항이 커지기 때문에 정상적인 전구를 연결하여도 전구에 필요한 전압이 전구에 걸리지 않을 수 있다. 원래 전지의 전압을 **기전력**이라고 하고, 보통 전구에 걸리는 전압은 **단자 전압**이라고 한다. 일반적으로 물체 대부분은 저항을 가지고 있으므로, 전선이나 전지 또는 스위치도 저항을 가지고 있다. 그렇지만 이들의 저항은 보통 전구와 같은 전기기구보다는 매우 작아서 저항이 없는 것처럼 취급한다. 다시 말해, 전선이나 전지에 걸린 전압(v_0나 v)을 0으로 보는 것이다. 그런 경우 **옴의 법칙**은 간단하게 $V = IR$로 표시할 수 있다.

일반적으로 건전지는 오래 사용하면 내부저항이 커지기 때문에, 상대적으로 단자 전압이 작아져 전기기구가 작동하지 않게 된다. 따라서 건전지가 닳았을 때는 전구에 불이 켜지지 않을 수 있다.

보통 전선은 도체인 구리선에 비닐이나 플라스틱 등의 절연체로 피복하여 전류가 외

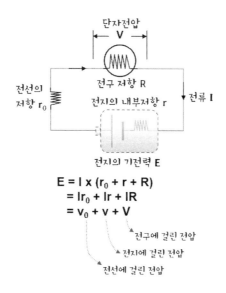

부로 흐르는 것을 막는다. 그래서 전기회로에 전선을 연결하려면 피복되어 있는 절연체를 벗겨야 한다. 또한, 에나멜선과 같은 경우에는 구리선 위에 절연 물질인 에나멜이 칠해져 있어 전류가 외부로 흐르는 것을 막는다. 그래서 에나멜선을 전선으로 사용하는 경우에는 절연물인 에나멜을 벗겨내야 전기회로에 연결할 수 있다. 보통 아이들은 에나멜선을 구리선으로 알고 그대로 회로에 연결할 수 있는데, 그럴 경우 전기회로에 전류가 통하지 않아 전구에 불이 켜지지 않는다.

대개 전선만 있으면 전지와 전구를 위에서 제시한 방법처럼 연결할 수 있지만, 손으로 붙잡고 있어야 하기 때문에 학생 혼자서 전기회로를 만들기 힘들다. 그래서 전구나 전지와 같은 전기 부품을 쉽게 연결하기 위하여 소켓이나 건전지 끼우개를 사용한다. 그리고 전선도 그 끝에 도체로 된 집게가 달린 집게 전선을 사용한다. 그래서 전기회로를 만들기 위해서는 그러한 전기부품의 구조를 잘 이해해야 한다. 예를 들어, 전구를 소켓에 끼우고 전지에 연결하는 경우, 소켓의 연결부에 전선의 집게를 연결할 때 다음 그림과 같이 두 집게가 소켓의 도체 부분(아래 그림의 동그라미 부분)에 닿게 되면 그 도체를 통해 합선이 되어 옆의 전기회로도와 같이 전구에는 전류가 흐르지 않게 된다. 따라서 전선 집게를 소켓에 연결할 때 합선이 일어나지 않도록 조심을 해야 한다. 전구를 끼우는 소켓은 다음 그림과 같이 전구의 꼭지와 꼭지쇠가 각각 소켓의 연결부에 닿

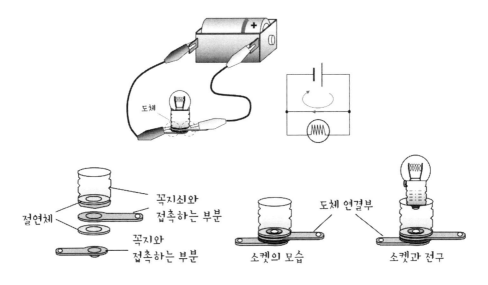

전구 소켓의 구조

을 수 있도록 만들어져 있고, 두 연결부가 서로 접촉되지 않도록 중간에 절연체를 끼워 넣은 구조이다.

전구가 정상적이어도 위와 같은 여러 이유로 전구에 불이 켜지지 않을 수 있지만, 필라멘트가 끊어지면 당연히 불이 켜지지 않는다. 전구의 필라멘트는 매우 가늘어 끊어진 것을 알기 어려워 보통 필라멘트가 끊어졌는지 알아보려면 테스터기를 사용하여 전구의 저항을 측정한다. 필라멘트가 끊긴 경우에는 저항이 무한대가 되어 측정되지 않는다. 그렇지만 테스터기로 측정한 전구의 저항은 실제 전기회로에서 측정한 저항 값과는 다르다. 보통 전구의 저항은 일정하지 않고 전류가 많이 흐를수록 커진다.

예를 들어, 1.5 V용 꼬마전구의 전압과 전류 사이의 관계를 살펴보면 다음 그림과 같다. 전압을 전류로 나누어 전구의 저항을 구해보면 전구의 저항은 오른쪽 그래프처럼 전구의 전압이 커지면서 증가한다는 것을 알 수 있다. 따라서 전구의 저항은 정격 전압에서의 저항으로 표시한다.

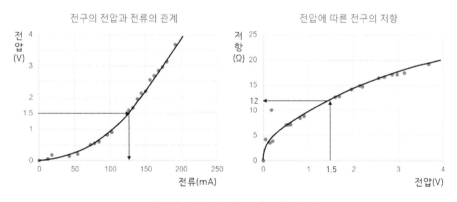

전압에 따라 변하는 전구의 저항

3. 교수 학습과 관련된 문제는 무엇인가?

> 평가는 그 목적에 따라 크게 진단, 형성, 총괄평가 등으로 구분될 수 있으며 과정 중심 상시형 수행평가는 기본적으로 학생들의 학습을 뒷받침하기 위한 방안으로 사용된다. 먼저 형성평가와 총괄평가의 관계를 살펴보고, 학습을 위한 평가를 실행할 수 있는 방안을 논의한다.

학습을 위한 평가

평가는 일반적으로 학생의 선개념이나 학습 장애를 진단하는 **진단평가**, 학생의 학습을 도와주는 **형성평가**, 학생이 학습 목표에 도달한 정도를 측정하는 **총괄평가** 등으로 구분한다. 모든 유형의 평가가 넓은 의미에서 학생들의 학습을 위한 것이기는 하지만, '**학습을 위한 평가**'는 특히 학습을 돕기 위해 평가를 사용하는 데 초점을 맞춘다. 즉, 학습자가 주체가 되어 스스로 자신의 학습을 통제하도록 도와주는 방안으로 평가를 사용하는 것이다.

요컨대 학습을 위한 평가는 학생들이 자신의 학습에 더 적극적으로 되어서 현재 자신이 어디에 있는지, 어디로 가고 있는지, 어떻게 거기에 도달하는지 더 적극적으로 생각하도록 하는 것이다.

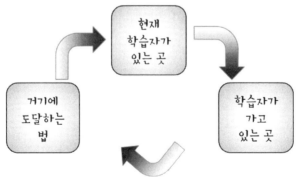

학습을 위한 평가의 역할

형성평가와 총괄평가와의 관계

학습을 위한 평가는 형성평가와 밀접하게 관련되어 있다. 형성평가에서 많이 사용되는 물어보기와 도움말 제공하기(feedback)는 학생이 학습하는 데 도움이 되기 때문이다. 그것은 보통 학기 말에 학생의 성취도를 측정하는 총괄평가와는 다르다. 그러한 총괄평가는 진급이나 진학 또는 진로를 정하는 데 도움을 주고, 수업의 목표를 정하는데 정보를 제공한다. 그렇지만 사실, 형성평가나 총괄평가 모두 궁극적으로 학생이 학습을 발전하도록 돕는 것이라면 그것도 '**학습을 위한 평가**'라고 말할 수 있다. '학습을 위한 평가' 맥락에서 총괄평가를 사용하는 좋은 예는 일제고사나 시험을 사용하여 학생들의 이해가 부족한 곳을 찾아내고, 그것을 수정하도록 목표를 설정하는 것이다. 그래서 '학습을 위한 평가'에서, 중요한 것은 평가의 성격보다는 평가의 목적이다. 그것은 학습 목적을 정의하고, 그것을 성취하기 위해 학습자의 발전을 점검하도록 하는 것이다.

학습을 위한 평가의 실행

'학습을 위한 평가'를 위해 교사는 마치 병을 진단하는 의사처럼 생각하고 행동할 필요가 있다. 그래서 정답이 아니라, 생각을 서로 나누는 교실 문화를 만들어 학생이 잘못하거나 실수하는 것을 두려워하지 않고, 그것으로부터 배울 수 있는 용기를 북돋아 주어야 한다. 이런 학습자 중심의 교실에서 평가는 도움말(피드백)을 제공하는 방식을 통해 학생들의 수행을 향상시킬 수 있다.

가장 손쉬운 평가 방법은 학생에게 직접 물어보는 것이다. 교사는 질문을 통해 얻은 정보를 사용하여 학생의 상태를 판단하고 자신의 수업을 진행할 수 있다. 질문할 때 중요한 것은 대답을 듣기 위해 적어도 3초는 기다려야 한다는 것이다[1]. 그렇지만 대개 교사가 기다리는 시간은 단지 0.9초 정도라고 한다. '**기다리는 시간**'을 늘리고 전체 학급을 적극적으로 참여시키는 방법 중 하나는 학생들에게 질문에 대한 답을 적도록 하는 것

---

1 Rowe, M. B. (1986). Wait time: slowing down may be a way of speeding up! Journal of Teacher Education, 37(1), 43–50.

이다. 이것은 즉각적으로 누가 이해하고, 이해하지 못했는지 알 수 있도록 하고, 따라서 학습 과정의 다음 단계를 위한 시사점을 제공한다. 즉 학생이 무엇을 모르는 지 알아내는 일은 추가적으로 어떤 활동이 더 필요한지에 대한 정보를 제공해 줄 것이다. 질문과 대답을 통한 이러한 '대화형 수업'도 효과적인 학습으로 이끌 수 있다.

학생들의 활동에 대한 의견으로서 **도움말 주기**(feedback)는 학습을 위한 평가에서 중요하다. 그것은 교사가 학생과 함께 학생의 학습이 어디에 있는지, 또 어디로 가기 원하는지, 그리고 어떻게 거기에 도달할 것인지 논의하는 과정이다. 교사와 학생은 모두 과제의 목적과 목표를 명확하게 이해해야 한다. 그러기 위하여 활동을 시작하기 전에 **성취기준**을 제공하는 것이 도움이 될 수 있다. 교사가 학생들에게 도움말을 줄 때 점수를 포함할 수 있지만, 학생은 단지 점수나 성적만을 기억하고, 자신의 활동을 개선시키려는 의도는 건성으로 지나칠지 모른다. 따라서 점수를 추가하고 싶다면, 먼저 그 의견을 읽어볼 수 있도록 점수는 나중에 제공하는 것이 좋을 것이다. 도움말 주기에서 주의해야 할 것은 학생의 능력에 초점을 맞추기보다는 과제에 초점을 맞춰야 한다는 것이다. 예를 들어, '잘했어요! 우리 반에서 최고'와 같은 도움말은 유능한 학생으로 하여금 자기도취에 빠져 개선할 것이 없다고 생각하게 할 수 있다. 또 능력에 초점을 맞춘 도움말은 어려운 것을 시도하는 것을 두려워하거나 더 잘하기 위하여 자신이 할 수 있는 것이 없다고 느끼게 할 수 있다. 교사는 과제에 초점을 맞추어 칭찬해야 하지만, 학습을 향상시킬 수 있는 방법을 제시하면 좋을 것이다. 예를 들면, '전선 하나로도 불이 켜졌네! 다른 전선을 하나 더 추가하여 전지의 두 극에 연결해도 될까?''와 같은 도움말은 학생에게 도전해야 할 다음 단계의 과제를 제안해 준다.

학습을 위한 평가에서 또한 중요한 것은 학생이 자신의 학습에 대한 책임을 갖게 하는 것이다. 그것은 학생들에게 자율성을 부여함으로써 가능해 진다. 이러한 자율성을 부여하는 방법의 하나로 **동료 도움말 주기**(peer feedback)'나 '**동료 평가**(peer assessment)'를 도입할 수 있다. 그것은 학생이 서로 학습 활동을 평가하고 도움말을 제공하는 것이다. 동료 도움말은 또한 학생이 자신의 사회적 기능을 발달시키고, 비판적 사고나 분석적 사고와 같은 상위 수준의 기능을 사용하도록 도와준다. 학생들은 성취기준을 다른 학생의 활동에 적용하고 이를 바탕으로 판단할 것이다. 그리고 자신의 동료에게 활동을 개선하는 방법을 제시해야 할 것이다. 이것을 통해 학생들은 모두 성공적인 활동이 무엇인지 더 잘 이해할 수 있게 된다.

학생들에게 자율성을 부여하는 또 다른 방법은 **자기 평가**(self assessment)이다. 이것은 학생들이 자신의 학습 활동을 평가하고, 자신의 학습에 대해 생각해보게 하는 것이다. 이런 성찰적 학습자가 되기 위해 학생은 자신의 학습 목표를 설정하고, 자신의 학습에 대한 책임을 가져야 한다. 교사는 이러한 기능을 발달시키기 위해 주의 깊게 자기 평가 과정을 안내해야 할 것이다. '학습 일지'나 '성찰 일지'로 시작하는 것도 좋고, 학생들에게 스스로 평가하기 위한 질문 목록을 제공하는 것도 바람직하다. 예를 들면 다음과 같다:

'나는 무엇을 이해했고, 무엇을 이해하지 못했는가?'
'이 주제는 내가 이미 알고 있는 것과 어떻게 잘 들어맞는가?'
'나는 무엇을 가장 잘했고, 앞으로 무엇을 더 개선할 수 있을까?'

이런 자기 평가가 성공하려면 일대일로 안내를 제공하는 것이 좋다. 학생이 자신의 공부를 성찰할 수 있도록 도움을 주는 질문을 던지면 학생은 자신의 공부를 향상하는 방법을 생각해보고, 공부를 더 잘하기 위하여 스스로 목표를 설정할 수 있게 될 것이다.

위와 같은 제안은 주로 비공식적인 형성평가와 교실에서 학생들의 학습을 점검하는 것에 초점을 맞추었지만, 종종 공식적인 중간고사나 기말시험과 같이 총괄적인 평가도 학습을 위한 평가로 활용할 수 있다. 예를 들어, 점수가 표시된 시험지를 학생들에게 돌려주어, 점수를 잘 받은 곳과 그렇지 못한 곳을 이해하는 시간을 갖도록 할 수 있다. 시험을 치른 후에 학생들이 어떤 문제를 어려워했는지 알아내고, 동료-학습 활동의 하나로 짝꿍이나 모둠 중심으로 시험 문제를 다시 공부하도록 하면, 학습 내용을 더 깊이 있게 이해하도록 할 수 있다.

4. 실제로 어떻게 가르칠까?

평가는 기본적으로 학생의 학습을 증진하기 위한 것이다. 아래 글에서는 참다운 평가의 의미와 여러 실행 방안을 살펴본다. 구체적으로 지필평가와 수행평가의 차이를 알아보고, 평가 결과를 제시하는 방법의 몇 가지 사례를 살펴본다.

가장 좋은 평가 방안

참다운 평가는 학생들의 학습을 도와주어야 하고, 참된 수업을 고무해야 할 것이다. 평가가 학습을 방해하고, 오히려 수업 시간에 다른 것을 하도록 요구한다면 그것은 무언가 잘못된 것이다. 그래서 평가는 교육과정의 결과와 관련되어야 하고, 발달적인 관점에서 상위 학습이 일어날 수 있도록 도와야 한다. 아울러 학부모나 교육자, 그리고 학생의 동반 관계를 증진하는 의미 있는 정보를 제공해야 할 것이다. 그런 의미에서 평가는 개별화가 되어야 하고, 학생의 성찰을 북돋울 수 있어야 한다.

전통적으로 평가는 지필 형태의 진위형, 선다형, 완성형, 단답형 또는 서술형 문항을 통해 이루어졌다. 이러한 검사는 주로 기억이나 간단한 이해에 초점을 맞추어 학생들의 지식을 판단하는 데 주로 사용됐다. 이와 같은 검사에 대한 대안적인 방법으로 활동 과정이나 그 성과를 평가하는 방법을 **수행평가**라고 한다. 수행평가는 **합의된 준거**를 바탕으로 학생들이 실제로 할 수 있는 것을 파악하기 위한 것으로 실기 검사, 논문이나 보고서, 과제 연구, 설문지, 점검표, 짝꿍 평가, 자기 평가, 활동첩(portfolio), 관찰법, 토의, 면담 등을 포함한다. 이러한 수행평가는 기본적으로 지식의 이해보다는 적용에 가치를 두고, 실제 문제 상황에서 상위 수준의 사고를 통해 해결한 산출물이나 성과에 도움말을 제공하기 위한 것이다.

수행평가는 학생들이 알고 있는 것을 적극적으로 보여줄 것을 요구하기 때문에, 지필평가보다는 학생들의 지식과 능력에 대한 좀 더 타당한 지표가 될 수 있을 것이다. 예를 들어, '효과적으로 발표하는 방법'에 대해 학생들이 잘 알고 있는지에 대해 선다형 검사를 하는 것보다는 실제로 발표하는 것을 평가하는 것이 학생들의 실제 능력을 파악하는데 도움이 될 것이다. 물론 지필평가를 통해서도 논리력이나 사고력을 평가할 수는 있지만, 수행평가는 지필평가로 알 수 없는 다른 측면을 드러나게 한다. 어떤 면에서 수업에서 학습과 평가는 별개의 활동이 아니라, 교수 활동의 서로 다른 측면일 뿐이다. 다시 말해, 평가는 학생들이 학습하는 것을 뒷받침하기 위한 것이다. 그런 의미에서 학습을 위한 평가는 학습 활동의 하나로 이루어질 수 있다. 따라서 앞의 사례에서 교사가 교과서의 활동지를 사용하여 수행평가로 대체한 것도 한 가지 방안으로 고려될 수 있다. 그렇지만 성취기준별로 상, 중, 하의 등급을 정하는 일보다 더 중요한 것은 다음 그림과 같이 성취기준에 도달할 수 있는 도움말이나 방법을 제시하는 것이 더 바람직하다.

또한, 전구에 불이 켜지는지, 않는지 정답만 불러주는 것은 바람직하다고 볼 수 없다. 예상하지 못한 일이 일어났다고 하더라도, 실제로 더 중요한 것은 어째서 전구에 불이 켜지지 않는지 그 이유를 밝히도록 하는 것이다. 그것은 학생들이 정말 전기회로에 대해 잘 이해했는지 알아볼 수 있는 좋은 방법이기 때문이다. 사실, 가장 좋은 평가 방법이란 것은 존재하지 않는다. 각각의 방법마다 장점이나 단점이 있고, 그것이 드러낼 수 있는 측면이 서로 다르기 때문이다. 그래서 평가를 통해 적극적인 학습이 일어날 수 있다면 그것은 좋은 평가 방법이라고 할 수 있다.

이 주제에서 학생이 닫힌 회로의 개념을 얻으려면 필라멘트의 구조를 추리하고 확인하는 것이 중요하다. 그래서 실제 탐색을 통해 전지의 양극과 음극의 범위를 깨닫게 하

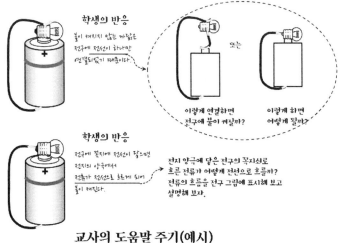

교사의 도움말 주기(예시)

고, 전구의 꼭지나 꼭지쇠의 연결이 중요하다는 것을 알도록 해야 한다. 교사는 학생들에게 활동지를 나누어 주고 모둠별로 전구에 불이 켜지게 하는 다양한 방법을 찾도록 하는 과정에서 자기 평가나 동료 평가, 또는 관찰 점검표 작성을 하도록 할 수 있다. 그리고 이것을 수행평가 자료로 활용할 수 있다. 그 과정에서 새로운 방법을 제안하는 학생을 격려함으로써 활동에 몰두하게 하는 것도 좋은 방법이다. 대개 학생은 전지의 볼록한 양극에 전구나 전선을 닿게 해야 불이 켜진다고 생각하지만, 음극과 마찬가지로 양극의 범위도 넓다는 것을 확인하도록 도움말을 주는 것이 좋다.

앞에서 언급한 것처럼 '전구에 불 켜기' 활동을 수행하는 과정에서 수행평가를 활용하는 방법도 있지만, 활동을 마친 후 활동의 성과를 평가하기 위하여 다음과 같이 수행평가를 계획할 수도 있다.

과학 수행평가 계획(예시)

소재	전기의 작용	학년	6학년	제목	전구에 불켜기
활동 내용	전지와 전구를 연결하여 불이 켜지는 조건을 알아낸다.				
개념 지식	닫힌 전기회로를 구성하는 방법을 이해한다.				

■ **평가 초점**

학생들은 전기회로에서 전구에 불을 켜기 위하여

· 전구의 꼭지와 꼭지쇠에 회로를 각각 연결하는가?
· 전지의 두 극에 회로를 각각 연결하는가?
· 전지의 두 극을 단락시키지 않도록 하는가?

■ **활동**

"오늘 우리는 5학년 동생들의 공부를 도와주려고 합니다."

(1) 짝이나 각 모둠에게 기본 전기회로 부품을 제공한다(예를 들어, 전선 2개, 전구 1개, 전지 1개).
(2) 다음과 같이 상황을 설정한다.: 전지와 전구를 가지고 불을 켜려는 동생들의 대화를 소개한다.
(3) 주요 해결 과제를 소개한다.: 짝이나 모둠에서 주어진 재료를 사용하여 전구에 불을 켜는 방법을 조사하고 토의한 다음에, 제시된 평가지의 물음에 각자 답을 적도록 한다.

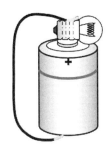

'전구에 불켜기' 실험을 하기 위해 한결이는 그림과 같이 꼬마전구를 전지의 양극(+)에 올려놓고 전선으로 연결하였지만 불이 켜지지 않았다. 이것을 보고 있던 보람이와 시원이는 다음과 같이 말했다.

> **보람이:** 또 다른 전선으로 전구의 꼭지와 전지의 음극(-)을 연결하면 전구에 불이 켜질 거야.
>
> **시원이:** 아니, 또 다른 전선으로 전구의 꼭지와 전지의 양극(+)을 연결해야 전구에 불이 켜질 거야.

■ **학급에 따른 맞춤 활동**

(1) 디딤돌 활동: 학생 혼자서 활동해야 하거나 어려워할 때는 전구 소켓, 전지 끼우개, 스위치 등을 추가로 지급하거나 교사가 활동을 도와줄 수 있다.

(2) 심화 활동: 우수 학생을 위해 필라멘트가 끊어진 전구나 닳은 전지 또는 속이 끊어진 전선 등을 지급하고, 그것을 찾아내는 활동으로 바꿀 수 있다.

■ **핵심 질문**

· 한결이가 한 방법대로 하면 전구에 불이 켜지지 않는 이유를 설명하시오.

· 보람이와 시원이의 방법대로 또 다른 전선을 연결하면 누구의 전구에 불이 켜질까?

· 위 그림의 전지와 전구의 위치를 바꾸지 않고 전구에 불을 켜지도록 하려면 어떻게 해야 할까?

· 위 그림의 전지와 전선의 위치를 바꾸지 않고 전구에 불을 켜지도록 하려면 어떻게 해야 할까?

· 또 다른 전선을 하나 더 사용하여 전구에 불을 켜려면 어떻게 해야 할까?

 * 자신의 생각을 간단하게 그림을 그린 다음에, 전구에 불이 켜지도록 하려면 어떻게 해야 하는지 구체적으로 그림을 설명한다.

■ **평가 지표**

· **미흡** : 전구의 꼭지와 꼭지쇠, 전지의 두 극의 역할을 이해하지 못하여 전지와 전구가 연결되면 무조건 전구에 불이 켜진다고 언급한다. 꼭지쇠 전체가 도체라는 것을 인식하지 못하거나 전구의 구조를 명확하게 알지 못한다.

· **충족** : 전구의 구조를 명확하게 인식하고, 전구의 꼭지와 꼭지쇠가 각각 전지의 서로 다른 극에 연결되면 전구에 전류가 흘러 불이 켜진다는 것을 분명하게 설명할 수 있다.

· **우수** : 전구의 꼭지와 꼭지쇠가 각각 전지의 서로 다른 극에 연결되어도, 전지의 두 극을 단락시키는 회로가 있는 경우 전류가 단락회로로 흘러 전구에 전류가 흐르지 못한다는 것을 설명할 수 있다.

　위에 제시된 '과학 수행평가 계획'의 예시는 학생들의 수업 활동 중 하나의 사례를 활용한 수행평가 방안을 보여준다. 이때 교사는 '평가 초점'을 분명하게 드러내고, 그것을 확인하기 위한 '핵심 질문'을 구체적으로 작성해야 한다. 그리고 학생들의 성과를 전체적으로 판단할 수 있는 '평가 지표'를 구체적으로 준비해야 한다. 또한 평가 활동의 상황을 위의 사례처럼 학생들 주변에서 일어날 수 있는 실례를 활용하면 학생들의 관심이나 참여를 촉진시킬 수 있을 것이다. 수행평가의 결과는 평가 지표를 기준으로 등급을 정하여 활용할 수 있지만, 개별적으로 학생들에게 도움말이나 추가적인 학습 방안을 제공하는 것이 더 바람직하다.

　좀 더 쉽게 해 볼 수 있는 또 다른 평가 방안은 '전구에 불 켜기' 활동을 마친 후에 PPT나 카드를 이용하여 전구에 불이 켜지는 경우와 켜지지 않는 경우를 전체 학급에서 분류해 보고, 토의하도록 하는 것이다. 또는 다음 그림과 같은 전기회로 카드를 모둠별로 분류하고 불이 켜지는 전구의 공통점이나 불이 켜지지 않는 이유를 토의한 다음, 탐색에서 찾아낸 자신들의 생각을 전체 학급에서 발표하게 한다. 학생들은 토의 과정에서 자신의 생각을 다듬는 기회를 가질 수 있고, 교사는 지명한 학생의 발표를 통해 미흡한 부분을 보충하거나 새로운 생각에 대해 토의하는 기회를 가질 수 있다. 또 이런 결과는 수행평가로 반영될 수 있다.

카드 분류하기 과제(예시)

| 찾아보기 |

함께 생각해보는
과학 수업의 딜레마

인쇄 | 2020년 8월 5일
발행 | 2020년 8월 10일

지은이 | 윤혜경 · 장병기 · 이선경 · 박정우 · 박형용
펴낸이 | 조 승 식
펴낸곳 | (주)도서출판 **북스힐**

등 록 | 1998년 7월 28일 제 22-457 호
주 소 | (01043) 서울시 강북구 한천로 153길 17
전 화 | (02) 994-0071
팩 스 | (02) 994-0073

홈페이지 | www.bookshill.com
전자우편 | bookshill@bookshill.com

값 20,000원

ISBN 979-11-5971-302-6